建设工程常用图表手册系列

建筑抗震常用图表手册

李殿平 主编

机 械 工 业 出 版 社

本书依据 GB 50011—2010《建筑抗震设计规范》、GB 50023—2009《建筑抗震鉴定标准》、GB 50223—2008《建筑工程抗震设防分类标准》等国家现行标准编写。主要内容包括建筑抗震基本知识，场地、地基与基础，地震作用和结构抗震验算，多层和高层钢筋混凝土房屋，多层砌体房屋和底部框架砌体房屋，多层和高层钢结构房屋，单层工业厂房，土、木、石结构房屋，隔震和消能减震设计，非结构构件等。

本书是建筑工程专业技术人员必备的常用小型工具书。

图书在版编目（CIP）数据

建筑抗震常用图表手册/李殿平主编．—北京：机械工业出版社，2013.5

（建设工程常用图表手册系列）

ISBN 978-7-111-41709-5

Ⅰ.①建… Ⅱ.①李… Ⅲ.①建筑结构—防震设计—图表 Ⅳ.①TU352.104-64

中国版本图书馆 CIP 数据核字（2013）第 041736 号

机械工业出版社（北京市百万庄大街 22 号　邮政编码 100037）
策划编辑：闫云霞　责任编辑：闫云霞
版式设计：霍永明　责任校对：刘怡丹
封面设计：张　静　责任印制：杨　曦
北京双青印刷厂印刷
2013 年 5 月第 1 版第 1 次印刷
184mm × 260mm · 11.5 印张 · 279 千字
标准书号：ISBN 978-7-111-41709-5
定价：34.00 元

编 委 会

主　编　李殿平

参　编　（按姓氏笔画排序）

王向阳　　王　恒　　白雅君　　刘英慧

任　伟　　孙　颖　　陈伟军　　张　焕

张　鹏　　邹春明　　胡文荟　　高　驰

前　言

地震灾害作为一种自然灾害，它对社会生活和地区经济发展有着广泛而深远的影响。随着经济的快速发展，城市化进程的加快，人口及物质财富向城市的进一步高度集中，地震所造成的灾害是巨大的。作为一名建筑工程专业技术人员，为了更好、更快地完成工作，应该掌握大量的常用抗震图表资料。因此我们编写了这本《建筑抗震常用图表手册》。

本书分为建筑抗震基本知识，场地、地基与基础，地震作用和结构抗震验算，多层和高层钢筋混凝土房屋，多层砌体房屋和底部框架砌体房屋，多层和高层钢结构房屋，单层工业厂房，土、木、石结构房屋，隔震和消能减震设计，非结构构件十章，以国家现行规范、标准及常用设计图表资料为依据。本书的内容特色如下：

1. 数据资料全面

本书数据表格翔实，全面准确，以满足建筑工程专业技术人员的职业需求为准则，以提高专业技术人员的工作效率为前提，是建筑工程专业技术人员必备的常用小型工具书。

2. 查找方式便捷

本书采用了两种查阅方式：直观目录法——两级目录层次清晰；直接索引法——图表索引方便快捷，能够让读者快捷地查阅所需参考数据，为其所用。

由于编者的学识和经验所限，虽尽心尽力，但书中仍难免存在疏漏或未尽之处，恳请广大读者和专家批评指正。

编　者

2013. 2

目　录

1 建筑抗震基本知识

1.1 常用名词术语

建筑抗震常用名词术语见表1-1。

表1-1 建筑抗震常用名词术语

序 号	术 语	英文名称	含 义
1	抗震设防烈度	seismic precautionary intensity	按国家规定的权限批准的作为一个地区抗震设防依据的地震烈度。一般情况，取50年内超越概率10%的地震烈度
2	抗震设防标准	seismic precautionary criterion	衡量抗震设防要求高低的尺度，由抗震设防烈度或设计地震动参数及建筑抗震设防类别确定
3	地震动参数区划图	seismic ground motion parameter zonation map	以地震动参数（以加速度表示地震作用强弱程度）为指标，将全国划分为不同抗震设防要求区域的图件
4	地震作用	earthquake action	由地震动引起的结构动态作用，包括水平地震作用和竖向地震作用
5	设计地震动参数	design parameters of ground motion	抗震设计用的地震加速度（速度、位移）时程曲线、加速度反应谱和峰值加速度
6	设计基本地震加速度	design basic acceleration of ground motion	50年设计基准期超越概率10%的地震加速度的设计取值
7	设计特征周期	design characteristic period of ground motion	抗震设计用的地震影响系数曲线中，反映地震震级、震中距和场地类别等因素的下降段起始点对应的周期值，简称特征周期
8	场地	site	工程群体所在地，具有相似的反应谱特征。其范围相当于厂区、居民小区和自然村或不小于1.0km^2的平面面积
9	建筑抗震概念设计	seismic concept design of buildings	根据地震灾害和工程经验等所形成的基本设计原则和设计思想，进行建筑和结构总体布置并确定细部构造的过程
10	抗震措施	seismic measures	除地震作用计算和抗力计算以外的抗震设计内容，包括抗震构造措施
11	抗震构造措施	details of seismic design	根据抗震概念设计原则，一般不需计算而对结构和非结构各部分必须采取的各种细部要求
12	抗震设防分类	seismic fortification category for structures	根据建筑遭遇地震破坏后，可能造成人员伤亡、直接和间接经济损失、社会影响的程度及其在抗震救灾中的作用等因素，对各类建筑所做的设防类别划分

（续）

序　　号	术　　语	英文名称	含　　义
13	现有建筑	available buildings	除古建筑、新建建筑、危险建筑以外，迄今仍在使用的既有建筑
14	后续使用年限	continuous seismic working life, continuing seismic service life	标准对现有建筑经抗震鉴定后继续使用所约定的一个时期，在这个时期内，建筑不需重新鉴定和相应加固就能按预期目的使用、完成预定的功能
15	抗震鉴定	seismic appraisal	通过检查现有建筑的设计、施工质量和现状，按规定的抗震设防要求，对其在地震作用下的安全性进行评估
16	综合抗震能力	compound seismic capability	整个建筑结构综合考虑其构造和承载力等因素所具有抵抗地震作用的能力
17	墙体面积率	ratio of wall section area to floor area	墙体在楼层高度1/2处的净截面面积与同一楼层建筑平面面积的比值
18	抗震墙基准面积率	characteristic ratio of seismic wall	以墙体面积率进行砌体结构简化的抗震验算时所取用的代表值
19	结构构件现有承载力	available capacity of member	现有结构构件由材料强度标准值、结构构件（包括钢筋）实有的截面面积和对应于重力荷载代表值的轴向力所确定的结构构件承载力。包括现有受弯承载力和现有受剪承载力等
20	地震烈度	seismic intensity	地震引起的地面震动及其影响的强弱程度
21	震害指数	damage index	房屋震害程度的定量指标，以0.00～1.00之间的数字表示由轻到重的震害程度
22	平均震害指数	mean damage index	同类房屋震害指数的加权平均值，即各级震害的房屋所占比率与其相应的震害指数的乘积之和

1.2　地震特性

1. 地球构造

地球是一个椭球体，平均半径约6400km。根据地震波传播速度变化等资料，将地球由地表至地心分为三个不同性质的圈层，即地壳、地幔、地核，如图1-1所示。

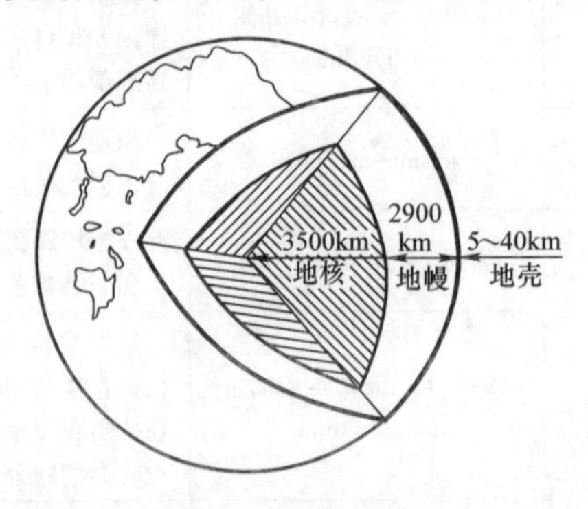

图1-1　地球的构造

2. 构造地震成因

地球内部在不停地运动着，在它的运动过程中，始终存在巨大的能量，而组成地壳的岩层在巨大的能量作用下，也不停地连续变动，不断地发生褶皱、断裂和错动，如图 1-2 所示，这种地壳构造状态的变动，使岩层处于复杂的地应力作用之下。

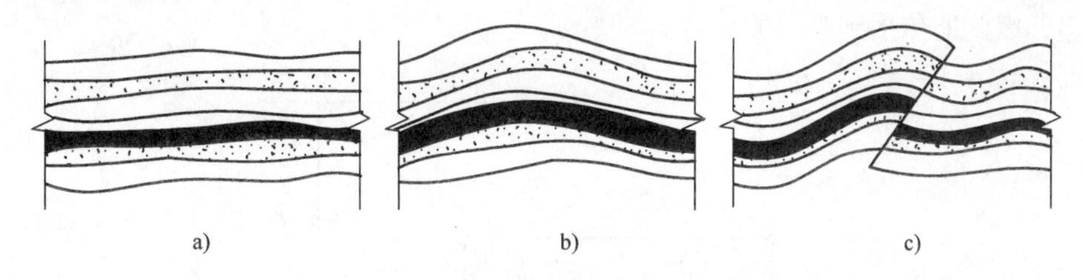

图 1-2 地壳构造变动与地震形成示意

a）岩层原始状态 b）受力后发生褶皱变形 c）岩层断裂，产生振动

3. 地震波

地震引起的振动以波的形式从震源向各个方向传播并释放能量，这就是地震波。它包含在地球内部传播的体波和只限于在地球表面传播的面波。

体波中包括纵波和横波两种（见图 1-3）。纵波是由震源向外传播的疏密波，质点的振动方向与波的前进方向一致，使介质不断地压缩和疏松，故又称压缩波、疏密波。纵波的周期较短，振幅较小。横波是由震源向外传播的剪切波，质点的振动方向与波的前进方向相垂直，也称剪切波。横波的周期较长，振幅较大。

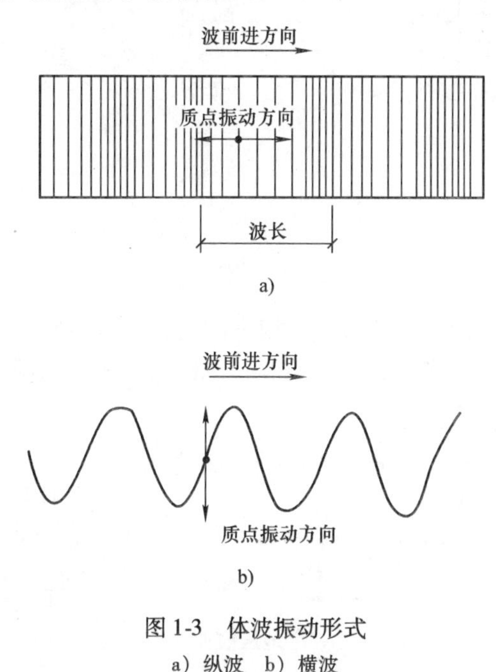

图 1-3 体波振动形式

a）纵波 b）横波

面波是体波从基岩传播到上层土时，经分层地质界面的多次反射和折射，在地表面形成两种次生波，即瑞雷波（R 波）和洛夫波（L 波），如图 1-4 所示。瑞雷波传播时，质点在波的传播方向和地表面法向所组成的平面内作与波前进方向相反的椭圆运动，而与该平面垂

直的水平方向没有振动，故瑞雷波在地面上呈滚动形式。瑞雷波具有随着距地面深度增加而振幅急剧减小的特性，这可能就是在地震时地下建筑物比地上建筑物受害较轻的一个原因。洛夫波传播时将使质点在地平面内作与波前进方向相垂直的水平方向的运动，即在地面上呈蛇形运动形式。洛夫波也随深度而衰减。面波振幅大，周期长，只能在地表附近传播，比体波衰减慢，因此能传播到很远的地方。

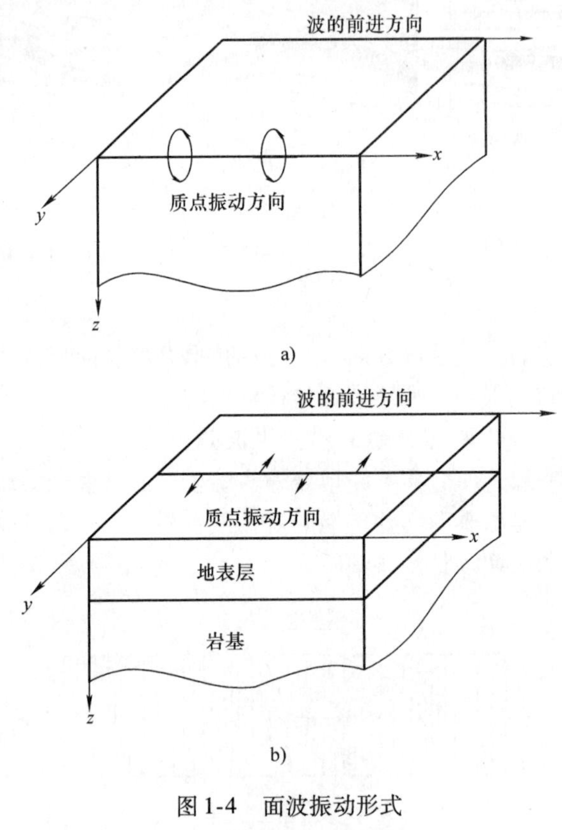

图 1-4　面波振动形式

a）瑞雷波　b）洛夫波

综上所述，地震波的传播以纵波最快，横波次之，面波最慢。所以在任意一地震波的记录图上，纵波总是最先到达，横波次之，面波到达最晚。然而就振幅而言，后者却最大，如图 1-5 所示。

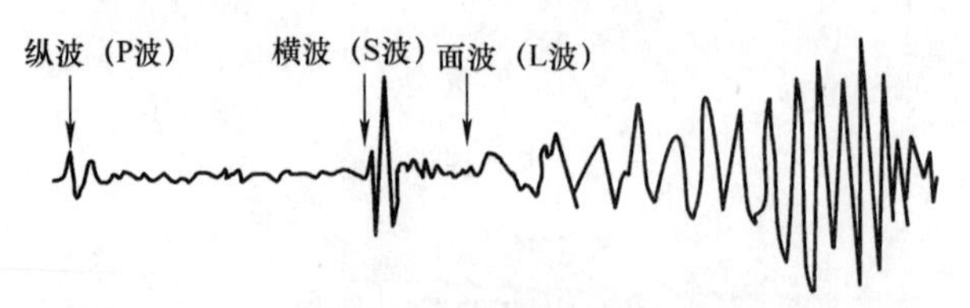

图 1-5　地震波曲线图

4. 地震烈度

地震烈度是指地震时在一定地点引起的地面震动及其影响的强弱程度。相对震中而言，地震烈度也可以把它理解为地震场的强度。表 1-2 为国家质量监督检验检疫总局和国家标准化管理委员会联合发布的中国地震烈度表。

表 1-2 中国地震烈度表

地震烈度	人的感觉	房屋震害			其他震害现象	水平向地震动参数	
		类型	震害程度	平均震害指数		峰值加速度/(m/s^2)	峰值速度/(m/s)
Ⅰ	无感						
Ⅱ	室内个别静止中的人有感觉						
Ⅲ	室内少数静止中的人有感觉		门、窗轻微作响		悬挂物微动		
Ⅳ	室内多数人、室外少数人有感觉，少数人梦中惊醒		门、窗作响		悬挂物明显摆动，器皿作响		
Ⅴ	室内绝大多数、室外多数人有感觉，多数人梦中惊醒		门窗、屋顶、屋架颤动作响，灰土掉落，个别房屋墙体抹灰出现细微裂缝，个别屋顶烟囱掉砖		悬挂物大幅度晃动，不稳定器物摇动或翻倒	0.31 (0.22～0.44)	0.03 (0.02～0.04)
Ⅵ	多数人站立不稳，少数人惊逃户外	A	少数中等破坏，多数轻微破坏和/或基本完好	0.00～0.11	家具和物品移动；河岸和松软土出现裂缝，饱和砂层出现喷砂冒水；个别独立砖烟囱轻度裂缝	0.63 (0.45～0.89)	0.06 (0.05～0.09)
		B	个别中等破坏，少数轻微破坏，多数基本完好				
		C	个别轻微破坏，大多数基本完好	0.00～0.08			
Ⅶ	大多数人惊逃户外，骑自行车的人有感觉，行驶中的汽车驾乘人员有感觉	A	少数毁坏和/或严重破坏，多数中等和/或轻微破坏	0.09～0.31	物体从架子上掉落；河岸出现塌方，饱和砂层常见喷水冒砂，松软土地上地裂缝较多；大多数独立砖烟囱中等破坏	1.25 (0.90～1.77)	0.13 (0.10～0.18)
		B	少数中等破坏，多数轻微破坏和/或基本完好				
		C	少数中等和/和轻微破坏，多数基本完好	0.07～0.22			
Ⅷ	多数人摇晃颠簸，行走困难	A	少数毁坏，多数严重和/或中等破坏	0.29～0.51	干硬土上出现裂缝，饱和砂层绝大多数喷砂冒水；大多数独立砖烟囱严重破坏	2.50 (1.78～3.53)	0.25 (0.19～0.35)
		B	个别毁坏，少数严重破坏，多数中等和/或轻微破坏				
		C	少数严重和/或中等破坏，多数轻微破坏	0.20～0.40			

（续）

地震烈度	人的感觉	房屋震害			其他震害现象	水平向地震动参数	
		类型	震害程度	平均震害指数		峰值加速度 /(m/s^2)	峰值速度 /(m/s)
Ⅸ	行动的人摔倒	A	多数严重破坏或/和毁坏	0.49～0.71	干硬土上多处出现裂缝，可见基岩裂缝，错动，滑坡、塌方常见；独立砖烟囱多数倒塌	5.00 (3.54～7.07)	0.50 (0.36～0.71)
		B	少数毁坏，多数严重和/或中等破坏				
		C	少数毁坏和/或严重破坏，多数中等和/或轻微破坏	0.38～0.60			
Ⅹ	骑自行车的人会摔倒，处不稳状态的人会摔离原地，有抛起感	A	绝大多数毁坏	0.69～0.91	山崩和地震断裂出现，基岩上拱桥破坏；大多数独立砖烟囱从根部破坏或倒毁	10.00 (7.08～14.14)	1.00 (0.72～1.41)
		B	大多数毁坏				
		C	多数毁坏和/或严重破坏	0.58～0.80			
Ⅺ	—	A	绝大多数毁坏	0.89～1.00	地震断裂延续很大；大量山崩滑坡		
		B					
		C		0.78～1.00			
Ⅻ	—	A	几乎全部毁坏	1.00	地面剧烈变化，山河改观	—	
		B					
		C					

注：表中给出的“峰值加速度”和“峰值速度”是参考值，括弧内给出的是变动范围。

房屋破坏等级分为：基本完好、轻微破坏、中等破坏、严重破坏和毁坏五类，其定义和对应的震害指数 d 见表1-3。

表1-3 建筑破坏级别与震害指数

破坏等级	震害程度	震害指数 d
基本完好	承重和非承重构件完好，或个别非承重构件轻微损坏，不加修理可继续使用	$0.00 \leqslant d < 0.10$
轻微破坏	个别承重构件出现可见裂缝，非承重构件有明显裂缝，不需要修理或稍加修理即可继续使用	$0.10 \leqslant d < 0.30$
中等破坏	多数承重构件出现轻微裂缝，部分有明显裂缝，个别非承重构件破坏严重，需要一般修理后可使用	$0.30 \leqslant d < 0.55$
严重破坏	多数承重构件破坏较严重，非承重构件局部倒塌，房屋修复困难	$0.55 \leqslant d < 0.85$
毁坏	多数承重构件严重破坏，房屋结构濒于崩溃或已倒毁，已无修复可能	$0.85 \leqslant d \leqslant 1.00$

1.3 地震破坏作用

地震灾害作为一种自然灾害，它对社会生活和地区经济发展有着广泛而深远的影响。随着经济的快速发展，城市化进程的加快，人口及物质财富向城市的进一步高度集中，地震所造成的灾害是巨大的。近百年国内外发生的大地震见表1-4。

表1-4 近百年世界主要大地震情况表（7.5级以上）

时　间	地　点	震　级	死亡人数/万人
1906	美国洛杉矶	8.3	0.3
1906	智利	8.6	2.0
1908	意大利	7.5	3.8
1915	意大利	7.5	3.0
1920	中国甘肃	8.5	20.0
1923	日本东京	8.3	14.28
1927	中国	8.3	2.0
1934	印度	8.4	1.1
1935	印度	7.5	3.0
1939	智利	8.3	2.8
1939	土耳其	7.9	3.3
1960	智利南部	8.9	0.57
1964	日本新潟	7.5	0.51
1970	秘鲁	7.7	6.68
1976	中国唐山	7.6	24.0
1976	危地马拉	7.5	2.28
1976	菲律宾	7.8	0.8
1978	伊朗	7.7	2.5
1985	墨西哥	8.1	1.2
1990	伊朗	7.7	7.5
1990	土耳其	7.7	2.7
1990	菲律宾吕宋	7.7	0.16
1992	印度尼西亚	7.5	0.25
1993	日本北海道	7.8	0.025
1995	俄罗斯库页岛	7.5	0.27
1996	印度尼西亚	8.0	0.15
1999	中国台湾集集	7.8	0.25
2001	印度	7.9	0.2
2004	印度尼西亚	9.0	29.2
2008	中国汶川	8.0	6.8
2010	智利	8.8	0.05
2011	日本	9.0	2.45

地震破坏作用主要有地表破坏、建筑物破坏和次生灾害。

1. 地表破坏

(1) 地裂缝与变形

在强烈地震作用下，常常在地面产生裂缝与变形，如图1-6、图1-7所示。根据产生的机理不同，地裂缝可以分为重力地裂缝和构造地裂缝。重力地裂缝是由于在强烈地震作用下，地面作剧烈震动而引起的惯性力超过了土的抗剪强度所致。构造地裂缝与地质构造有关，是地壳深部断层错动延伸至地面的裂缝。地裂缝与地下断裂带走向一致，规模较大，有时可延续几十公里，裂缝宽度和错动常达数十厘米，甚至数米。

图1-6　地震产生地裂缝

图1-7　地震产生地面变形

(2) 喷砂冒水

地震时出现喷砂冒水现象非常少见。在地下水位较高、砂层埋深较浅的平原地区，地震时地震波的强烈振动使地下水压力急剧升高，地下水经地裂缝或土质较软的地方冒出地面，当地表土层为砂层或粉土层时，则夹带着砂土或粉土一起喷出地表，形成喷砂冒水现象，如图1-8所示。

图1-8　地震时出现喷砂冒水现象

(3) 地面下沉

在强烈地震作用下，大面积回填土、孔隙比较大的黏性土等松软而压缩性高的土层中往往发生震陷，使建筑物破坏，如图1-9所示。

图 1-9　地面下沉

（4）滑坡、塌方

在强烈地震作用下，常引起河岸、陡坡滑坡，有时规模很大，造成公路堵塞，岸边建筑物破坏，如图 1-10 所示。

图 1-10　滑坡、塌方

2. 建筑物破坏

建筑物破坏是造成人员伤亡和经济财产损失的直接原因，主要是由于地表破坏和场地的震动作用所引起。地表破坏引起建筑物破坏在性质上属于静力破坏，可以通过场地选择和地基处理加以解决。但更常见的建筑物破坏是由于地震地面运动的动力作用所引起，在性质上属于动力破坏。

（1）结构构件强度不足而造成的破坏

任何承重构件都有各自的特定功能，以适用于承受一定的外力作用。对于设计时没有考虑抗震设防或抗震设防不足的结构，在强烈地震作用下，不仅构件内力增大很多，而且其受力性质往往也将改变，致使构件强度不足而被破坏，如图 1-11 所示。

图 1-11　地震造成柱端破坏

（2）结构丧失整体性而造成的破坏

建筑物一般都是由许多构件组成，在地震作用下会因为延性不足、构件连接不牢、节点连接失效、承重构件失稳、支撑长度不足或支撑失效等引起结构丧失整体性而造成局部或整个结构的倒塌，如图 1-12 所示。

3. 次生灾害

地震的次生灾害是指经强烈震动后，以震动的破坏后果为导因而引起的一系列其他灾害。地震次生灾害的种类很多，主要有火灾、毒气污染、细菌污染、放射性污染、滑坡和泥石流、水灾等。在多种次生灾害中，火灾是最常见、造成损失最大的次生灾害，如图 1-13 所示。

图 1-12　结构丧失整体性

图 1-13　地震引发的火灾

1.4　建筑结构的抗震设防

抗震设防烈度和设计基本地震加速度取值的对应关系，应符合表 1-5 的规定。设计基本地震加速度为 0.15g 和 0.30g 地区内的建筑，除 GB 50011—2010《建筑抗震设计规范》另有规定外，应分别按抗震设防烈度 7 度和 8 度的要求进行抗震设计。

表 1-5　抗震设防烈度和设计基本地震加速度值的对应关系

抗震设防烈度	6	7	8	9
设计基本地震加速度值	0.05g	0.10(0.15)g	0.20(0.30)g	0.40g

注：g 为重力加速度。

例如，当设防烈度为 8 度时，其多遇烈度为 6.45 度，罕遇烈度为 9 度。地震烈度的概率密度函数曲线的基本形状及三种烈度的关系如图 1-14 所示，其具体形状参数由设定的分析年限和具体地区决定。

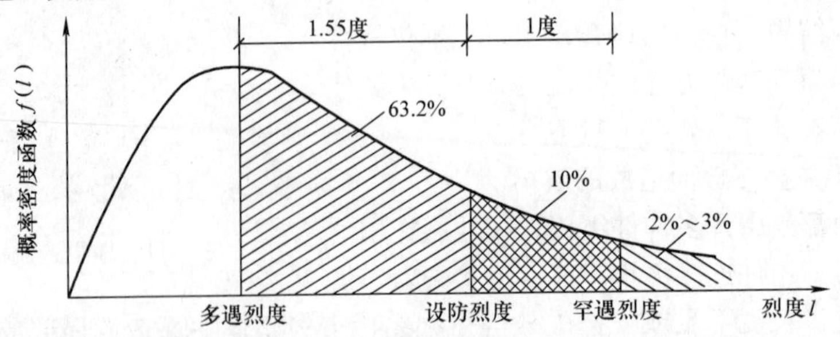

图 1-14　地震烈度的概率密度函数曲线的基本形状及三种烈度的关系

1.5 建筑抗震概念设计

抗震概念设计见表1-6。

表1-6　抗震概念设计

序号	项目	内容
1	场地和地基	1）选择建筑场地时，应根据工程需要和地震活动情况、工程地质和地震地质的有关资料，对抗震有利、一般、不利和危险地段做出综合评价。对不利地段，应提出避开要求；当无法避开时应采取有效的措施。对危险地段，严禁建造甲、乙类的建筑，不应建造丙类的建筑 2）建筑场地为Ⅰ类时，对甲、乙类的建筑应允许仍按本地区抗震设防烈度的要求采取抗震构造措施；对丙类的建筑应允许按本地区抗震设防烈度降低一度的要求采取抗震构造措施，但抗震设防烈度为6度时，仍应按本地区抗震设防烈度的要求采取抗震构造措施 3）建筑场地为Ⅲ、Ⅳ类时，对设计基本地震加速度为0.15g和0.30g的地区，除本规范另有规定外，宜分别按抗震设防烈度8度（0.20g）和9度（0.40g）时各抗震设防类别建筑的要求采取抗震构造措施 4）地基和基础设计应符合下列要求： ① 同一结构单元的基础不宜设置在性质截然不同的地基上 ② 同一结构单元不宜部分采用天然地基部分采用桩基；当采用不同基础类型或基础埋深显著不同时，应根据地震时两部分地基基础的沉降差异，在基础、上部结构的相关部位采取相应措施 ③ 地基为软弱蒙古性土、液化土、新近填土或严重不均匀土时，应根据地震时地基不均匀沉降和其他不利影响，采取相应的措施 5）山区建筑的场地和地基基础应符合下列要求： ① 山区建筑场地勘察应有边坡稳定性评价和防治方案建议；应根据地质、地形条件和使用要求，因地制宜设置符合抗震设防要求的边坡工程 ② 边坡设计应符合现行国家标准GB 50330—2002《建筑边坡工程技术规范》的要求；其稳定性验算时，有关的摩擦角应按设防烈度的高低相应修正 ③ 边坡附近的建筑基础应进行抗震稳定性设计。建筑基础与土质、强风化岩质边坡的边缘应留有足够的距离，其值应根据设防烈度的高低确定，并采取措施避免地震时地基基础破坏
2	建筑形体及其构件布置的规则性	1）建筑设计应根据抗震概念设计的要求明确建筑形体的规则性。不规则的建筑应按规定采取加强措施；特别不规则的建筑应进行专门研究和论证，采取特别的加强措施；严重不规则的建筑不应采用 注：形体指建筑平面形状和立面、竖向剖面的变化 2）建筑设计应重视其平面、立面和竖向剖面的规则性对抗震性能及经济合理性的影响，宜择优选用规则的形体，其抗侧力构件的平面布置宜规则对称、侧向刚度沿竖向宜均匀变化、竖向抗侧力构件的截面尺寸和材料强度宜自下而上逐渐减小、避免侧向刚度和承载力突变 不规则建筑的抗震设计应符合下述4）的有关规定 3）建筑形体及其构件布置的平面、竖向不规则性，应按下列要求划分： ① 混凝土房屋、钢结构房屋和钢混凝土混合结构房屋存在表1-7所列举的某项平面不规则类型或表1-8所列举的某项竖向不规则类型以及类似的不规则类型，应属于不规则的建筑 ② 砌体房屋、单层工业厂房、单层空旷房屋、大跨屋盖建筑和地下建筑的平面和竖向不规则性的划分，应符合相关的规定

（续）

序　号	项　目	内　容
2	建筑形体及其构件布置的规则性	③ 当存在多项不规则或某项不规则超过规定的参考指标较多时，应属于特别不规则的建筑 4）建筑形体及其构件布置不规则时，应按下列要求进行地震作用计算和内力调整，并应对薄弱部位采取有效的抗震构造措施： ① 平面不规则而竖向规则的建筑，应采用空间结构计算模型，并应符合下列要求： a. 扭转不规则时，应计入扭转影响，且楼层竖向构件最大的弹性水平位移和层间位移分别不宜大于楼层两端弹性水平位移和层间位移平均值的1.5倍，当最大层间位移远小于规范限值时，可适当放宽 b. 凹凸不规则或楼板局部不连续时，应采用符合楼板平面内实际刚度变化的计算模型；高烈度或不规则程度较大时，宜计入楼板局部变形的影响 c. 平面不对称且凹凸不规则或局部不连续，可根据实际情况分块计算扭转位移比，对扭转较大的部位应采用局部的内力增大系数 ② 平面规则而竖向不规则的建筑，应采用空间结构计算模型，刚度小的楼层的地震剪力应乘以不小于1.15的增大系数，其薄弱层应按本规范有关规定进行弹塑性变形分析，并应符合下列要求： a. 竖向抗侧力构件不连续时，该构件传递给水平转换构件的地震内力应根据烈度高低和水平转换构件的类型、受力情况、几何尺寸等，乘以1.25～2.0的增大系数 b. 侧向刚度不规则时，相邻层的侧向刚度比应依据其结构类型符合相关的规定 c. 楼层承载力突变时，薄弱层抗侧力结构的受剪承载力不应小于相邻上一楼层的65% ③ 平面不规则且竖向不规则的建筑，应根据不规则类型的数量和程度，有针对性地采取不低于上述两种要求的各项抗震措施。特别不规则的建筑，应经专门研究，采取更有效的加强措施或对薄弱部位采用相应的抗震性能设计方法 5）体型复杂、平立面不规则的建筑，应根据不规则程度、地基基础条件和技术经济等因素的比较分析，确定是否设置防震缝，并分别符合下列要求： ① 当不设置防震缝时，应采用符合实际的计算模型，分析判明其应力集中、变形集中或地震扭转效应等导致的易损部位，采取相应的加强措施 ② 当在适当部位设置防震缝时，宜形成多个较规则的抗侧力结构单元。防震缝应根据抗震设防烈度、结构材料种类、结构类型、结构单元的高度和高差以及可能的地震扭转效应的情况，留有足够的宽度，其两侧的上部结构应完全分开 ③ 当设置伸缩缝和沉降缝时，其宽度应符合防震缝的要求
3	结构体系	1）结构体系应根据建筑的抗震设防类别、抗震设防烈度、建筑高度、场地条件、地基、结构材料和施工等因素，经技术、经济和使用条件综合比较确定 2）结构体系应符合下列各项要求： ① 应具有明确的计算简图和合理的地震作用传递途径 ② 应避免因部分结构或构件破坏而导致整个结构丧失抗震能力或对重力荷载的承载能力 ③ 应具备必要的抗震承载力，良好的变形能力和消耗地震能量的能力 ④ 对可能出现的薄弱部位，应采取措施提高其抗震能力 3）结构体系尚宜符合下列各项要求： ① 宜有多道抗震防线 ② 宜具有合理的刚度和承载力分布，避免因局部削弱或突变形成薄弱部位，产生过大的应力集中或塑性变形集中 ③ 结构在两个主轴方向的动力特性宜相近 4）结构构件应符合下列要求： ① 砌体结构应按规定设置钢筋混凝土圈梁和构造柱，芯柱，或采用约束砌体、配筋砌体等

（续）

序　号	项　目	内　容
3	结构体系	② 混凝土结构构件应控制截面尺寸和受力钢筋、箍筋的设置，防止剪切破坏先于弯曲破坏、混凝土的压溃先于钢筋的屈服、钢筋的锚固粘结破坏先于钢筋破坏 ③ 预应力混凝土的构件，应配有足够的非预应力钢筋 ④ 钢结构构件的尺寸应合理控制，避免局部失稳或整个构件失稳 ⑤ 多、高层的混凝土楼、屋盖宜优先采用现浇混凝土板。当采用预制装配式混凝土楼、屋盖时，应从楼盖体系和构造上采取措施确保各预制板之间连接的整体性 5）结构各构件之间的连接，应符合下列要求： ① 构件节点的破坏，不应先于其连接的构件 ② 预埋件的锚固破坏，不应先于连接件 ③ 装配式结构构件的连接，应能保证结构的整体性 ④ 预应力混凝土构件的预应力钢筋，宜在节点核心区以外锚固 6）装配式单层厂房的各种抗震支撑系统，应保证地震时厂房的整体性和稳定性
4	结构分析	1）除特别规定外，建筑结构应进行多遇地震作用下的内力和变形分析，此时，可假定结构与构件处于弹性工作状态，内力和变形分析可采用线性静力方法或线性动力方法 2）不规则且具有明显薄弱部位可能导致重大地震破坏的建筑结构，应按有关规定进行罕遇地震作用下的弹塑性变形分析。此时，可根据结构特点采用静力弹塑性分析或弹塑性时程分析方法 当有具体规定时，尚可采用简化方法计算结构的弹塑性变形 3）当结构在地震作用下的重力附加弯矩大于初始弯矩的10%时，应计入重力二阶效应的影响（重力附加弯矩指任一楼层以上全部重力荷载与该楼层地震平均层间位移的乘积；初始弯矩指该楼层地震剪力与楼层层高的乘积） 4）结构抗震分析时，应按照楼、屋盖的平面形状和平面内变形情况确定为刚性、分块刚性、半刚性、局部弹性和柔性等的横隔板，再按抗侧力系统的布置确定抗侧力构件间的共同工作并进行各构件间的地震内力分析 5）质量和侧向刚度分布接近对称且楼、屋盖可视为刚性横隔板的结构，以及有关具体规定的结构，可采用平面结构模型进行抗震分析。其他情况，应采用空间结构模型进行抗震分析 6）利用计算机进行结构抗震分析，应符合下列要求： ① 计算模型的建立、必要的简化计算与处理，应符合结构的实际工作状况，计算中应考虑楼梯构件的影响 ② 计算软件的技术条件应符合有关标准的规定，并应阐明其特殊处理的内容和依据 ③ 复杂结构在多遇地震作用下的内力和变形分析时，应采用不少于两个合适的不同力学模型，并对其计算结果进行分析比较 ④ 所有计算机计算结果，应经分析判断确认其合理、有效后方可用于工程设计
5	非结构构件	1）非结构构件，包括建筑非结构构件和建筑附属机电设备，自身及其与结构主体的连接，应进行抗震设计 2）非结构构件的抗震设计，应由相关专业人员分别负责进行 3）附着于楼、屋面结构上的非结构构件，以及楼梯间的非承重墙体，应与主体结构有可靠的连接或锚固，避免地震时倒塌伤人或砸坏重要设备 4）框架结构的围护墙和隔墙，应估计其设置对结构抗震的不利影响，避免不合理设置而导致主体结构的破坏 5）幕墙、装饰贴面与主体结构应有可靠连接，避免地震时脱落伤人 6）安装在建筑上的附属机械、电气设备系统的支座和连接，应符合地震时使用功能的要求，且不应导致相关部件的损坏

（续）

序　号	项　目	内　容
6	隔震与消能减震设计	1）隔震与消能减震设计，可用于对抗震安全性和使用功能有较高要求或专门要求的建筑 2）采用隔震或消能减震设计的建筑，当遭遇到本地区的多遇地震影响、设防地震影响和罕遇地震影响时，可按高于 GB 50011—2010《建筑抗震设计规范》第 1.0.1 条的基本设防目标进行设计
7	结构材料与施工	1）抗震结构对材料和施工质量的特别要求，应在设计文件上注明 2）结构材料性能指标，应符合表 1-9 中所列的最低要求

表 1-7　平面不规则的主要类型

不规则类型	定义和参考指标
扭转不规则	在规定的水平力作用下，楼层的最大弹性水平位移或（层间位移），大于该楼层两端弹性水平位移（或层间位移）平均值的 1.2 倍
凹凸不规则	平面凹进的尺寸，大于相应投影方向总尺寸的 30%
楼板局部不连续	楼板的尺寸和平面刚度急剧变化，例如，有效楼板宽度小于该层楼板典型宽度的 50%，或开洞面积大于该层楼面面积的 30%，或较大的楼层错层

表 1-8　竖向不规则的主要类型

不规则类型	定义和参考指标
侧向刚度不规则	该层的侧向刚度小于相邻上一层的 70%，或小于其上相邻三个楼层侧向刚度 3 平均值的 80%；除顶层或出屋面小建筑外，局部收进的水平向尺寸大于相邻下一层的 25%
竖向抗侧力构件不连续	竖向抗侧力构件（柱、抗震墙、抗震支撑）的内力由水平转换构件（梁、桁架等）向下传递
楼层承载力突变	抗侧力结构的层间受剪承载力小于相邻上一楼层的 80%

表 1-9　抗震结构的材料及施工质量最低要求

<table>
<tr><th colspan="2" rowspan="2">结构形式及材料</th><th colspan="3">材 料 要 求</th><th rowspan="2">施 工 要 求</th></tr>
<tr><th colspan="2">强制性要求</th><th>宜满足的要求</th></tr>
<tr><td rowspan="4">砌体结构</td><td rowspan="2">普通砖和多孔砖</td><td>块体</td><td>≥MU10</td><td rowspan="4">—</td><td rowspan="4">先砌墙后浇构造柱和框架梁柱</td></tr>
<tr><td>砌筑砂浆</td><td>≥M5</td></tr>
<tr><td rowspan="2">混凝土小型空心砌块</td><td>块体</td><td>≥MU7.5</td></tr>
<tr><td>砌筑砂浆</td><td>≥Mb7.5</td></tr>
<tr><td rowspan="2">混凝土结构</td><td rowspan="2">混凝土</td><td>框支梁、框支柱及抗震等级为一级的框架梁、柱、节点核芯区</td><td>≥C30</td><td rowspan="2">9 度时，≤C60
8 度时，≤C70</td><td rowspan="2">—</td></tr>
<tr><td>构造柱、芯柱、圈梁及其他各类构件</td><td>≥C20</td></tr>
</table>

（续）

结构形式及材料		材料要求				施工要求
		强制性要求		宜满足的要求		
混凝土结构	钢筋	抗震等级为一、二、三级的框架和斜撑构件（含梯段）	抗拉强度实测值/屈服强度实测值≥1.25 屈服强度实测值/屈服强度标准值≥1.3 最大拉力下的总伸长率实测值≥9%	纵筋优先选用	HRB400 HRB335	当需要以强度等级较高的钢筋替代原设计中的纵向受力钢筋时，应按照钢筋受拉承载力设计值相等的原则换算，并应满足最小配筋率要求
				箍筋优先选用	HRB335 HPB300	
钢结构		1）屈服强度实测值/抗拉强度实测值≤0.85 2）有明显的屈服台阶，伸长率≥20% 3）有良好的焊接性和合格的冲击韧性		选用： Q235-B Q235-C Q235-D Q345-B Q345-C Q345-D Q345-E		采用焊接连接的钢结构，当接头的焊接拘束度较大、钢筋厚度≥40mm且承受沿板厚方向的拉力时满足收缩率要求

1. 扭转不规则

即使在完全对称的结构中，在风荷载及地震作用下往往亦不可避免地受到扭转作用。一方面，由于在平面布置中结构本身的刚度中心与质量中心不重合引起了扭转偏心；另一方面，由于施工偏差、使用中活荷载分布的不均匀等因素引起了偶然偏心。地震时地面运动的扭转分量也会使结构产生扭转振动。对于高层建筑，对结构的扭转效应需从两方面加以限制。首先限制结构平面布置的不规则性，避免产生过大的偏心而导致结构产生过大的扭转反应。其次是限制结构的抗扭刚度不能太弱，采取抗震墙沿房屋周边布置的方案。扭转不规则的示例如图 1-15 所示。

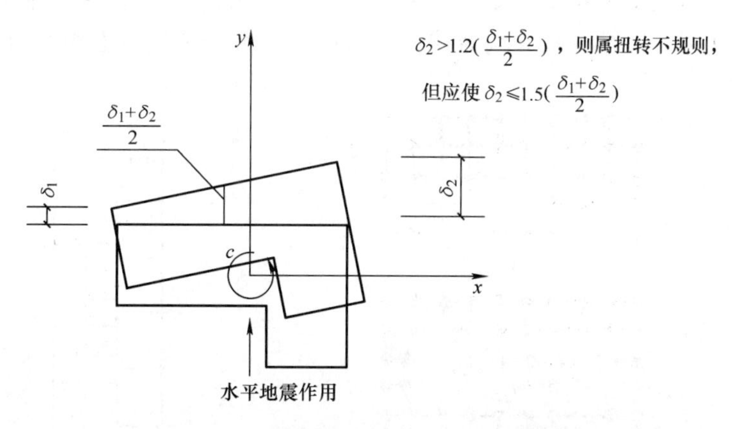

图 1-15　建筑结构平面的扭转不规则示例

2. 凹凸不规则

平面有较长的外伸段（局部突出或凹进部分）时，楼板的刚度有较大的削弱，外伸段易产生局部振动而引发凹角处的破坏。因此，带有较长翼缘的 L 形、T 形、十字形、U 形、

H 形、Y 形的平面不宜采用。凹凸不规则的示例如图 1-16 所示。需要注意的是，在判别平面凹凸不规则时，凹口的深度应计算到有竖向抗侧力构件的部位，对于有连续内凹的情况，则应累计计算凹口的深度。对于高层建筑，建筑平面的长宽比不宜过大，以避免两端相距太远，因为平面过于狭长的高层建筑在地震时由于两端地震输入有相位差而容易产生不规则振动，从而产生较大的震害。

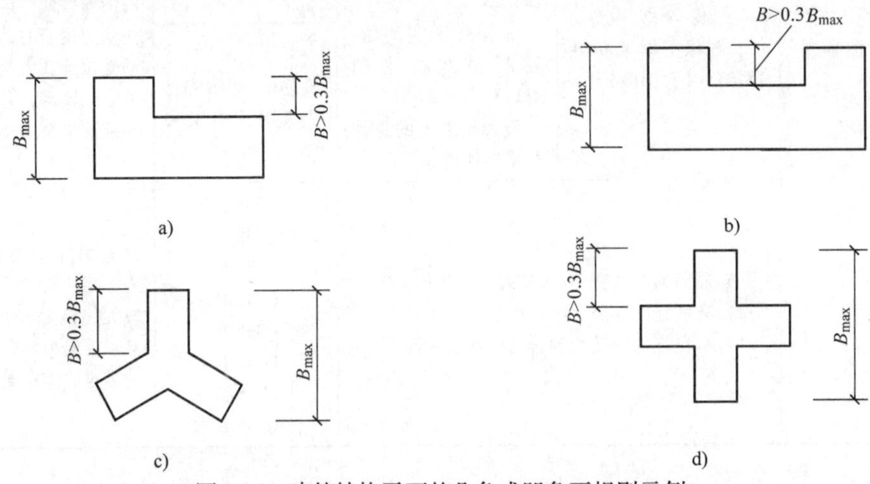

图 1-16　建筑结构平面的凸角或凹角不规则示例

3. 楼板局部不连续

目前在工程设计中大多假定楼板在平面内不变形，即楼板平面内刚度无限大，这对于大多数工程来说是可以接受的。但当楼板开大洞后，被洞口划分开的各部分连接较为薄弱，在地震中容易产生相对振动而使削弱部位产生震害。因此，对楼板洞口的大小应加以限制。另外，楼层错层后也会引起楼板的局部不连续，且使结构的传力路线复杂，整体性较差，对抗震不利。

楼板局部不连续的典型示例如图 1-17 所示。对于较大的楼层错层，如错层的高度超过楼面梁的截面高度时，需按楼板开洞对待；当错层面积大于该层总面积的 30% 时，则属于楼板局部不连续。

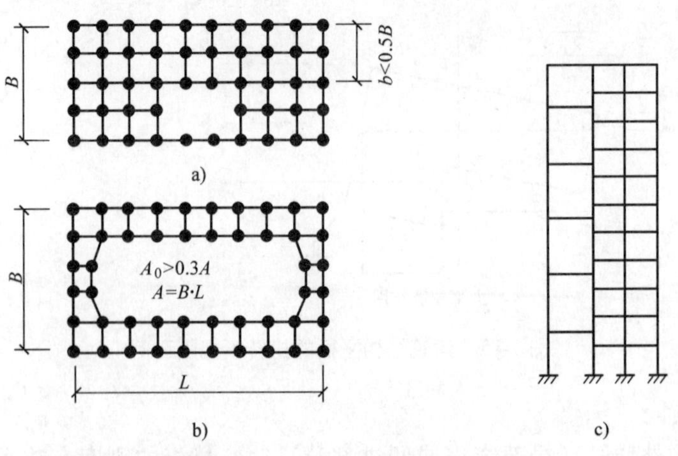

图 1-17　建筑结构平面的局部不连续示例（大开洞及错层）

4. 侧向刚度不规则

楼层的侧向刚度可取该楼层的剪力与层间位移的比值。结构的下部楼层的侧向刚度宜大于上部楼层的侧向刚度，否则结构的变形会集中于刚度小的下部楼层而形成结构薄弱层。由于下部薄弱层的侧向变形大，且作用在薄弱层上的上部结构的重量大，因 p-Δ 效应明显而易引起结构的稳定问题。沿竖向的侧向刚度发生突变一般是由于抗侧力结构沿竖向的布置突然发生改变或结构的竖向体形突变造成的。侧向刚度不规则的定义如图 1-18 所示。

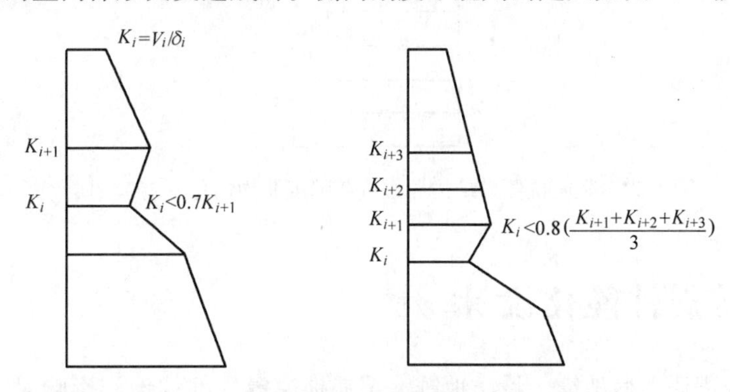

图 1-18 沿竖向的侧向刚度不规则（有软弱层）

5. 竖向抗侧力构件不连续

结构竖向抗侧力构件（柱、抗震墙、抗震支撑等）上、下不连续，需通过水平转换构件（转换大梁、桁架、空腹桁架、箱形结构、斜撑、厚板等）将上部构件的内力向下传递，转换构件所在的楼层往往作为转换层。由于转换层上下的刚度及内力传递途径发生突变，对抗震不利，因此这类结构也属于竖向不规则结构。竖向抗侧力构件不连续的定义如图 1-19 所示。

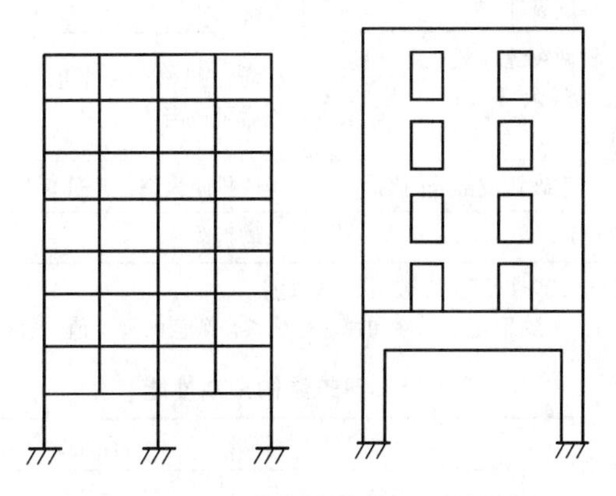

图 1-19 竖向抗侧力构件不连续示例

6. 楼层承载力突变

抗侧力结构的楼层受剪承载力发生突变，在地震时该突变楼层易成为薄弱层而遭到破坏。结构侧向刚度发生突变的楼层往往也是受剪承载力发生突变的楼层。因此，对于抗侧刚度发生突变的楼层应同时注意受剪承载力的突变问题，前面提到的抗侧力结构沿竖向的布置发生改变和结构的竖向体形突变同样可能造成楼层受剪承载力突变。楼层承载力突变的定义如图1-20所示。

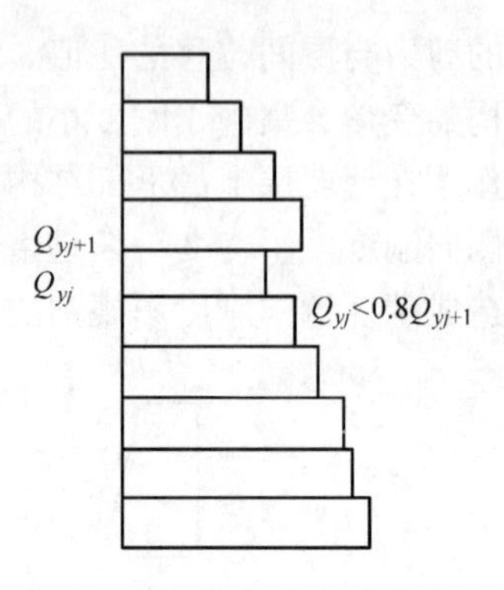

图1-20 竖向抗侧力结构屈服抗剪强度非均匀化（有薄弱层）

1.6 建筑抗震性能化设计

1）建筑结构遭遇多遇地震、设防地震、罕遇地震等水准的地震影响时，其可能的震后损坏状态及预期性能类别见表1-10和表1-11。

表1-10 建筑结构损坏状态

名　称	破坏描述	继续使用的可能性	变形参考值
基本完好（含完好）	承重构件完好；个别非承重构件轻微损坏；附属构件有不同程度破坏	一般不需修理即可继续使用	$<[\Delta u_e]$
轻微损坏	个别承重构件轻微裂缝（对钢结构构件指残余变形），个别非承重构件明显破坏；附属构件有不同程度破坏	不需修理或需稍加修理，仍可继续使用	$(1.5\sim2)[\Delta u_e]$
中等破坏	多数承重构件轻微裂缝（或残余变形），部分明显裂缝（或残余变形）；个别非承重构件严重破坏	需一般修理，采取安全措施后可适当使用	$(3\sim4)[\Delta u_e]$
严重破坏	多数承重构件严重破坏或部分倒塌	应排险大修，局部拆除	$<0.9[\Delta u_p]$
倒塌	多数承重构件倒塌	需拆除	$>[\Delta u_p]$

注：1. 个别指5%以下，部分指30%以下，多数指50%以上。
2. 中等破坏的变形参考值，大致取规范弹性和弹塑性位移角限值的平均值，轻微损坏取1/2平均值。

表1-11 建筑结构预期性能

地震水准	性能1	性能2	性能3	性能4
多遇地震	完好	完好	完好	完好
设防地震	完好，正常使用	基本完好，检修后继续使用	轻微损坏，简单修理后继续使用	轻微至接近中等损坏，变形$<3[\Delta u_e]$
罕遇地震	基本完好，检修后继续使用	轻微至中等破坏，修复后继续使用	其破坏需加固后继续使用	接近严重破坏，大修后继续使用

2）结构构件可按下列规定选择实现抗震性能要求的抗震承载力、变形能力和构造的抗震等级；整个结构不同部位的构件竖向构件和水平构件，可选用相同或不同的抗震性能

要求：

① 当以提高抗震安全性为主时，结构构件对应于不同性能要求的承载力参考指标，可按表1-12的示例选用。

表1-12 结构构件实现抗震性能要求的承载力参考指标示例

性能要求	多遇地震	设防地震	罕遇地震
性能1	完好，按常规设计	完好，承载力按抗震等级调整地震效应的设计值复核	基本完好，承载力按不计抗震等级调整地震效应的设计值复核
性能2	完好，按常规设计	基本完好，承载力按不计抗震等级调整地震效应的设计值复核	轻至中等破坏，承载力按极限值复核
性能3	完好，按常规设计	轻微损坏，承载力按标准值复核	中等破坏，承载力达到极限值后能维持稳定，降低少于5%
性能4	完好，按常规设计	轻至中等破坏，承载力按极限值复核	不严重破坏，承载力达到极限值后基本维持稳定，降低少于10%

② 当需要按地震残余变形确定使用性能时，结构构件除满足提高抗震安全性的性能要求外，不同性能要求的层间位移参考指标，可按表1-13的示例选用。

表1-13 结构构件实现抗震性能要求的层间位移参考指标示例

性能要求	多遇地震	设防地震	罕遇地震
性能1	完好，变形远小于弹性位移限值	完好，变形小于弹性位移限值	基本完好，变形略大于弹性位移限值
性能2	完好，变形远小于弹性位移限值	基本完好，变形略大于弹性位移限值	有轻微塑性变形，变形小于2倍弹性位移限值
性能3	完好，变形明显小于弹性位移限值	轻微损坏，变形小于2倍弹性位移限值	有明显塑性变形，变形约4倍弹性位移限值
性能4	完好，变形小于弹性位移限值	轻至中等破坏，变形小于3倍弹性位移限值	不严重破坏，变形不大于0.9倍塑性变形限值

注：设防烈度和罕遇地震下的变形计算，应考虑重力二阶效应，可扣除整体弯曲变形。

③ 结构构件细部构造对应于不同性能要求的抗震等级，可按表1-14的示例选用；结构中同一部位的不同构件，可区分竖向构件和水平构件，按各自最低的性能要求所对应的抗震构造等级选用。

表1-14 结构构件对应于不同性能要求的构造抗震等级示例

性能要求	构造的抗震等级
性能1	基本抗震构造。可按常规设计的有关规定降低二度采用，但不得低于6度，且不发生脆性破坏
性能2	低延性构造。可按常规设计的有关规定降低一度采用，当构件的承载力高于多遇地震提高二度的要求时，可按降低二度采用；均不得低于6度，且不发生脆性破坏
性能3	中等延性构造。当构件的承载力高于多遇地震提高一度的要求时，可按常规设计的有关规定降低一度且不低于6度采用，否则仍按常规设计的规定采用
性能4	高延性构造。仍按常规设计的有关规定采用

2 场地、地基与基础

2.1 场地

1）选择建筑场地时，应按表 2-1 划分对建筑抗震有利、一般、不利和危险的地段。

表 2-1 有利、一般、不利和危险地段的划分

地段类别	地质、地形、地貌
有利地段	稳定基岩，坚硬土，开阔、平坦、密实、均匀的中硬土等
一般地段	不属于有利、不利和危险的地段
不利地段	软弱土，液化土，条状突出的山嘴，高耸孤立的山丘，陡坡，陡坎，河岸和边坡的边缘，平面分布上成因、岩性、状态明显不均匀的土层（含古河道、疏松的断层破碎带、暗埋的塘浜沟谷和半填半挖地基），高含水量的可塑黄土，地表存在结构性裂缝等
危险地段	地震时可能发生滑坡、崩塌、地陷、地裂、泥石流等在发震断裂带上可能发生地表错位的部位

2）场地土土质坚硬程度不同对场地地震动的大小有明显影响。场地土的地震剪切波速是场地土的重要地震动参数，剪切波速的大小反映了场地土的坚硬程度即“土层刚度”。因此，GB 50011—2010《建筑抗震设计规范》根据场地土层剪切波速大小及范围，将场地土划分为五种类型，见表 2-2。

表 2-2 土的类型划分和剪切波速范围

土的类型	岩土名称和性状	土层剪切波速范围/(m/s)
岩石	坚硬、较硬且完整的岩石	$v_s > 800$
坚硬土或软质岩石	破碎和较破碎的岩石或软和较软的岩石，密实的碎石土	$800 \geqslant v_s > 500$
中硬土	中密、稍密的碎石土，密实、中密的砾、粗、中砂，$f_{ak} > 150$ 的黏性土和粉土，坚硬黄土	$500 \geqslant v_s > 250$
中软土	稍密的砾、粗、中砂，除松散外的细、粉砂，$f_{ak} \leqslant 150$ 的黏性土和粉土，$f_{ak} > 130$ 的填土，可塑新黄土	$250 \geqslant v_s > 150$
软弱土	淤泥和淤泥质土，松散的砂，新近沉积的黏性土和粉土，$f_{ak} \leqslant 130$ 的填土，流塑黄土	$v_s \leqslant 150$

注：f_{ak}为由载荷试验等方法得到的地基承载力特征值（kPa）；v_s为岩土剪切波速。

3）所谓等效剪切波速就是根据剪切波通过计算深度范围内多层土层的时间等于该波通过计算深度范围内单一土层所需的时间的原则来定义的土层平均剪切波速，如图 2-1 所示。

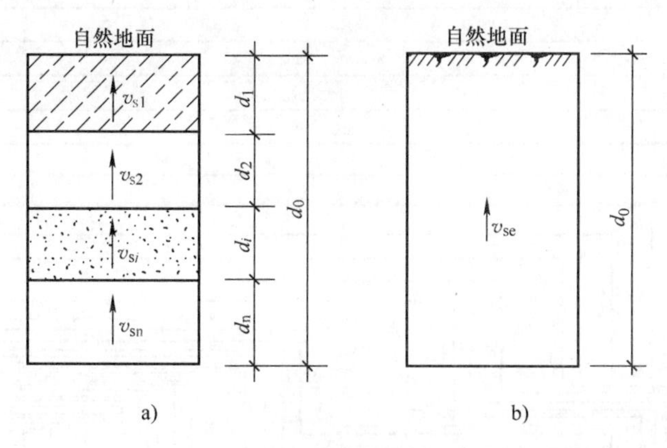

图 2-1　多层土层等效剪切波速计算简图

a）多层土　b）等效单一土层

v_{se}—土层等效剪切波速　v_{si}—计算深度范围内第 i 土层的剪切波速

d_0—计算深度　d_i—计算深度范围内第 i 土层的厚度

4）建筑的场地类别，应根据土层等效剪切波速和场地覆盖层厚度按表 2-3 划分为四类，其中Ⅰ类分为 I_0、I_1 两个亚类。

表 2-3　各类建筑场地的覆盖层厚度　（单位：m）

岩石的剪切波速或土的等效剪切波速/(m/s)	场地类别				
	I_0	I_1	Ⅱ	Ⅲ	Ⅳ
$v_s>800$	0				
$800\geqslant v_s>500$		0			
$500\geqslant v_s>250$		<5	≥5		
$250\geqslant v_s>150$		<3	3～50	>50	
$v_s\leqslant 150$		<3	3～15	15～80	>80

注：表中 v_s 系岩石的剪切波速。

由于Ⅱ类、Ⅲ类场地的范围稍有扩大，并避免了Ⅱ类至Ⅳ类的跳跃。作为一种补充手段，当有充分依据时，允许使用插入方法确定边界线附近（指相差 ±15% 的范围）的 T_g 值。图 2-2 给出了一种连续化插入方案。该图在场地覆盖层厚度 d_{ov} 和等效剪切波速 v_{se} 平面上用等步长和按线性规则改变步长的方案进行连续化插入，相邻等值线的 T_g 值均相差 0.01s。

5）场地内存在发震断裂时，应对断裂的工程影响进行评价，并应符合下列要求：

① 对符合下列规定之一的情况，可忽略发震断裂错动对地面建筑的影响：

a. 抗震设防烈度小于 8 度。

b. 非全新世活动断裂。

c. 抗震设防烈度为 8 度、9 度时，隐伏断裂的土层覆盖厚度分别大于 60m 和 90m。

② 对不符合① 规定的情况，应避开主断裂带。其避让距离不宜小于表 2-4 对发震断裂最小避让距离的规定。

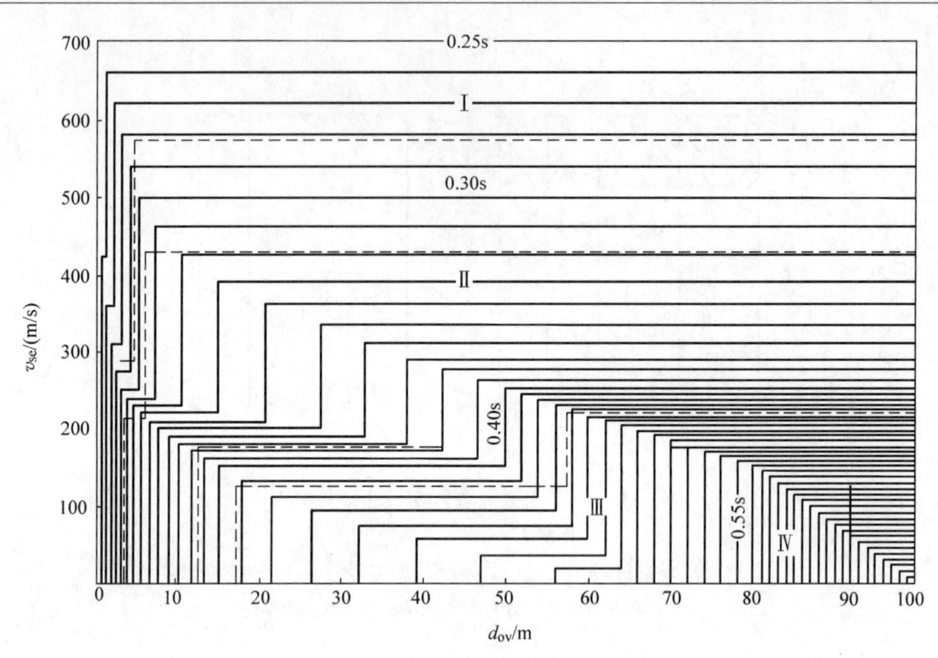

图 2-2　在 d_{ov}-v_{se} 平面上的 T_g 等值线图

（用于设计特征周期一组，图中相邻 T_g 等值线的差值均为 0.01s）

表 2-4　发震断裂的最小避让距离　（单位：m）

烈　度	建筑抗震设防类别			
	甲	乙	丙	丁
8	专门研究	200	100	—
9	专门研究	400	200	—

2.2　天然地基和基础

1）地基抗震承载力应按下式计算：

$$f_{aE}=\zeta_a f_a \tag{2-1}$$

式中　f_{aE}——调整后的地基抗震承载力；

ζ_a——地基抗震承载力调整系数，应按表 2-5 采用；

f_a——深宽修正后的地基承载力特征值，应按现行国家标准 GB 50007—2011《建筑地基基础设计规范》采用。

表 2-5　地基抗震承载力调整系数

岩土名称和性状	ζ_a
岩石，密实的碎石土，密实的砾、粗、中砂，$f_{ak}\geqslant300$ 的黏性土和粉土	1.5
中密、稍密的碎石土，中密和稍密的砾、粗、中砂，密实和中密的细、粉砂，$150\text{kPa}\leqslant f_{ak}<300\text{kPa}$ 的黏性土和粉土，坚硬黄土	1.3
稍密的细、粉砂，$100\text{kPa}\leqslant f_{ak}<150\text{kPa}$ 的黏性土和粉土，可塑黄土	1.1
淤泥，淤泥质土，松散的砂，杂填土，新近堆积黄土及流塑黄土	1.0

2）验算天然地基地震作用下的竖向承载力时，按地震作用效应组合的基础底面平均压力和边缘最大压力应符合下列各式要求：

$$p \leqslant f_{aE} \tag{2-2}$$

$$p_{max} \leqslant 1.2 f_{aE} \tag{2-3}$$

式中 p——地震作用效应标准组合的基础底面平均压力；

p_{max}——地震作用效应标准组合的基础边缘的最大压力。

高宽比大于4的高层建筑，在地震作用下基础底面不宜出现脱离区（零应力区）；其他建筑，基础底面与地基土之间脱离区（零应力区）面积不应超过基础底面面积的15%。

当需要进行地基抗震承载力计算时，应将建筑物上各类荷载效应和地震作用效应加以组合，并取基础底面的压力为直线分布（图2-3）。具体验算要求见式（2-2）、式（2-3），主要是参考相关规范的规定提出的，压力的计算应采用地震作用效应标准组合，即各作用分项系数均取1.0的组合。

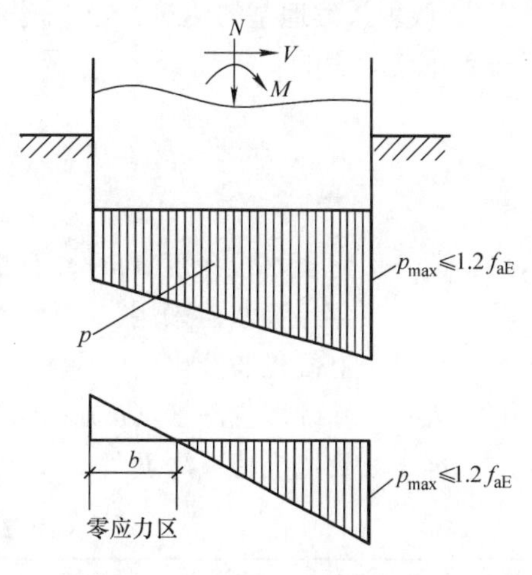

图2-3 基础底面压力分布图

2.3 液化土和软土地基

1. 液化土的形成

由饱和松散的砂土或粉土颗粒组成的土层，在强烈地震下，土颗粒局部或全部处于悬浮状态，土体的抗剪强度等于零，形成了“液体”的现象，称为地基土的液化。液化机理为：地震时，饱和的砂土或粉土颗粒在强烈振动下发生相对位移，使颗粒结构密实（图2-4a），颗粒间孔隙水来不及排泄而受到挤压，则孔隙水压力急剧增加。当孔隙水压力增加到与剪切面上的法向压应力接近或相等时，砂土或粉土受到的有效压应力趋于零，从而土颗粒上浮形成“液化”现象（图2-4b）。

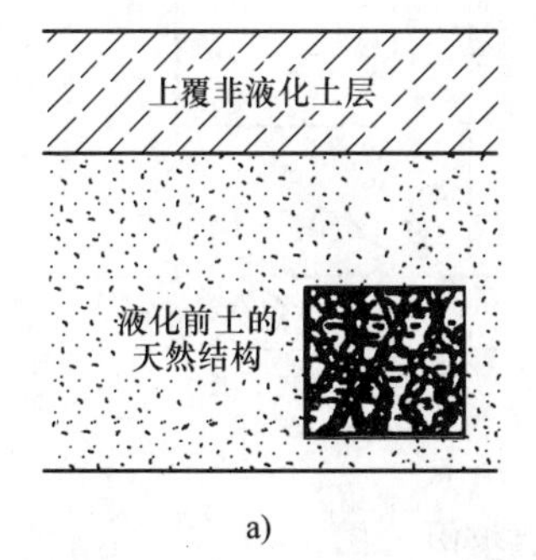

a)

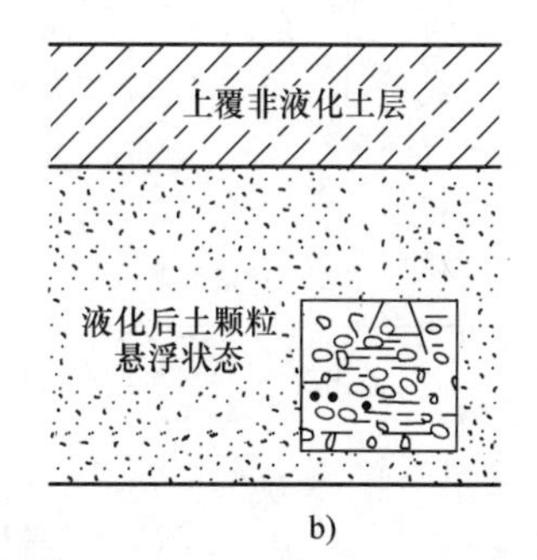

b)

图2-4 土的液化示意图

2. 液化的判别

1）饱和的砂土或粉土（不含黄土），当符合下列条件之一时，可初步判别为不液化或可不考虑液化影响：

① 地质年代为第四世纪晚更新世（Q_3）及其以前时，7 度、8 度时可判为不液化。

② 粉土的粘粒（粒径小于 0.005mm 的颗粒）含量百分率，7 度、8 度和 9 度分别不小于 10，13 和 16 时，可判为不液化土。

注：用于液化判别的粘粒含量系采用六偏磷酸钠作分散剂测定，采用其他方法时应按有关规定换算。

③ 浅埋天然地基的建筑，当上覆非液化土层厚度和地下水位深度符合下列条件之一时，可不考虑液化影响：

$$d_u > d_0 + d_b - 2 \tag{2-4}$$

$$d_w > d_0 + d_b - 3 \tag{2-5}$$

$$d_u + d_w > 1.5d_0 + 2d_b - 4.5 \tag{2-6}$$

式中 d_w——地下水位深度（m），宜按设计基准期内年平均最高水位采用，也可按近期内年最高水位采用；

d_u——上覆盖非液化土层厚度（m），计算时宜将淤泥和淤泥质土层扣除；

d_b——基础埋置深度（m），不超过 2m 时应采用 2m；

d_0——液化土特征深度（m），可按表 2-6 采用。

表 2-6　液化土特征深度　　（单位：m）

饱和土类别	7 度	8 度	9 度
粉土	6	7	8
砂土	7	8	9

注：当区域的地下水位处于变动状态时，应按不利的情况考虑。

2）当基础埋置深度 $d_b \leqslant 2$m 时，饱和土层位于地基主要受力层（厚度为 z）之下或下限（图 2-5a），它的液化与否不会引起房屋的有害影响。但当基础埋置深度 $d_b > 2$m 时，液化土层有可能进入地基主要受力层范围内（图 2-5b）而对房屋造成不利影响。因此，不考虑土层液化时覆盖层厚度界限值应增加 d_b-2。

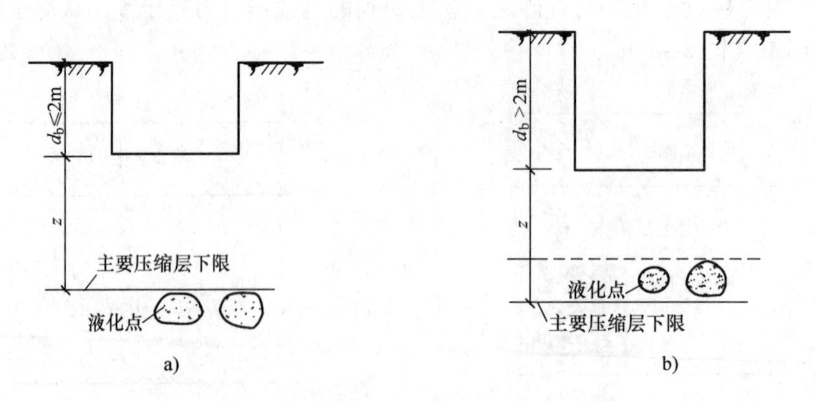

图 2-5　基础埋深对土的液化影响示意图

a）$d_b \leqslant 2$m　b）$d_b > 2$m

3）不考虑土层液化影响判别式（2-4）~式（2-6），也可用图 2-6a 和图 2-6b 表示。

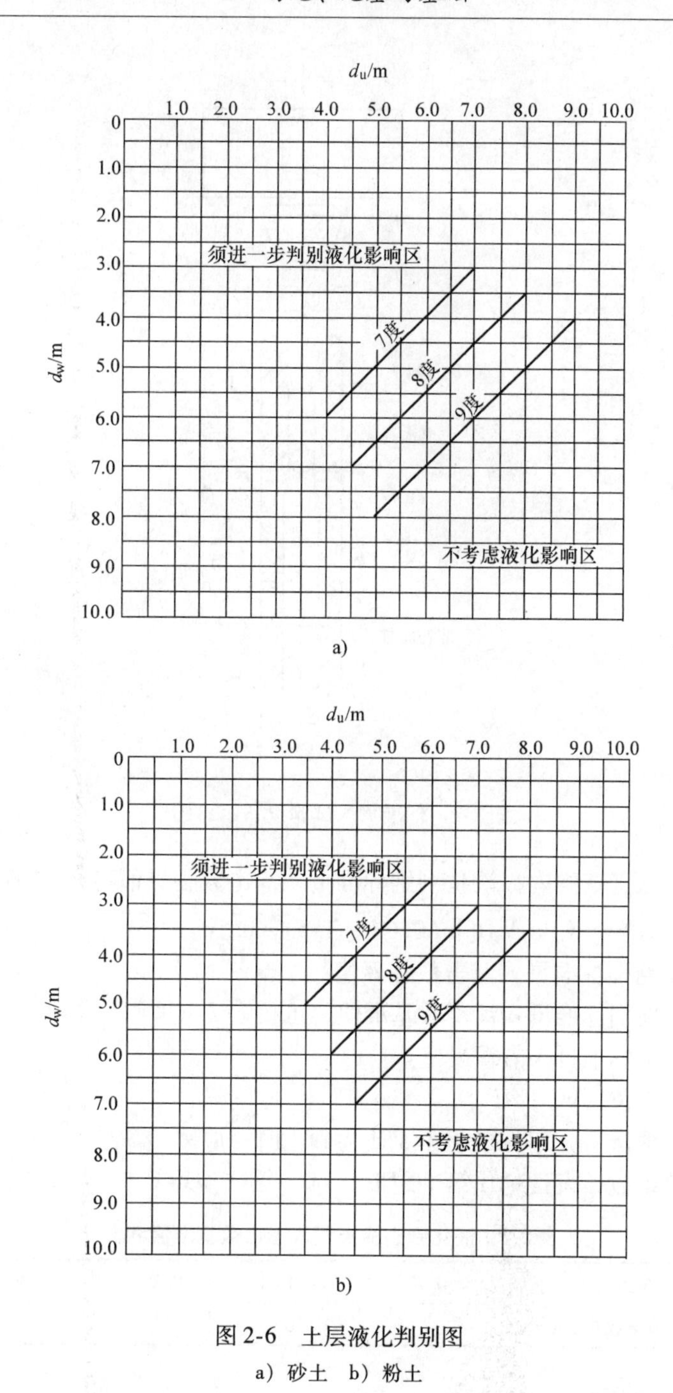

图 2-6　土层液化判别图

a）砂土　b）粉土

4）当饱和砂土、粉土的初步判别被认为需进一步进行液化判别时，应采用标准贯入试验判别法判别地面下 20m 范围内土的液化；但对《建筑抗震设计规范》GB 50011—2010 中规定可不进行天然地基及基础的抗震承载力验算的各类建筑，可只判别地面下 15m 范围内土的液化。当饱和土标准贯入锤击数（未经杆长修正）小于或等于液化判别标准贯入锤击数临界值时，应判为液化土。当有成熟经验时，尚可采用其他判别方法。标准贯入试验的设备，主要由标准贯入器、触探杆、穿心锤（标准质量为 63. 5kg）三部分组成（图 2-7）。

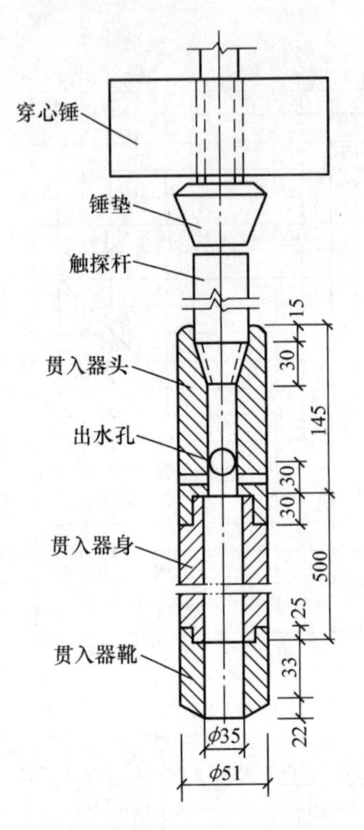

图 2-7　标准贯入试验设备示意图

在地面下 20m 深度范围内，液化判别标准贯入锤击数临界值可按下式计算：

$$N_{cr} = N_0\beta[\ln(0.6d_s + 1.5) - 0.1d_w]\sqrt{3/\rho_c} \tag{2-7}$$

式中　N_{cr}——液化判别标准贯入锤击数临界值；

N_0——液化判别标准贯入锤击数基准值，可按表 2-7 采用；

d_s——饱和土标准贯入点深度（m）；

d_w——地下水位（m）；

ρ_c——粘粒含量百分率，当小于 3 或为砂土时，应采用 3；

β——调整系数，设计地震第一组取 0.80，第二组取 0.95，第三组取 1.05。

表 2-7　液化判别标准贯入锤击数基准值 N_0

设计基本地震加速度(g)	0.10	0.15	0.20	0.30	0.40
液化判别标准贯入锤击数基准值	7	10	12	16	19

3. 液化地基的评价

液化指数按下式确定：

$$I_{lE} = \sum_{i=1}^{n}\left(1 - \frac{N_i}{N_{cri}}\right)d_i W_i \tag{2-8}$$

式中　I_{lE}——液化指数；

n——在判别深度范围内每一个钻孔标准贯入试验点的总数；

N_i、N_{cri}——分别为 i 点标准贯入锤击数的实测值和临界值，当实测值大于临界值时应取临界值；当只需要判别15m范围以内的液化时，15m以下的实测值可按临界值采用；

d_i——i点所代表的土层厚度（m），可采用与该标准贯入试验点相邻的上、下两标准贯入试验点深度差的一半，但上界不高于地下水位深度，下界不深于液化深度；

W_i——i土层单位土层厚度的层位影响权函数值（单位为m^{-1}）。当该层中点深度不大于5m时应采用10，等于20m时应采用零值，5～20m时应按线性内插法取值。

式（2-8）中的d_i、W_i等可参照图2-8所示方法确定。

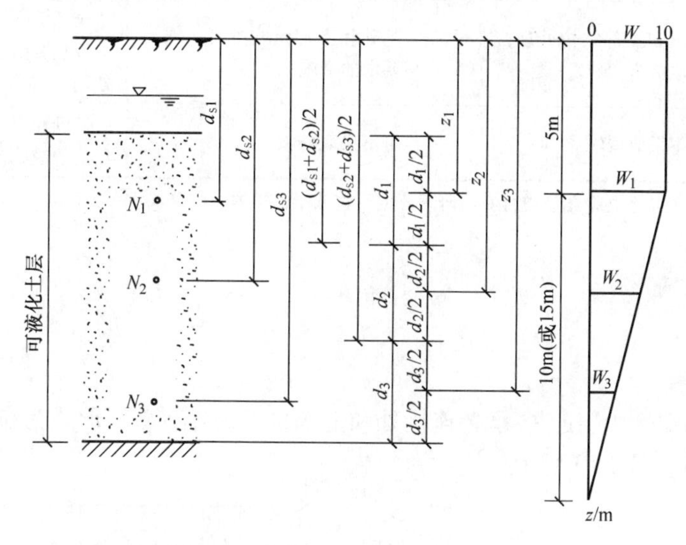

图2-8　确定d_i、d_{si}和W_i的示意图

根据液化指数的大小，可将液化地基划分为三个等级，见表2-8。强震时，不同等级的液化地基对地面和建筑物可能造成的危害不同，见表2-9。

表2-8　液化等级与液化指数的对应关系

液化等级	轻　微	中　等	严　重
液化指数I_{lE}	$0<I_{lE}\leqslant 6$	$6<I_{lE}\leqslant 18$	$I_{lE}>18$

表2-9　液化等级和对建筑物的相应危害程度

液化等级	液化指数(20m)	地面喷水冒砂情况	对建筑的危害情况
轻微	<6	地面无喷水冒砂，或仅在洼地、河边有零星的喷水冒砂点	危害性小，一般不致引起明显的震害
中等	6～18	喷水冒砂可能性大，从轻微到严重均有，多数属中等	危害性较大，可造成不均匀沉陷和开裂，有时不均匀沉陷可能达到200mm
严重	>18	一般喷水冒砂都很严重，地面变形很明显	危害性大，不均匀沉陷可能大于200mm，高重心结构可能产生不容许的倾斜

4. 地基液化的抗震措施

当液化砂土层、粉土层较平坦且均匀时，宜按表2-10选用地基抗液化措施；尚可计入上部结构重力荷载对液化危害的影响，根据液化震陷量的估计适当调整抗液化措施。

不宜将未经处理的液化土层作为天然地基持力层。

表 2-10　抗液化措施

建筑抗震设防类别	地基的液化等级		
	轻　微	中　等	严　重
乙类	部分消除液化沉陷，或对基础和上部结构处理	全部消除液化沉陷，或部分消除液化沉陷且对基础和上部结构处理	全部消除液化沉陷
丙类	基础和上部结构处理，亦可不采取措施	基础和上部结构处理，或更高要求的措施	全部消除液化沉陷，或部分消除液化沉陷且对基础和上部结构处理
丁类	可不采取措施	可不采取措施	基础和上部结构处理，或其他经济的措施

注：甲类建筑的地基抗液化措施应进行专门研究，但不宜低于乙类的相应要求。

2.4　桩基

1. 桩基的震害

1）上部结构惯性力引起桩-承台连接处和上部桩身破坏，破坏形式为拉、压、弯、剪压力为主，如图 2-9、图 2-10 所示。

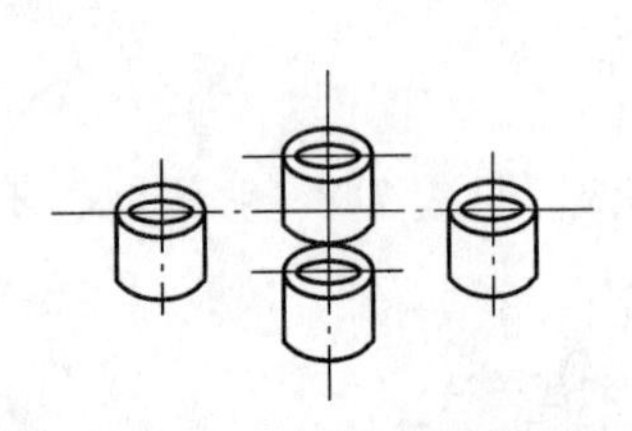

图 2-9　桩头环向弯曲裂缝

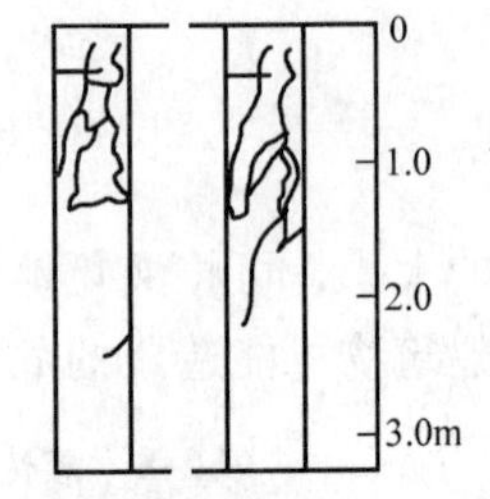

图 2-10　某高层住宅桩基的桩头压剪破坏

2）地震时土层的相对剪切位移太大，导致桩身在液化层界面附近出现裂缝，如图 2-11 所示。

3）建筑物一般都有平面上的位移，如图 2-12 ~ 图 2-14 所示。

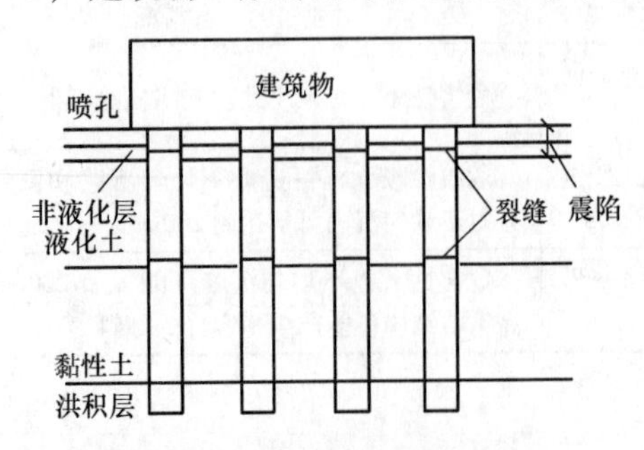

图 2-11　液压无侧扩时的桩破坏

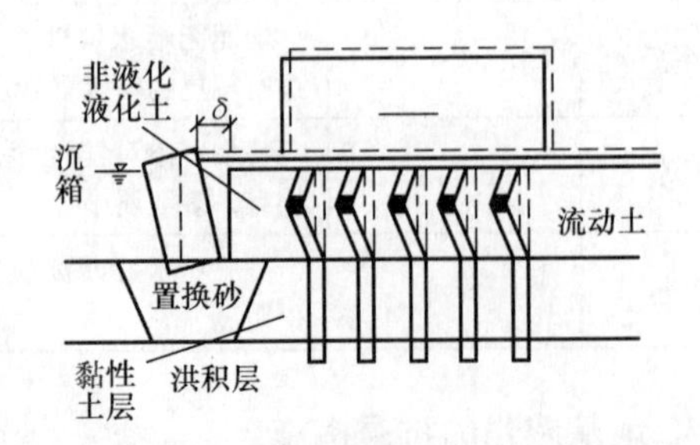

图 2-12　高度不大的建筑侧扩情况下桩的震害

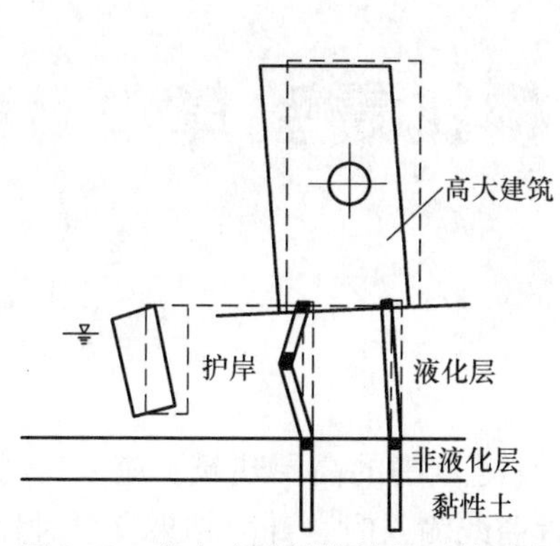

图 2-13　高大建筑侧扩情况下的震害

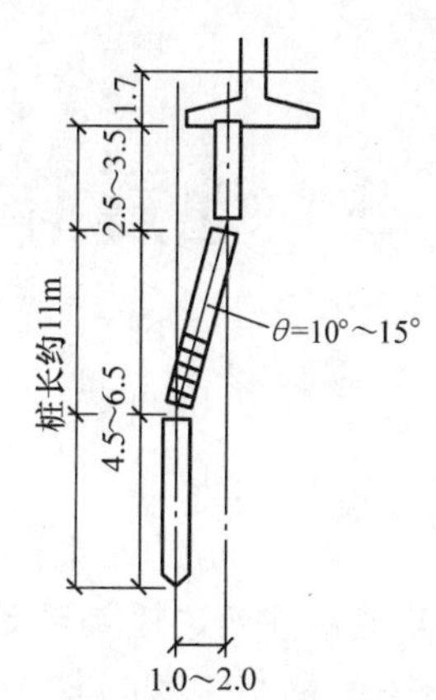

图 2-14　地面位移 1 ~ 2m 时的桩的破坏

2. 桩基设计等级

根据建筑规模、功能特征、对差异变形的适应性、场地地基和建筑物体型的复杂性以及由于桩基问题可能造成建筑物破坏或影响正常使用的程度，应将桩基设计分为甲、乙、丙三个设计等级。桩基设计时，应根据表 2-11 确定设计等级。

表 2-11　建筑桩基设计等级

设计等级	建筑类型
甲级	1）重要的建筑 2）30 层以上或高度超过 100m 的高层建筑 3）体型复杂且层数相差超过 10 层的高低层（含纯地下室）连体建筑 4）20 层以上框架-核心筒结构及其他对差异沉降有特殊要求的建筑 5）场地和地基条件复杂的 7 层以上的一般建筑及坡地、岸边建筑 6）对相邻既有工程影响较大的建筑
乙级	除甲级、丙级以外的建筑
丙级	场地和地基条件简单、荷载分布均匀的 7 层及 7 层以下的一般建筑

3. 存在液化土层的桩基

当桩承台底面上、下分别有厚度不小于 1.5m、1.0m 的非液化土层或非软弱土层时，可按下列两种情况进行桩的抗震验算，并按不利情况设计：

1）桩承受全部地震作用，考虑到这时土尚未充分液化，桩承载力可按非液化土考虑，但液化土的桩周摩阻力及桩水平抗力均应乘以表 2-12 的折减系数。

2）地震作用按水平地震影响系数最大值的 10% 采用，桩承载力仍按非抗震设计时提高 25% 取用。但应扣除液化土层的全部摩阻力及桩承台下 2m 深度范围内非液化土的桩周摩阻力。

表 2-12　土层液化影响折减系数

实际标贯锤击数/临界标贯锤击数	深度 d_s/m	折减系数
≤0.6	$d_s \leq 10$	0
	$10 < d_s \leq 20$	1/3
>0.6 ~ 0.8	$d_s \leq 10$	1/3
	$10 < d_s \leq 20$	2/3
>0.8 ~ 1.0	$d_s \leq 10$	2/3
	$10 < d_s \leq 20$	1

3 地震作用和结构抗震验算

3.1 概述

1）特别不规则的建筑、甲类建筑和表3-1所列高度范围的高层建筑，应采用时程分析法进行多遇地震下的补充计算；当取三组加速度时程曲线输入时，计算结果宜取时程法的包络值和振型分解反应谱法的较大值；当取七组及七组以上的时程曲线时，计算结果可取时程法的平均值和振型分解反应谱法的较大值。

表3-1 采用时程分析的房屋高度范围

烈度、场地类别	房屋高度范围/m
8度Ⅰ、Ⅱ类场地和7度	>100
8度Ⅲ、Ⅳ类场地	>80
9度	>60

采用时程分析法时，应按建筑场地类别和设计地震分组选用实际强震记录和人工模拟的加速度时程曲线，其中实际强震记录的数量不应少于总数的2/3，多组时程曲线的平均地震影响系数曲线应与振型分解反应谱法所采用的地震影响系数曲线在统计意义上相符，其加速度时程的最大值可按表3-2采用。弹性时程分析时，每条时程曲线计算所得结构底部剪力不应小于振型分解反应谱法计算结果的65%，多条时程曲线计算所得结构底部剪力的平均值不应小于振型分解反应谱法计算结果的80%。

表3-2 时程分析所用地震加速度时程的最大值 （单位：cm/s^2）

地震影响	6度	7度	8度	9度
多遇地震	18	35(55)	70(110)	140
罕遇地震	125	220(310)	400(510)	620

注：括号内数值分别用于设计基本地震加速度为0.15g和0.30g的地区。

2）计算地震作用时，建筑的重力荷载代表值应取结构和构配件自重标准值和各可变荷载组合值之和。各可变荷载的组合值系数，应按表3-3采用。

表3-3 组合值系数

可变荷载种类	组合值系数
雪荷载	0.5
屋面积灰荷载	0.5
屋面活荷载	不计入
按实际情况计算的楼面活荷载	1.0

（续）

可变荷载种类		组合值系数
按等效均布荷载计算的楼面活荷载	藏书库、档案库	0.8
	其他民用建筑	0.5
起重机悬吊物重力	硬钩吊车	0.3
	软钩吊车	不计入

注：硬钩吊车的吊重较大时，组合值系数应按实际情况采用。

3）建筑结构的地震影响系数应根据烈度、场地类别、设计地震分组和结构自振周期图3-1采用，其水平地震影响系数最大值应按表3-4采用；特征周期应根据场地类别和设计地震分组按表3-5采用，计算罕遇地震作用时，特征周期应增加0.05s。

注：周期大于6.0s的建筑结构所采用的地震影响系数应专门研究。

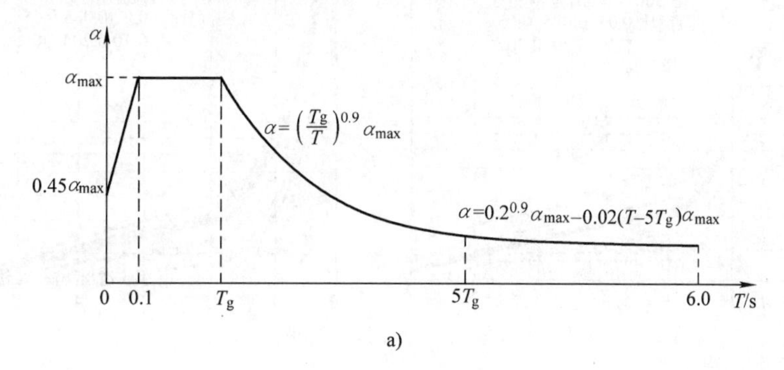

a)

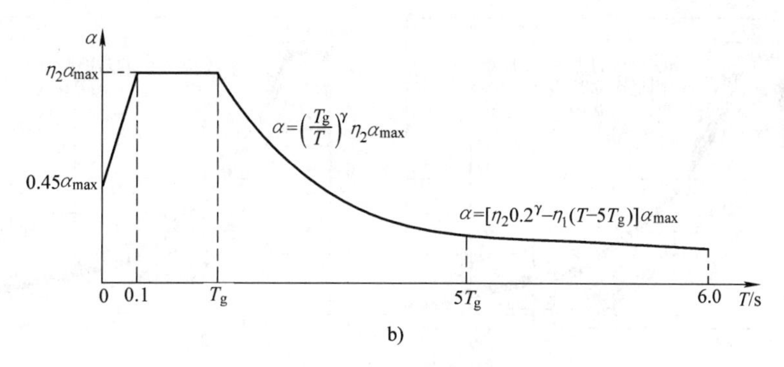

b)

图3-1　地震影响系数曲线

a）阻尼比ζ等于0.05　b）阻尼比ζ不等于0.05

α—地震影响系数　α_{max}—地震影响系数最大值

η_1—直线下降段的下降斜率调整系数　γ—衰减指数

T_g—特征周期　η_2—阻尼调整系数　T—结构自振周期

表3-4　水平地震影响系数最大值

地震影响	6度	7度	8度	9度
多遇地震	0.04	0.08(0.12)	0.16(0.24)	0.32
罕遇地震	0.28	0.50(0.72)	0.90(1.20)	1.40

注：括号中数值分别用于设计基本地震加速度为0.15g和0.30g的地区。

表 3-5　特征周期值　　（单位：s）

设计地震分组	场地类别				
	I_0	I_1	Ⅱ	Ⅲ	Ⅳ
第一组	0.20	0.25	0.35	0.45	0.65
第二组	0.25	0.30	0.40	0.55	0.75
第三组	0.30	0.35	0.45	0.65	0.90

4）对应于不同特征周期 T_g 的地震影响系数曲线如图 3-2 所示。

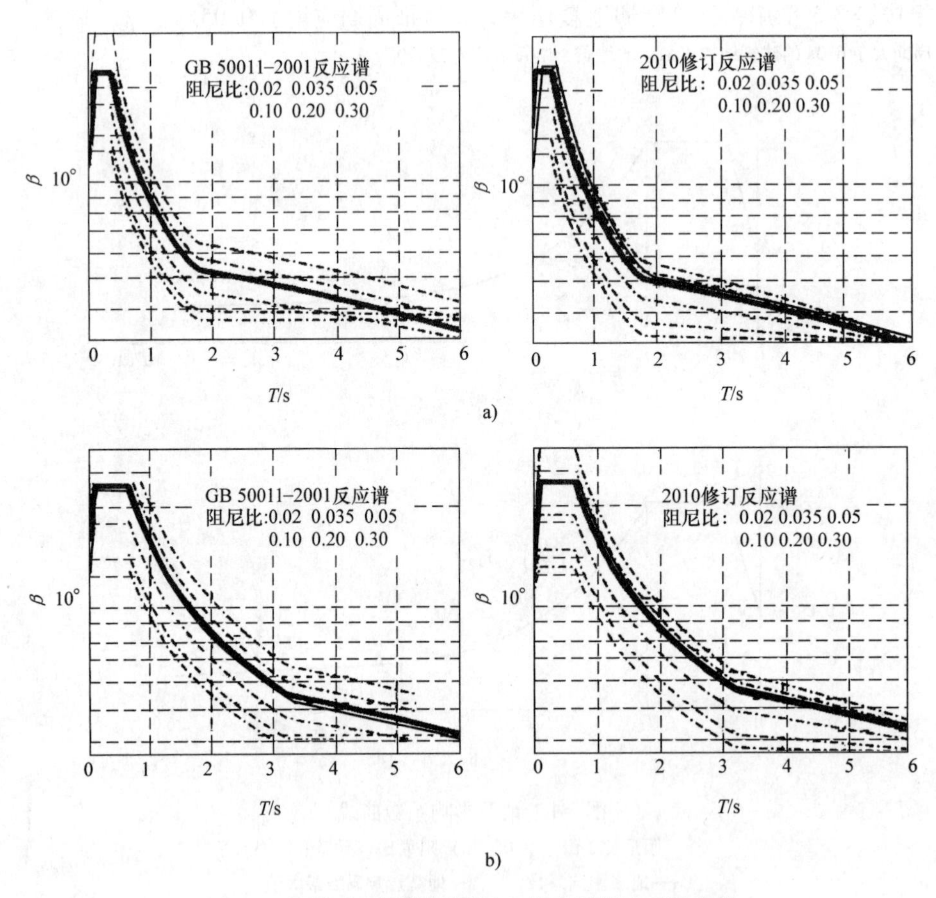

图 3-2　调整后不同特征周期 T_g 的地震影响系数曲线

a）$T_g=0.35\mathrm{s}$　b）$T_g=0.65\mathrm{s}$

3.2　水平地震作用计算

1）采用底部剪力法时，各楼层可仅取一个自由度，结构的水平地震作用标准值，应按下列公式确定（图 3-3）：

$$F_{EK}=\alpha_1 G_{eq} \tag{3-1}$$

$$F_i=\frac{G_iH_i}{\sum\limits_{j=1}^{n}G_jH_j}F_{EK}(1-\delta_n)(i=1,2,\cdots n) \tag{3-2}$$

$$\Delta F_n=\delta_n F_{EK} \tag{3-3}$$

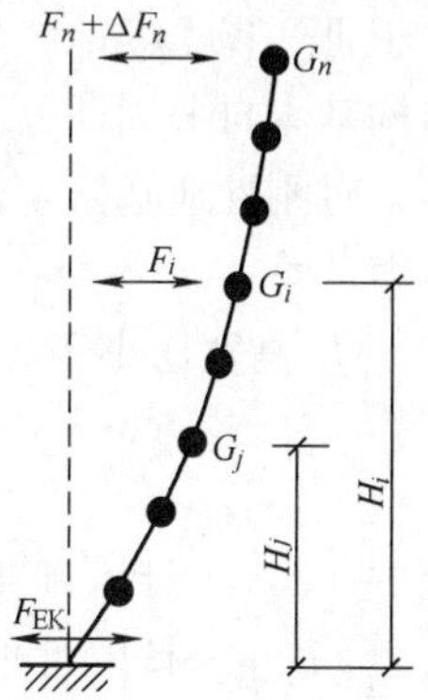

式中　F_{EK}——结构总水平地震作用标准值；

α_1——相应于结构基本自振周期的水平地震影响系数值，按图3-1地震影响系数曲线确定，多层砌体房屋、底部框架砌体房屋，宜取水平地震影响系数最大值；

G_{eq}——结构等效总重力荷载，单质点应取总重力荷载代表值，多质点可取总重力荷载代表值的85%；

F_i——质点i的水平地震作用标准值；

G_i、G_j——分别为集中于质点i、j的重力荷载代表值；

H_i、H_j——分别为质点i、j的计算高度；

δ_n——顶部附加地震作用系数，多层钢筋混凝土和钢结构房屋可按表3-6采用，其他房屋可采用0.0；

ΔF_n——顶部附加水平地震作用。

图3-3　结构水平地震作用计算简图

表3-6　顶部附加地震作用系数

T_g/s	$T_1>1.4T_g$	$T_1\leqslant 1.4T_g$
$T_g\leqslant 0.35$	$0.08T_1+0.07$	
$0.35<T_g\leqslant 0.55$	$0.08T_1+0.01$	0.0
$T_g>0.55$	$0.08T_1-0.02$	

注：T_1为结构基本自振周期。

2）抗震验算时，结构任一楼层的水平地震剪力应符合下式要求：

$$V_{EKi}>\lambda\sum_{j=1}^{n}G_j \tag{3-4}$$

式中　V_{EKi}——第i层对应于水平地震作用标准值的楼层剪力；

λ——剪力系数，不应小于表3-7规定的楼层最小地震剪力系数值，对竖向不规则结构的薄弱层，尚应乘以1.15的增大系数；

G_j——第j层的重力荷载代表值。

表3-7　楼层最小地震剪力系数值

类　别	6度	7度	8度	9度
扭转效应明显或基本周期小于3.5s的结构	0.008	0.016(0.024)	0.032(0.048)	0.064
基本周期大于5.0s的结构	0.006	0.012(0.018)	0.024(0.036)	0.048

注：1. 基本周期介于3.5s和5s之间的结构，按插入法取值。

2. 括号内数值分别用于设计基本地震加速度为$0.15g$和$0.30g$的地区。

3）结构抗震计算，一般情况下可不计入地基与结构相互作用的影响；8度和9度时建造于Ⅲ、Ⅳ类场地，采用箱基、刚性较好的筏基和桩箱联合基础的钢筋混凝土高层建筑，当结构基本自振周期处于特征周期的 1.2～5 倍范围时，若计入地基与结构动力相互作用的影响，对刚性地基假定计算的水平地震剪力可按下列规定折减，其层间变形可按折减后的楼层剪力计算。

① 高宽比小于 3 的结构，各楼层水平地震剪力的折减系数，可按下式计算：

$$\psi = \left(\frac{T_1}{T_1 + \Delta T}\right)^{0.9} \tag{3-5}$$

式中　ψ——计入地基与结构动力相互作用后的地震剪力折减系数；

T_1——按刚性地基假定确定的结构基本自振周期（s）；

ΔT——计入地基与结构动力相互作用的附加周期（s），可按表 3-8 采用。

表 3-8　附加周期　　（单位：s）

烈　度	场地类别	
	Ⅲ类	Ⅳ类
8	0.08	0.20
9	0.10	0.25

② 高宽比不小于 3 的结构，底部的地震剪力按式（3-5）规定折减，顶部不折减，中间各层按线性插入值折减。

③ 折减后各楼层的水平地震剪力，应符合式（3-4）的规定。

3.3　竖向地震作用计算

1）GB 50011—2010《建筑抗震设计规范》根据搜集到的 203 条实际地震记录绘制了竖向反应谱，并按场地类别进行分组，分别求出它们的平均反应谱，其中Ⅰ类场地的竖向平均反应谱，如图 3-4 所示。图中实线为竖向反应谱；虚线为水平地震反应谱。

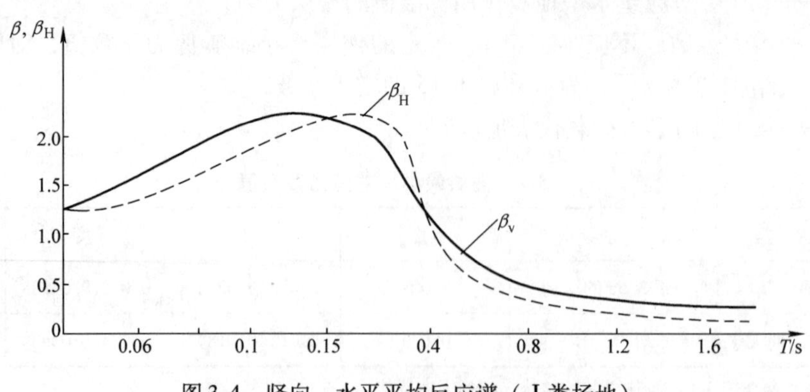

图 3-4　竖向、水平平均反应谱（Ⅰ类场地）

β_V、β_H—分别为竖向和水平动力系数

2）9度时的高层建筑，其竖向地震作用标准值应按下列公式确定（图3-5）；楼层的竖向地震作用效应可按各构件承受的重力荷载代表值的比例分配，并宜乘以增大系数1.5。

$$F_{\mathrm{Evk}} = \alpha_{\mathrm{vmax}} G_{\mathrm{eq}} \tag{3-6}$$

$$F_{\mathrm{v}i} = \frac{G_i H_i}{\sum G_j H_j} F_{\mathrm{Evk}} \tag{3-7}$$

式中 F_{Evk}——结构竖向地震作用标准值；

$F_{\mathrm{v}i}$——质点 i 的竖向地震作用标准值；

α_{vmax}——竖向地震影响系数的最大值，可取水平地震影响系数最大值的65%；

G_{eq}——结构等效总重力荷载，可取其重力荷载代表值的75%。

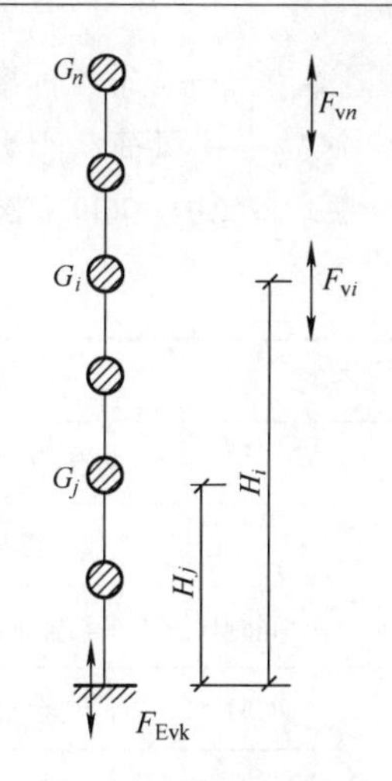

图3-5 结构竖向地震作用计算简图

3）跨度、长度小于GB 50011—2010《建筑抗震设计规范》第5.1.2条第5款规定且规则的平板型网架屋盖和跨度大于24m的屋架、屋盖横梁及托架的竖向地震作用标准值，宜取其重力荷载代表值和竖向地震作用系数的乘积；竖向地震作用系数可按表3-9采用。

表3-9 竖向地震作用系数

结构类型	烈度	场地类别		
		Ⅰ	Ⅱ	Ⅲ、Ⅳ
平板型网架、钢屋架	8	可不计算(0.10)	0.08(0.12)	0.10(0.15)
	9	0.15	0.15	0.20
钢筋混凝土屋架	8	0.10(0.15)	0.13(0.19)	0.13(0.19)
	9	0.20	0.25	0.25

注：括号中数值用于设计基本地震加速度为0.30g的地区。

3.4 截面抗震验算

1）结构构件的地震作用效应和其他荷载效应的基本组合，应按下式计算：

$$S = \gamma_{\mathrm{G}} S_{\mathrm{GE}} + \gamma_{\mathrm{Eh}} S_{\mathrm{Ehk}} + \gamma_{\mathrm{Gv}} S_{\mathrm{Evk}} + \psi_{\mathrm{w}} \gamma_{\mathrm{w}} S_{\mathrm{wk}} \tag{3-8}$$

式中 S——结构构件内力组合的设计值，包括组合的弯矩、轴向力和剪力设计值等；

γ_{G}——重力荷载分项系数，一般情况应采用1.2，当重力荷载效应对构件承载能力有利时，不应大于1.0；

γ_{Eh}、γ_{Gv}——分别为水平、竖向地震作用分项系数，应按表3-10采用；

γ_{w}——风荷载分项系数，应采用1.4；

S_{GE}——重力荷载代表值的效应，可按GB 50011—2010《建筑抗震设计规范》第5.1.3条采用，但有吊车时，尚应包括悬吊物重力标准值的效应；

S_{Ehk}——水平地震作用标准值的效应，尚应乘以相应的增大系数或调整系数；

S_{Evk}——竖向地震作用标准值的效应，尚应乘以相应的增大系数或调整系数；

S_{wk}——风荷载标准值的效应；

ψ_w——风荷载组合值系数，一般结构取0.0，风荷载起控制作用的建筑应采用0.2。

注：GB 50011—2010《建筑抗震设计规范》一般略去表示水平方向的下标。

表3-10　地震作用分项系数

地震作用	γ_{Eh}	γ_{Ev}
仅计算水平地震作用	1.3	0.0
仅计算竖向地震作用	0.0	1.3
同时计算水平与竖向地震作用(水平地震为主)	1.3	0.5
同时计算水平与竖向地震作用(竖向地震为主)	0.5	1.3

2）结构构件的截面抗震验算，应采用下列设计表达式：

$$S \leqslant R/\gamma_{RE} \tag{3-9}$$

式中　γ_{RE}——承载力抗震调整系数，除另有规定外，应按表3-11采用；

R——结构构件承载力设计值。

表3-11　承载力抗震调整系数

材　料	结构构件	受力状态	γ_{RE}
钢	柱，梁，支撑，节点板件，螺栓，焊缝 柱，支撑	强度 稳定	0.75 0.80
砌体	两端均有构造柱、芯柱的抗震墙 其他抗震墙	受剪 受剪	0.9 1.0
混凝土	梁 轴压比小于0.15的柱 轴压比不小于0.15的柱 抗震墙 各类构件	受弯 偏压 偏压 偏压 受剪、偏拉	0.75 0.75 0.80 0.85 0.85

3.5　抗震变形验算

1）表3-12所列各类结构应进行多遇地震作用下的抗震变形验算，其楼层内最大的弹性层间位移应符合下式要求：

$$\Delta u_e \leqslant [\theta_e] h \tag{3-10}$$

式中　Δu_e——多遇地震作用标准值产生的楼层内最大的弹性层间位移；计算时，除以弯曲变形为主的高层建筑外，可不扣除结构整体弯曲变形；应计入扭转变形，各作用分项系数均应采用1.0；钢筋混凝土结构构件的截面刚度可采用弹性刚度；

$[\theta_e]$——弹性层间位移角限值，宜按表3-12采用；

h——计算楼层层高。

表 3-12　弹性层间位移角限值

结构类型	$[\theta_e]$
钢筋混凝土框架	1/550
钢筋混凝土框架-抗震墙、板柱-抗震墙、框架-核心筒	1/800
钢筋混凝土抗震墙、筒中筒	1/1000
钢筋混凝土框支层	1/1000
多、高层钢结构	1/250

2）结构薄弱层（部位）弹塑性层间位移的简化计算，宜符合下列要求：

① 结构薄弱层（部位）的位置可按下列情况确定：

a. 楼层屈服强度系数沿高度分布均匀的结构，可取底层；

b. 楼层屈服强度系数沿高度分布不均匀的结构，可取该系数最小的楼层（部位）和相对较小的楼层，一般不超过 2～3 处；

c. 单层厂房，可取上柱。

② 弹塑性层间位移可按下列公式计算：

$$\Delta u_p = \eta_p \Delta u_e \tag{3-11}$$

或

$$\Delta u_p = \mu \Delta u_y = \frac{\eta_p}{\xi_y} \Delta u_y \tag{3-12}$$

式中　Δu_p——弹塑性层间位移；

Δu_y——层间屈服位移；

μ——楼层延性系数；

Δu_e——罕遇地震作用下按弹性分析的层间位移；

η_p——弹塑性层间位移增大系数，当薄弱层（部位）的屈服强度系数不小于相邻层（部位）该系数平均值的 0.8 时，可按表 3-13 采用。当不大于该平均值的 0.5 时，可按表内相应数值的 1.5 倍采用；其他情况可采用内插法取值；

ξ_y——楼层屈服强度系数。

表 3-13　弹塑性层间位移增大系数

结构类型	总层数 n 或部位	ξ_y		
		0.5	0.4	0.3
多层均匀框架结构	2～4	1.30	1.40	1.60
	5～7	1.50	1.65	1.80
	8～12	1.80	2.00	2.20
单层厂房	上柱	1.30	1.60	2.00

3）结构薄弱层（部位）弹塑性层间位移应符合下式要求：

$$\Delta u_p \leqslant [\theta_p] h \tag{3-13}$$

式中　$[\theta_p]$——弹塑性层间位移角限值，可按表 3-14 采用；对钢筋混凝土框架结构，当轴压比小于 0.40 时，可提高 10%；当柱子全高的箍筋构造比 GB 50011—2010《建筑抗震设计规范》第 6.3.9 条规定的体积配箍率大 30% 时，可提高 20%，但累计不超过 25%；

h——薄弱层楼层高度或单层厂房上柱高度。

表 3-14　弹塑性层间位移角限值

结构类型	$[\theta_p]$
单层钢筋混凝土柱排架	1/30
钢筋混凝土框架	1/50
底部框架砌体房屋中的框架抗震墙	1/100
钢筋混凝土框架-抗震墙、板柱-抗震墙、框架-核心筒	1/100
钢筋混凝土抗震墙、筒中筒	1/120
多、高层钢结构	1/50

4 多层和高层钢筋混凝土房屋

4.1 震害及其分析

1. 结构布置不合理而产生的震害

（1）扭转破坏

如果建筑物的平面布置不当而造成刚度中心和质量中心有较大的不重合，或者结构沿竖向刚度有过大的突然变化，则极易使结构在地震时产生严重破坏。这是由于过大的扭转反应或变形集中而引起的。

唐山地震时，位于天津市的一幢平面为L形的建筑（图4-1）由于不对称而产生了强烈的扭转反应，导致离转动中心较远的东南角和东北角处严重破坏：东南角柱产生纵向裂缝，导致钢筋外露；东北角柱处梁柱节点的混凝土酥裂。

唐山地震时，一个平面如图4-2所示的框架厂房产生了强烈的扭转反应，导致第二层的十一根柱产生严重的破坏（图4-2）。该厂房的电梯间设置在房屋的一端，引起严重的刚度不对称。

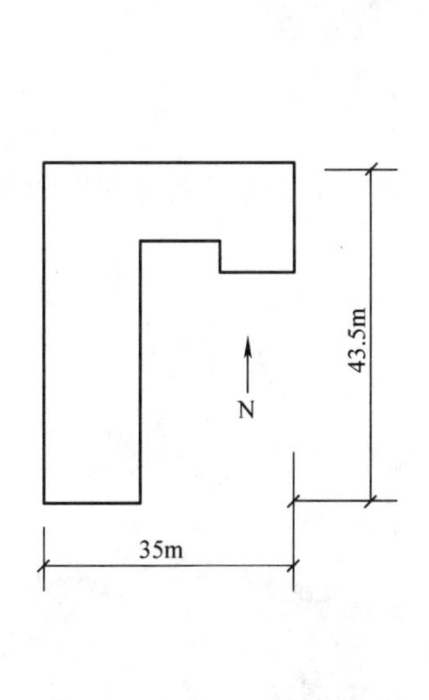

图4-1 平面为L形的建筑

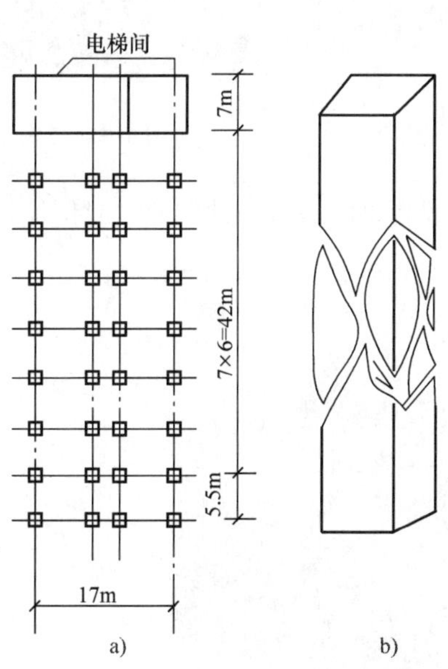

图4-2 框架厂房平面和柱的破坏

（2）薄弱层破坏

某结构的立面如图4-3所示，底部两层为框架，以上各层为钢筋混凝土抗震墙和框架，上部刚度比下部刚度大10倍左右。这种竖向的刚度突变导致地震时结构的变形集中在底部两层，使底层柱严重酥裂，钢筋压曲，第二层偏移达600mm。

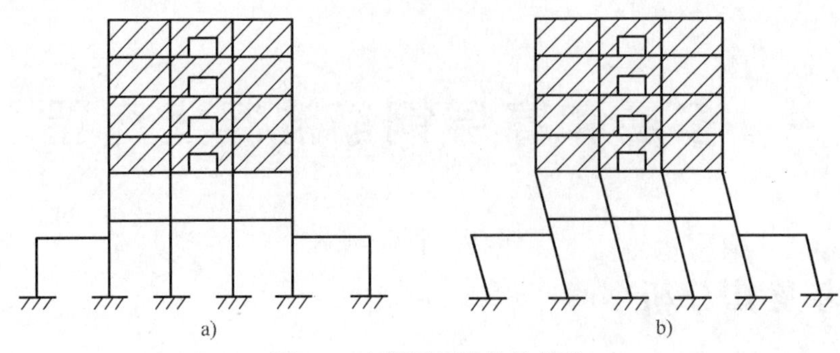

图 4-3　底部框架结构的变形

震害调查表明，结构刚度沿高度方向的突然变化，会使破坏集中在刚度薄弱的楼层，对抗震是不利的。1995 年日本阪神地震时，大量的 20 层左右的高层建筑在第 5 层处倒塌（图 4-4），这是因为日本的老抗震规范允许在第 5 层以上较弱。

图 4-4　高层建筑的第 5 层倒塌

具有薄弱底层的房屋，易在地震时倒塌。图 4-5 和图 4-6 示出了两种倒塌的形式。

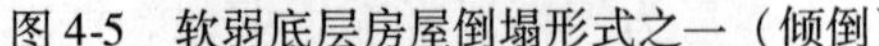

图 4-5　软弱底层房屋倒塌形式之一（倾倒）　　图 4-6　软弱底层房屋倒塌形式之二（底层完全倒塌）

（3）应力集中

结构沿竖向的布置或刚度有较大突变时，突变处应力集中（图 4-7），刚度突然变小的楼层成为柔弱层，则可能由于变形过大而发生破坏。

（4）防震缝处碰撞

防震缝如果宽度不够，其两侧的结构单元在地震时就会相互碰撞而产生震害（图4-8）。

图4-7　应力集中产生的震害

图4-8　防震缝两侧结构单元碰撞造成的损坏

2. 框架结构的震害

（1）整体破坏形式

框架的整体破坏形式按破坏性质可分为延性破坏和脆性破坏，按破坏机制可分为梁铰机制（强柱弱梁型）和柱铰机制（强梁弱柱型）（图4-9）。梁铰机制即塑性铰出现在梁端，此时结构能经受较大的变形，吸收较多的地震能量。柱铰机制即塑性铰出现在柱端，此时结构的变形往往集中在某一薄弱层，整个结构变形较小。此外，还有混合破坏机制，即部分结构出现梁铰破坏，部分结构出现柱铰破坏。

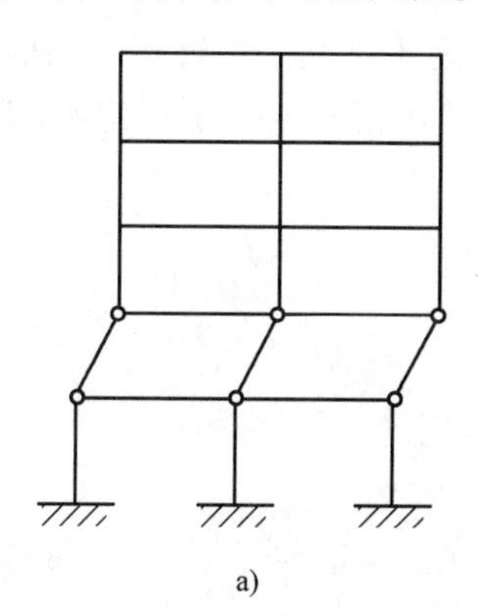

a)

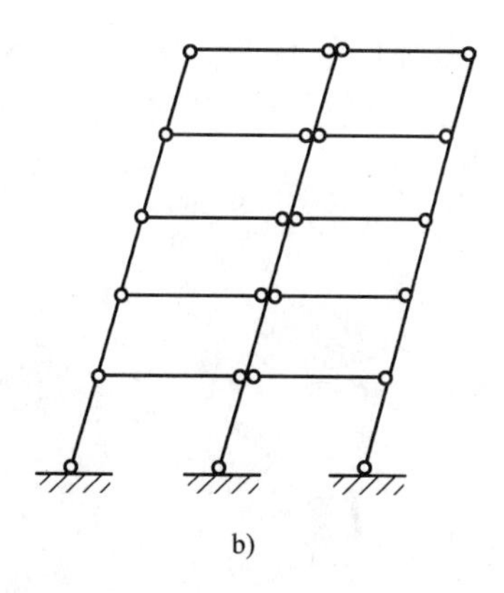

b)

图4-9　框架的破坏形式

a）强梁弱柱型　b）强柱弱梁型

（2）局部破坏形式

1）构件塑性铰处的破坏。构件在受弯和受压破坏时会出现这种情况。在塑性铰处，混凝土会发生严重剥落，并且钢筋会向外鼓出。框架柱的破坏一般发生在柱的上下端，以上端的破坏更为常见。其表现形式为混凝土压碎，纵筋受压屈曲（图4-10和图4-11）。

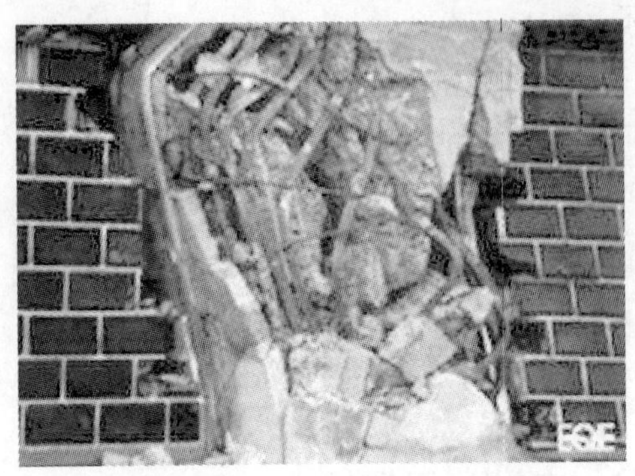

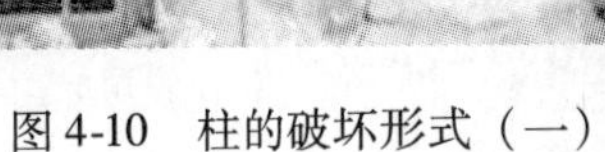

图 4-10　柱的破坏形式（一）

图 4-11　柱的破坏形式（二）

2）构件的剪切破坏。当构件的抗剪强度较低时，会发生脆性的剪切破坏（图 4-12）。

图 4-12　柱的剪切破坏

3）节点的破坏。节点的配筋或构造不当时，会出现十字交叉裂缝形式的剪切破坏（图 4-13），后果往往较严重。节点区箍筋过少或节点区钢筋过密都会引起节点区的破坏。

图 4-13　节点破坏

4）短柱破坏。柱子较短时，剪跨比过小，刚度较大，柱中的地震力也较大，容易导致柱子的脆性剪切破坏（图 4-14）。

5）填充墙的破坏（图 4-15）。

图 4-14　短柱破坏

图 4-15　填充墙的破坏

6）柱的轴压比过大时使柱处于小偏心受压状态，引起柱的脆性破坏。

7）钢筋的搭接不合理，造成搭接处破坏。

3. 具有抗震墙结构的震害

震害调查表明，抗震墙结构的抗震性能是较好的，震害一般较轻。高层结构抗震墙的破坏有以下一些类型：

1）墙的底部发生破坏，表现为受压区混凝土的大片压碎剥落，钢筋压屈（图 4-16）。

2）墙体发生剪切破坏（图 4-17）。

图 4-16　抗震墙的破坏

图 4-17　抗震墙的剪切破坏

3）抗震墙墙肢之间的连梁产生剪切破坏（图 4-18）。墙肢之间是抗震墙结构的变形集中处，故连梁很容易产生破坏。

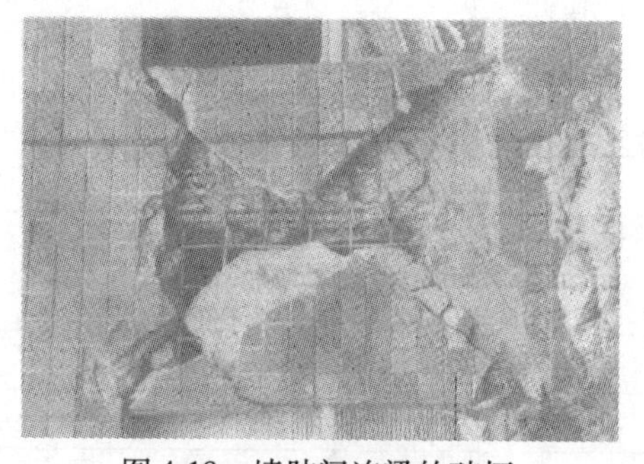

图 4-18　墙肢间连梁的破坏

4.2 一般要求

1）现浇钢筋混凝土房屋的结构类型和最大高度应符合表4-1的要求。平面和竖向均不规则的结构，适用的最大高度宜适当降低。

表4-1 现浇钢筋混凝土房屋适用的最大高度 （单位：m）

结构类型		烈度				
		6	7	8(0.2g)	8(0.3g)	9
框架		60	50	40	35	24
框架-抗震墙		130	120	100	80	50
抗震墙		140	120	100	80	60
部分框支抗震墙		120	100	80	50	不应采用
筒体	框架-核心筒	150	130	100	90	70
	筒中筒	180	150	120	100	80
板柱-抗震墙		80	70	55	40	不应采用

注：1. 房屋高度指室外地面到主要屋面板板顶的高度（不包括局部突出屋顶部分）。
2. 框架-核心筒结构指周边稀柱框架与核心筒组成的结构。
3. 部分框支抗震墙结构指首层或底部两层为框支层的结构，不包括仅个别框支墙的情况。
4. 表中框架，不包括异形柱框架。
5. 板柱-抗震墙结构指板柱、框架和抗震墙组成抗侧力体系的结构。
6. 乙类建筑可按本地区抗震设防烈度确定其适用的最大高度。
7. 超过表内高度的房屋，应进行专门研究和论证，采取有效的加强措施。

2）钢筋混凝土房屋应根据设防类别、烈度、结构类型和房屋高度采用不同的抗震等级，并应符合相应的计算和构造措施要求。丙类建筑的抗震等级应按表4-2确定。

表4-2 现浇钢筋混凝土房屋的抗震等级

结构类型			设防烈度									
			6		7			8			9	
框架结构	高度		≤24	>24	≤24		>24	≤24		>24	≤24	
	框架		四	三	三		二	二		一	一	
	大跨度框架		三		二			一			一	
框架-抗震墙结构	高度/m		≤60	>60	≤24	25～60	>60	≤24	25～60	>60	≤24	25～50
	框架		四	三	四	三	二	三	二	一	二	一
	抗震墙		三		三	二		二	一		一	
抗震墙结构	高度/m		≤80	>80	≤24	25～80	>80	≤24	25～80	>80	≤24	25～60
	抗震墙		四	三	四	三	二	三	二	一	二	一
部分框支抗震墙结构	高度/m		≤80	>80	≤24	25～80	>80	≤24	25～80			
	抗震墙	一般部位	四	三	四	三	二	三	二			
		加强部位	三	二	三	二	一	二	一			
	框支层框架		二		二		一	一				

（续）

结构类型		设防烈度						
		6		7		8		9
框架-核心筒结构	框架	三		二		一		一
	核心筒	二		二		一		一
筒中筒结构	外筒	三		二		一		一
	内筒	三		二		一		一
板柱-抗震墙结构	高度/m	≤35	>35	≤35	>35	≤35	>35	
	框架、板柱的柱	三	二	二	二	一		
	抗震墙	二	二	二	一	二	一	

注：1. 建筑场地为Ⅰ类时，除6度外应允许按表内降低一度按所对应的抗震等级采取抗震构造措施，但相应的计算要求不应降低。
2. 接近或等于高度分界时，应允许结合房屋不规则程度及场地、地基条件确定抗震等级。
3. 大跨度框架指跨度不小于18m的框架。
4. 高度不超过60m的框架-核心筒结构按框架-抗震墙的要求设计时，应按表中框架-抗震墙结构的规定确定其抗震等级。

3）框架-抗震墙、板柱-抗震墙结构以及框支层中，抗震墙之间无大洞口的楼、屋盖的长宽比，不宜超过表4-3的规定；超过时，应计入楼盖平面内变形的影响。

表4-3　抗震墙之间楼、屋盖的长宽比

楼、屋盖类型		设防烈度			
		6	7	8	9
框架-抗震墙结构	现浇或叠合楼、屋盖	4	4	3	2
	装配整体式楼、屋盖	3	3	2	不宜采用
板柱-抗震墙结构的现浇楼、屋盖		3	3	2	—
框支层的现浇楼、屋盖		2.5	2.5	2	—

4）带地下室的多层和高层建筑，当地下室结构的刚度和受剪承载力比上部楼层相对较大时，地下室顶板可视作嵌固部位，在地震作用下的屈服部位将发生在地上楼层，同时将影响到地下一层。地面以下地震响应逐渐减小，规定地下一层的抗震等级不能降低；而地下一层以下不要求计算地震作用，规定其抗震构造措施的抗震等级可逐层降低（图4-19）。

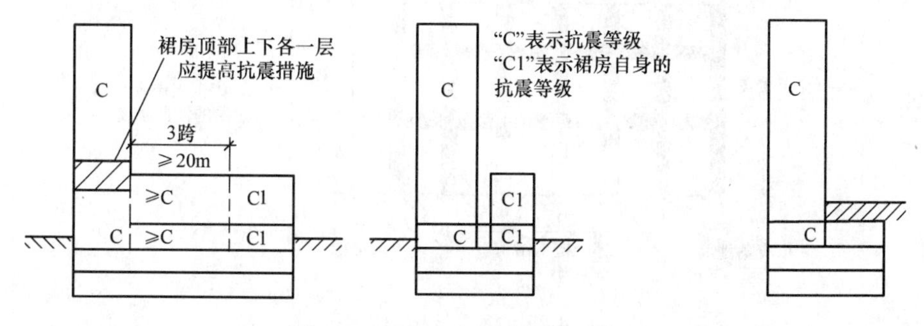

图4-19　裙房和地下室的抗震等级

5）防震缝可以结合沉降缝要求贯通到地基，当无沉降问题时也可以从基础或地下室以上贯通。当有多层地下室形成大底盘，上部结构为带裙房的单塔或多塔结构时，可将裙房用防震缝自地下室以上分隔，地下室顶板应有良好的整体性和刚度，能将上部结构地震作用分布到地下室结构。图 4-20 说明在罕遇地震作用下，防震缝处发生碰撞时的不利部位。不利部位产生的后果包括地震剪力增大、产生扭转、位移增大、部分主要承重构件被撞坏等。

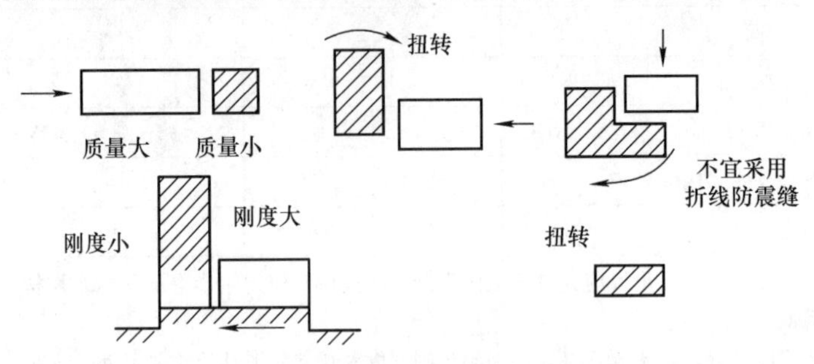

图 4-20　设置防震缝后的不利部位

6）框架结构房屋防震缝两侧结构层高相差较大时，防震缝两侧的框架柱、箍筋应沿房屋全高加密，并可根据需要在缝两侧沿房屋全高各设置不少于两道垂直于防震缝的抗撞墙（图 4-21）。抗撞墙的布置宜避免加大扭转效应，墙肢长度可不大于一个柱距，抗震等级可同框架结构；框架结构的内力应按设置和不设置抗撞墙两种计算模型的不利情况取值。

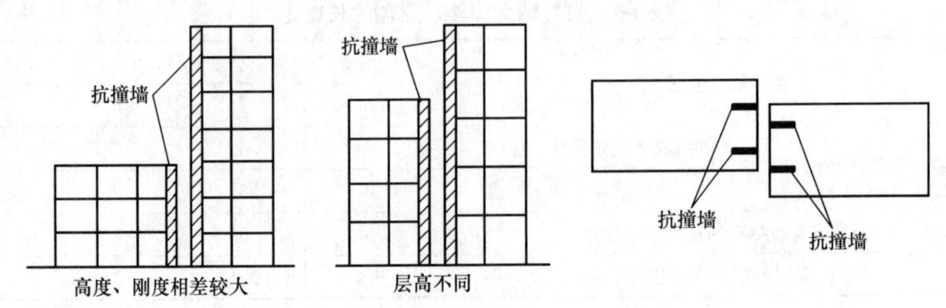

图 4-21　框架结构采用抗撞墙示意图

7）部分框支抗震墙结构的底层框架应满足框架-抗震墙结构对框架部分承担地震倾覆力矩的限值——框支层不应设计为少墙框架体系，如图 4-22 所示。

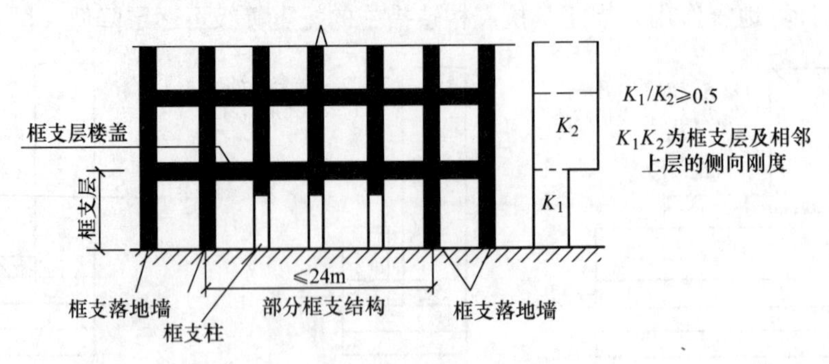

图 4-22　框支结构示意图

为提高较长抗震墙的延性，分段后各墙段的总高度与墙宽之比，由不应小于2改为不宜小于3（图4-23）。

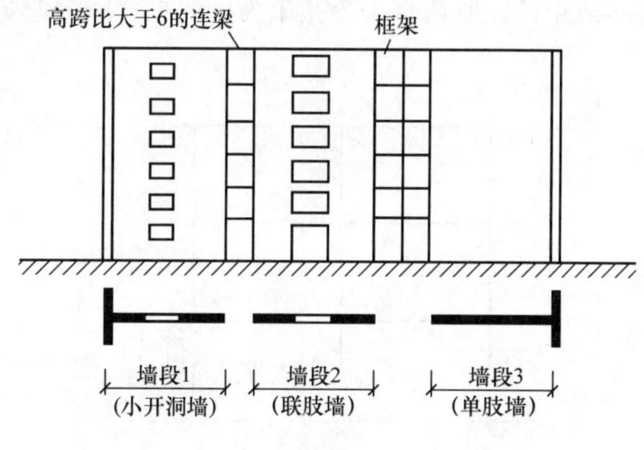

图4-23　较长抗震墙的组成示意图

4.3　抗震设计

1. 框架结构房屋的抗震设计

（1）结构计算简图

在正交布置情况下，可以认为每一方向的水平力只由该方向的抗侧力结构承担，垂直于该方向的抗侧力结构不受力，如图4-24所示。

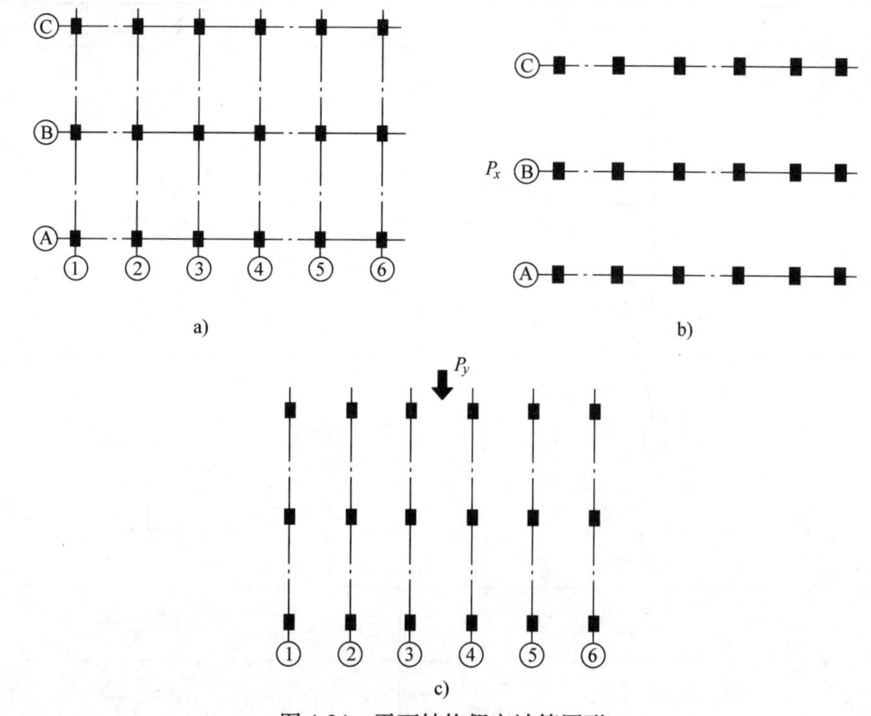

图4-24　平面结构假定计算图形

a）平面图　b）x方向抗侧力结构　c）y方向抗侧力结构

（2）反弯点法

框架在水平荷载作用下，框架结构弯矩图的形状如图 4-25 所示。由图中可以看出，各杆的弯矩图都是呈直线形，并且一般均有一个弯矩为零的点，因为弯矩图在该处反向，故该点称为反弯点。

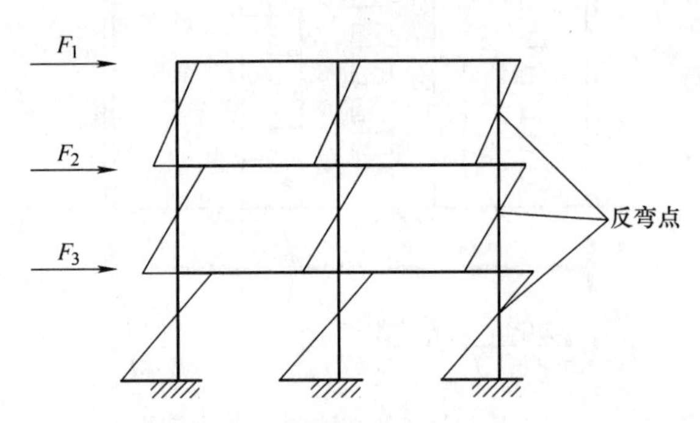

图 4-25　框架在水平节点力作用下的弯矩图

（3）D 值法

1）框架柱 D 值计算及剪力分配

修正后的柱抗侧移刚度 D 可表示为

$$D=\alpha\frac{12K_c}{h^2} \tag{4-1}$$

式中　α——考虑柱上下端节点转动的影响系数，按表 4-4 中的公式进行计算。

表 4-4　节点转动影响系数

	一　般　层	底　层
边柱	K_1, K_c, K_2	K_5, K_c
	$\overline{K}=\frac{K_1+K_2}{2K_c}$	$\overline{K}=\frac{K_5}{K_c}$
中柱	K_1, K_2, K_c, K_3, K_4	K_5, K_6, K_c
	$\overline{K}=\frac{K_1+K_2+K_3+K_4}{2K_c}$	$\overline{K}=\frac{K_5+K_6}{K_c}$
α	$\alpha=\frac{\overline{K}}{2+\overline{K}}$	$\alpha=\frac{0.5+\overline{K}}{2+\overline{K}}$

在表 4-4 中 K_c 为柱的线刚度，$K_1 \sim K_6$ 分别为不同梁的线刚度 K_b。当采用现浇整体式或装备整体式楼盖时，宜考虑板作为梁的翼缘参加工作对梁刚度的贡献，按表 4-5 折算惯性矩 I_b。

表 4-5　框架梁截面折算惯性矩 I_b

结构类型	中框架	边框架
现浇整体式楼盖	$I_b = 2I_0$	$I_b = 1.5I_0$
装配整体式楼盖	$I_b = 1.5I_0$	$I_b = 1.2I_0$

注：I_0 为框架梁矩形截面惯性矩。

2）反弯点高度的确定

D 值法的反弯点高度按式（4-2）确定：

$$h' = (y_0 + y_1 + y_2 + y_3)h \tag{4-2}$$

式中　y_0——标准反弯点高度比，根据水平荷载作用形式，总层数 n、该层位置 i 以及梁柱线刚度比 $\overline{K}$ 的值，查表 4-6 和表 4-7 确定；

y_1——上下层横梁线刚度比影响修正值，当 $(K_1 + K_2) < (K_3 + K_4)$，反弯点上移，$y_1$ 取正值（图 4-26a），此时令 $\alpha_1 = \dfrac{K_1 + K_2}{K_3 + K_4}$，当 $(K_1 + K_2) > (K_3 + K_4)$，反弯点下移，$y_1$ 取负值（图 4-26b），此时令 $\alpha_1 = \dfrac{K_3 + K_4}{K_1 + K_2}$，查表 4-8 确定，首层柱不考虑 y_1；

y_2——上层高度 $h_上$ 与本层高度 h 不同时（图 4-27），反弯点高度比修正值，查表 4-9 确定；

y_3——下层高度 $h_下$ 与本层高度 h 不同时（图 4-27），反弯点高度比修正值，查表 4-9 确定。

表 4-6　规则框架承受均布水平荷载时标准反弯点高度比 y_0 值

N	i \ $\overline{K}$	0.1	0.2	0.3	0.4	0.5	0.6	0.7	0.8	0.9	1.0	2.0	3.0	4.0	5.0
1	1	0.80	0.75	0.70	0.65	0.65	0.60	0.60	0.60	0.60	0.55	0.55	0.55	0.55	0.55
2	2	0.45	0.40	0.35	0.35	0.35	0.35	0.40	0.40	0.40	0.40	0.45	0.45	0.45	0.45
	1	0.95	0.80	0.75	0.70	0.65	0.65	0.65	0.60	0.60	0.60	0.55	0.55	0.55	0.55
3	3	0.15	0.20	0.20	0.25	0.30	0.30	0.30	0.35	0.35	0.35	0.40	0.45	0.45	0.45
	2	0.55	0.50	0.45	0.45	0.45	0.45	0.45	0.45	0.45	0.45	0.45	0.50	0.50	0.50
	1	1.00	0.85	0.80	0.75	0.70	0.70	0.65	0.65	0.65	0.60	0.55	0.55	0.55	0.55
4	4	-0.05	0.05	0.15	0.20	0.25	0.30	0.30	0.35	0.35	0.35	0.40	0.45	0.45	0.45
	3	0.25	0.30	0.30	0.35	0.35	0.40	0.40	0.40	0.40	0.45	0.45	0.50	0.50	0.50
	2	0.65	0.55	0.50	0.50	0.45	0.45	0.45	0.45	0.45	0.45	0.50	0.50	0.50	0.50
	1	1.10	0.90	0.80	0.75	0.70	0.70	0.65	0.65	0.65	0.60	0.55	0.55	0.55	0.55
5	5	-0.20	0.00	0.15	0.20	0.25	0.30	0.30	0.30	0.35	0.35	0.40	0.45	0.45	0.45
	4	0.10	0.20	0.25	0.30	0.35	0.35	0.40	0.40	0.40	0.40	0.45	0.45	0.50	0.50
	3	0.40	0.40	0.40	0.40	0.40	0.45	0.45	0.45	0.45	0.45	0.50	0.50	0.50	0.50
	2	0.65	0.55	0.50	0.50	0.50	0.50	0.50	0.50	0.50	0.50	0.50	0.50	0.50	0.50
	1	1.20	0.95	0.80	0.75	0.75	0.70	0.70	0.65	0.65	0.65	0.55	0.55	0.55	0.55

（续）

N	$\bar{K}$ / i	0.1	0.2	0.3	0.4	0.5	0.6	0.7	0.8	0.9	1.0	2.0	3.0	4.0	5.0
6	6	-0.30	0.00	0.10	0.20	0.25	0.25	0.30	0.30	0.35	0.35	0.40	0.45	0.45	0.45
	5	0.00	0.20	0.25	0.30	0.35	0.35	0.40	0.40	0.40	0.40	0.45	0.45	0.50	0.50
	4	0.20	0.30	0.35	0.35	0.40	0.40	0.40	0.45	0.45	0.45	0.45	0.50	0.50	0.50
	3	0.40	0.40	0.40	0.45	0.45	0.45	0.45	0.45	0.45	0.45	0.50	0.50	0.50	0.50
	2	0.70	0.60	0.55	0.50	0.50	0.50	0.50	0.50	0.50	0.50	0.50	0.50	0.50	0.50
	1	1.20	0.95	0.85	0.80	0.75	0.70	0.70	0.65	0.65	0.65	0.55	0.55	0.55	0.55
7	7	-0.35	-0.05	0.10	0.20	0.20	0.25	0.30	0.30	0.35	0.35	0.40	0.45	0.45	0.45
	6	-0.10	0.15	0.25	0.30	0.35	0.35	0.35	0.40	0.40	0.40	0.45	0.45	0.50	0.50
	5	0.10	0.25	0.30	0.35	0.40	0.40	0.40	0.45	0.45	0.45	0.45	0.50	0.50	0.50
	4	0.30	0.35	0.40	0.40	0.40	0.45	0.45	0.45	0.45	0.45	0.50	0.50	0.50	0.50
	3	0.50	0.45	0.45	0.45	0.45	0.45	0.45	0.45	0.45	0.45	0.50	0.50	0.50	0.50
	2	0.75	0.60	0.55	0.50	0.50	0.50	0.50	0.50	0.50	0.50	0.50	0.50	0.50	0.50
	1	1.20	0.95	0.85	0.80	0.75	0.70	0.70	0.65	0.65	0.65	0.55	0.55	0.55	0.55
8	8	-0.35	-0.15	0.10	0.15	0.25	0.25	0.30	0.30	0.35	0.35	0.40	0.45	0.45	0.45
	7	-0.10	0.15	0.25	0.30	0.35	0.35	0.40	0.40	0.40	0.40	0.45	0.50	0.50	0.50
	6	0.05	0.25	0.30	0.35	0.40	0.40	0.40	0.45	0.45	0.45	0.45	0.50	0.50	0.50
	5	0.20	0.30	0.35	0.40	0.40	0.45	0.45	0.45	0.45	0.45	0.50	0.50	0.50	0.50
	4	0.35	0.40	0.40	0.45	0.45	0.45	0.45	0.45	0.45	0.45	0.50	0.50	0.50	0.50
	3	0.50	0.45	0.45	0.45	0.45	0.45	0.45	0.45	0.50	0.50	0.50	0.50	0.50	0.50
	2	0.75	0.60	0.55	0.55	0.50	0.50	0.50	0.50	0.50	0.50	0.50	0.50	0.50	0.50
	1	1.20	1.00	0.85	0.80	0.75	0.70	0.70	0.65	0.65	0.65	0.55	0.55	0.55	0.55
9	9	-0.40	-0.05	0.10	0.20	0.25	0.25	0.30	0.30	0.35	0.35	0.45	0.45	0.45	0.45
	8	-0.15	0.15	0.20	0.30	0.35	0.35	0.35	0.40	0.40	0.40	0.45	0.45	0.50	0.50
	7	0.05	0.25	0.30	0.35	0.40	0.40	0.40	0.45	0.45	0.45	0.45	0.50	0.50	0.50
	6	0.15	0.30	0.35	0.40	0.40	0.45	0.45	0.45	0.45	0.45	0.50	0.50	0.50	0.50
	5	0.25	0.35	0.40	0.40	0.45	0.45	0.45	0.45	0.45	0.45	0.50	0.50	0.50	0.50
	4	0.40	0.40	0.40	0.45	0.45	0.45	0.45	0.45	0.45	0.45	0.50	0.50	0.50	0.50
	3	0.55	0.45	0.45	0.45	0.45	0.45	0.45	0.45	0.50	0.50	0.50	0.50	0.50	0.50
	2	0.80	0.65	0.55	0.55	0.50	0.50	0.50	0.50	0.50	0.50	0.50	0.50	0.50	0.50
	1	1.20	1.00	0.85	0.80	0.75	0.70	0.70	0.65	0.65	0.65	0.55	0.55	0.55	0.55
10	10	-0.40	-0.05	0.10	0.20	0.25	0.30	0.30	0.30	0.35	0.35	0.40	0.45	0.45	0.45
	9	-0.15	0.15	0.25	0.30	0.35	0.35	0.40	0.40	0.40	0.40	0.45	0.45	0.50	0.50
	8	0.00	0.25	0.30	0.35	0.40	0.40	0.40	0.45	0.45	0.45	0.45	0.50	0.50	0.50
	7	0.10	0.30	0.35	0.40	0.40	0.45	0.45	0.45	0.45	0.45	0.50	0.50	0.50	0.50
	6	0.20	0.35	0.40	0.40	0.45	0.45	0.45	0.45	0.45	0.45	0.50	0.50	0.50	0.50
	5	0.30	0.40	0.40	0.45	0.45	0.45	0.45	0.45	0.45	0.50	0.50	0.50	0.50	0.50
	4	0.40	0.40	0.45	0.45	0.45	0.45	0.45	0.45	0.45	0.50	0.50	0.50	0.50	0.50
	3	0.55	0.50	0.45	0.45	0.45	0.50	0.50	0.50	0.50	0.50	0.50	0.50	0.50	0.50
	2	0.80	0.65	0.55	0.55	0.55	0.50	0.50	0.50	0.50	0.50	0.50	0.50	0.50	0.50
	1	1.30	1.00	0.85	0.80	0.75	0.70	0.70	0.65	0.65	0.65	0.60	0.55	0.55	0.55
11	11	-0.40	0.05	0.10	0.20	0.25	0.30	0.30	0.30	0.35	0.35	0.40	0.45	0.45	0.45
	10	-0.15	0.15	0.25	0.30	0.35	0.35	0.40	0.40	0.40	0.40	0.45	0.45	0.50	0.50
	9	0.00	0.25	0.30	0.35	0.40	0.40	0.40	0.45	0.45	0.45	0.45	0.50	0.50	0.50
	8	0.10	0.30	0.35	0.40	0.40	0.45	0.45	0.45	0.45	0.45	0.50	0.50	0.50	0.50
	7	0.20	0.35	0.40	0.45	0.45	0.45	0.45	0.45	0.45	0.45	0.50	0.50	0.50	0.50
	6	0.25	0.35	0.40	0.45	0.45	0.45	0.45	0.45	0.45	0.45	0.50	0.50	0.50	0.50
	5	0.35	0.40	0.40	0.45	0.45	0.45	0.45	0.45	0.45	0.50	0.50	0.50	0.50	0.50
	4	0.40	0.40	0.45	0.45	0.45	0.45	0.45	0.50	0.50	0.50	0.50	0.50	0.50	0.50
	3	0.55	0.50	0.50	0.50	0.50	0.50	0.50	0.50	0.50	0.50	0.50	0.50	0.50	0.50
	2	0.80	0.65	0.60	0.55	0.55	0.50	0.50	0.50	0.50	0.50	0.50	0.50	0.50	0.50
	1	1.30	1.00	0.85	0.80	0.75	0.70	0.70	0.65	0.65	0.65	0.60	0.55	0.55	0.55

（续）

N	$\overline{K}$ / i	0.1	0.2	0.3	0.4	0.5	0.6	0.7	0.8	0.9	1.0	2.0	3.0	4.0	5.0
12以上	自上1	-0.40	-0.05	0.10	0.20	0.28	0.30	0.30	0.30	0.35	0.35	0.45	0.45	0.45	0.45
	2	-0.15	0.15	0.25	0.30	0.35	0.35	0.40	0.40	0.40	0.40	0.45	0.45	0.50	0.50
	3	0.00	0.25	0.30	0.35	0.40	0.40	0.40	0.45	0.45	0.45	0.50	0.50	0.50	0.50
	4	0.10	0.30	0.35	0.40	0.40	0.45	0.45	0.45	0.45	0.45	0.50	0.50	0.50	0.50
	5	0.20	0.35	0.40	0.40	0.45	0.45	0.45	0.45	0.45	0.45	0.50	0.50	0.50	0.50
	6	0.25	0.35	0.40	0.45	0.45	0.45	0.45	0.45	0.45	0.45	0.50	0.50	0.50	0.50
	7	0.30	0.40	0.40	0.45	0.45	0.45	0.45	0.45	0.50	0.50	0.50	0.50	0.50	0.50
	8	0.35	0.40	0.45	0.45	0.45	0.45	0.45	0.50	0.50	0.50	0.50	0.50	0.50	0.50
	中间	0.40	0.40	0.45	0.45	0.45	0.45	0.50	0.50	0.50	0.50	0.50	0.50	0.50	0.50
	4	0.45	0.45	0.45	0.45	0.50	0.50	0.50	0.50	0.50	0.50	0.50	0.50	0.50	0.50
	3	0.60	0.50	0.50	0.50	0.50	0.50	0.50	0.50	0.50	0.50	0.50	0.50	0.50	0.50
	2	0.80	0.65	0.60	0.55	0.55	0.50	0.50	0.50	0.50	0.50	0.50	0.50	0.50	0.50
	自下1	1.30	1.00	0.85	0.80	0.75	0.70	0.70	0.65	0.65	0.65	0.55	0.55	0.55	0.55

表4-7　规则框架承受倒三角形分布水平荷载作用时标准反弯点的高度比 y_0 值

N	$\overline{K}$ / i	0.1	0.2	0.3	0.4	0.5	0.6	0.7	0.8	0.9	1.0	2.0	3.0	4.0	5.0
1	1	0.80	0.75	0.70	0.65	0.65	0.60	0.60	0.60	0.60	0.55	0.55	0.55	0.55	0.55
2	2	0.50	0.45	0.40	0.40	0.40	0.40	0.40	0.40	0.40	0.45	0.45	0.45	0.45	0.50
	1	1.00	0.85	0.75	0.70	0.70	0.65	0.65	0.65	0.60	0.60	0.55	0.55	0.55	0.55
3	3	0.25	0.25	0.25	0.30	0.30	0.35	0.35	0.35	0.40	0.40	0.45	0.45	0.45	0.50
	2	0.60	0.50	0.50	0.50	0.50	0.45	0.45	0.45	0.45	0.45	0.50	0.50	0.50	0.50
	1	1.15	0.90	0.80	0.75	0.75	0.70	0.70	0.65	0.65	0.65	0.60	0.55	0.55	0.55
4	4	0.10	0.15	0.20	0.25	0.30	0.30	0.35	0.35	0.35	0.40	0.45	0.45	0.45	0.45
	3	0.35	0.35	0.35	0.40	0.40	0.40	0.40	0.45	0.45	0.45	0.45	0.50	0.50	0.50
	2	0.70	0.60	0.55	0.50	0.50	0.50	0.50	0.50	0.50	0.50	0.50	0.50	0.50	0.50
	1	1.20	0.95	0.85	0.80	0.75	0.70	0.70	0.70	0.65	0.65	0.55	0.55	0.55	0.55
5	5	-0.05	0.10	0.20	0.25	0.30	0.30	0.35	0.35	0.35	0.35	0.40	0.45	0.45	0.45
	4	0.20	0.25	0.35	0.35	0.40	0.40	0.40	0.40	0.40	0.45	0.45	0.50	0.50	0.50
	3	0.45	0.40	0.45	0.45	0.45	0.45	0.45	0.45	0.45	0.45	0.50	0.50	0.50	0.50
	2	0.75	0.60	0.55	0.55	0.50	0.50	0.50	0.50	0.50	0.50	0.50	0.50	0.50	0.50
	1	1.30	1.00	0.85	0.80	0.75	0.70	0.70	0.65	0.65	0.65	0.65	0.55	0.55	0.55
6	6	-0.15	0.05	0.15	0.20	0.25	0.30	0.30	0.35	0.35	0.35	0.40	0.45	0.45	0.45
	5	0.10	0.25	0.30	0.35	0.35	0.40	0.40	0.40	0.45	0.45	0.45	0.50	0.50	0.50
	4	0.30	0.35	0.40	0.40	0.45	0.45	0.45	0.45	0.45	0.45	0.50	0.50	0.50	0.50
	3	0.50	0.45	0.45	0.45	0.45	0.45	0.45	0.45	0.45	0.50	0.50	0.50	0.50	0.50
	2	0.80	0.65	0.55	0.55	0.55	0.50	0.50	0.50	0.50	0.50	0.50	0.50	0.50	0.50
	1	1.30	1.00	0.85	0.80	0.75	0.70	0.70	0.65	0.65	0.65	0.60	0.55	0.55	0.55
7	7	-0.20	0.05	0.15	0.20	0.25	0.30	0.30	0.35	0.35	0.35	0.45	0.45	0.45	0.45
	6	0.05	0.20	0.30	0.35	0.35	0.40	0.40	0.40	0.40	0.45	0.45	0.50	0.50	0.50
	5	0.20	0.30	0.35	0.40	0.40	0.45	0.45	0.45	0.45	0.45	0.50	0.50	0.50	0.50
	4	0.35	0.40	0.40	0.45	0.45	0.45	0.45	0.45	0.45	0.45	0.50	0.50	0.50	0.50
	3	0.55	0.50	0.50	0.50	0.50	0.50	0.50	0.50	0.50	0.50	0.50	0.50	0.50	0.50
	2	0.80	0.65	0.60	0.55	0.55	0.55	0.50	0.50	0.50	0.50	0.50	0.50	0.50	0.50
	1	1.30	1.00	0.90	0.80	0.75	0.70	0.70	0.70	0.65	0.65	0.60	0.55	0.55	0.55

（续）

N	$\bar{K}$ / i	0.1	0.2	0.3	0.4	0.5	0.6	0.7	0.8	0.9	1.0	2.0	3.0	4.0	5.0
8	8	-0.20	0.05	0.15	0.20	0.25	0.30	0.30	0.35	0.35	0.35	0.45	0.45	0.45	0.45
	7	0.00	0.20	0.30	0.35	0.35	0.40	0.40	0.40	0.40	0.45	0.45	0.50	0.50	0.50
	6	0.15	0.30	0.35	0.40	0.40	0.45	0.45	0.45	0.45	0.45	0.50	0.50	0.50	0.50
	5	0.30	0.40	0.40	0.45	0.45	0.45	0.45	0.45	0.45	0.45	0.50	0.50	0.50	0.50
	4	0.40	0.45	0.45	0.45	0.45	0.45	0.45	0.50	0.50	0.50	0.50	0.50	0.50	0.50
	3	0.60	0.50	0.50	0.50	0.50	0.50	0.50	0.50	0.50	0.50	0.50	0.50	0.50	0.50
	2	0.85	0.65	0.60	0.55	0.55	0.55	0.50	0.50	0.50	0.50	0.50	0.50	0.50	0.50
	1	1.30	1.00	0.90	0.80	0.75	0.70	0.70	0.70	0.65	0.65	0.60	0.55	0.55	0.55
9	9	-0.25	0.00	0.15	0.20	0.25	0.30	0.30	0.35	0.35	0.40	0.45	0.45	0.45	0.45
	8	0.00	0.20	0.30	0.35	0.35	0.40	0.40	0.40	0.40	0.45	0.45	0.50	0.50	0.50
	7	0.15	0.30	0.35	0.40	0.40	0.45	0.45	0.45	0.45	0.45	0.50	0.50	0.50	0.50
	6	0.25	0.35	0.40	0.40	0.45	0.45	0.45	0.45	0.45	0.50	0.50	0.50	0.50	0.50
	5	0.35	0.40	0.45	0.45	0.45	0.45	0.45	0.45	0.50	0.50	0.50	0.50	0.50	0.50
	4	0.45	0.45	0.45	0.45	0.45	0.50	0.50	0.50	0.50	0.50	0.50	0.50	0.50	0.50
	3	0.60	0.50	0.50	0.50	0.50	0.50	0.50	0.50	0.50	0.50	0.50	0.50	0.50	0.50
	2	0.85	0.65	0.60	0.55	0.55	0.55	0.55	0.50	0.50	0.50	0.50	0.50	0.50	0.50
	1	1.35	1.00	0.90	0.80	0.75	0.75	0.70	0.70	0.65	0.65	0.60	0.55	0.55	0.55
10	10	-0.25	0.00	0.15	0.20	0.25	0.30	0.30	0.35	0.35	0.40	0.45	0.45	0.45	0.45
	9	-0.10	0.20	0.30	0.35	0.35	0.40	0.40	0.40	0.40	0.45	0.45	0.50	0.50	0.50
	8	0.10	0.30	0.35	0.40	0.40	0.40	0.45	0.45	0.45	0.45	0.50	0.50	0.50	0.50
	7	0.20	0.35	0.40	0.40	0.45	0.45	0.45	0.45	0.45	0.50	0.50	0.50	0.50	0.50
	6	0.30	0.40	0.40	0.45	0.45	0.45	0.45	0.45	0.45	0.50	0.50	0.50	0.50	0.50
	5	0.40	0.45	0.45	0.45	0.45	0.45	0.45	0.50	0.50	0.50	0.50	0.50	0.50	0.50
	4	0.50	0.45	0.45	0.45	0.50	0.50	0.50	0.50	0.50	0.50	0.50	0.50	0.50	0.50
	3	0.60	0.55	0.50	0.50	0.50	0.50	0.50	0.50	0.50	0.50	0.50	0.50	0.50	0.50
	2	0.85	0.65	0.60	0.55	0.55	0.55	0.55	0.50	0.50	0.50	0.50	0.50	0.50	0.50
	1	1.35	1.00	0.90	0.80	0.75	0.75	0.70	0.70	0.65	0.65	0.60	0.55	0.55	0.55
11	11	-0.25	0.00	0.15	0.20	0.25	0.30	0.30	0.30	0.35	0.35	0.45	0.45	0.45	0.45
	10	-0.05	0.20	0.25	0.30	0.35	0.40	0.40	0.40	0.40	0.45	0.45	0.50	0.50	0.50
	9	0.10	0.30	0.35	0.40	0.40	0.40	0.45	0.45	0.45	0.45	0.50	0.50	0.50	0.50
	8	0.20	0.35	0.40	0.40	0.45	0.45	0.45	0.45	0.45	0.45	0.50	0.50	0.50	0.50
	7	0.25	0.40	0.40	0.45	0.45	0.45	0.45	0.45	0.45	0.50	0.50	0.50	0.50	0.50
	6	0.35	0.40	0.45	0.45	0.45	0.45	0.45	0.50	0.50	0.50	0.50	0.50	0.50	0.50
	5	0.40	0.45	0.45	0.45	0.45	0.50	0.50	0.50	0.50	0.50	0.50	0.50	0.50	0.50
	4	0.50	0.50	0.50	0.50	0.50	0.50	0.50	0.50	0.50	0.50	0.50	0.50	0.50	0.50
	3	0.65	0.55	0.50	0.50	0.50	0.50	0.50	0.50	0.50	0.50	0.50	0.50	0.50	0.50
	2	0.85	0.65	0.60	0.55	0.55	0.55	0.55	0.50	0.50	0.50	0.50	0.50	0.50	0.50
	1	1.35	1.05	0.90	0.80	0.75	0.75	0.70	0.70	0.65	0.65	0.60	0.55	0.55	0.55
12以上	自上1	-0.30	0.00	0.15	0.20	0.25	0.30	0.30	0.30	0.35	0.35	0.40	0.45	0.45	0.45
	2	-0.10	0.20	0.25	0.30	0.35	0.40	0.40	0.40	0.40	0.40	0.45	0.45	0.45	0.50
	3	0.05	0.25	0.35	0.40	0.40	0.40	0.45	0.45	0.45	0.45	0.45	0.50	0.50	0.50
	4	0.15	0.30	0.40	0.40	0.45	0.45	0.45	0.45	0.45	0.45	0.45	0.50	0.50	0.50
	5	0.25	0.35	0.50	0.45	0.45	0.45	0.45	0.45	0.45	0.45	0.50	0.50	0.50	0.50
	6	0.30	0.40	0.50	0.45	0.45	0.45	0.45	0.50	0.50	0.50	0.50	0.50	0.50	0.50
	7	0.35	0.40	0.55	0.45	0.45	0.45	0.50	0.50	0.50	0.50	0.50	0.50	0.50	0.50
	8	0.35	0.45	0.55	0.45	0.50	0.50	0.50	0.50	0.50	0.50	0.50	0.50	0.50	0.50
	中间	0.45	0.45	0.55	0.45	0.50	0.50	0.50	0.50	0.50	0.50	0.50	0.50	0.50	0.50
	4	0.55	0.50	0.50	0.50	0.50	0.50	0.50	0.50	0.50	0.50	0.50	0.50	0.50	0.50
	3	0.65	0.55	0.50	0.50	0.50	0.50	0.50	0.50	0.50	0.50	0.50	0.50	0.50	0.50
	2	0.70	0.70	0.60	0.55	0.55	0.55	0.55	0.50	0.50	0.50	0.50	0.50	0.50	0.50
	自下1	1.35	1.05	0.90	0.80	0.75	0.70	0.70	0.70	0.65	0.65	0.60	0.55	0.55	0.55

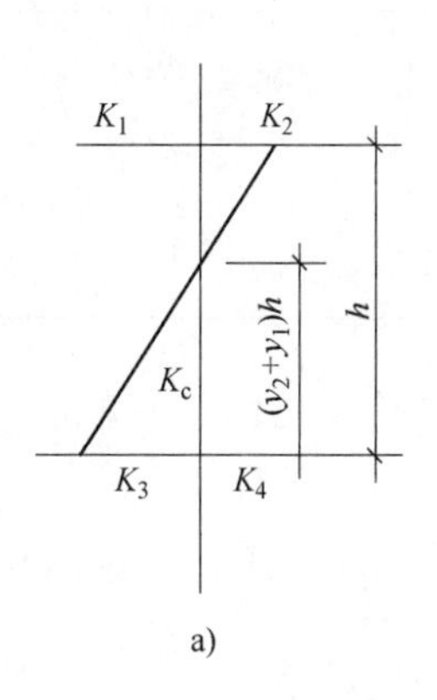

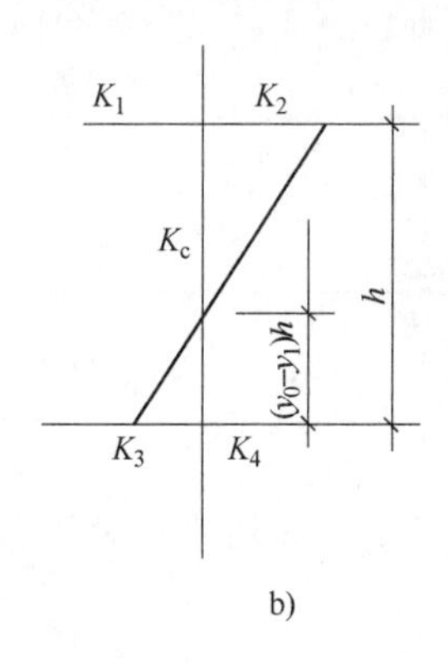

图 4-26　梁的线刚度对反弯点高度的影响

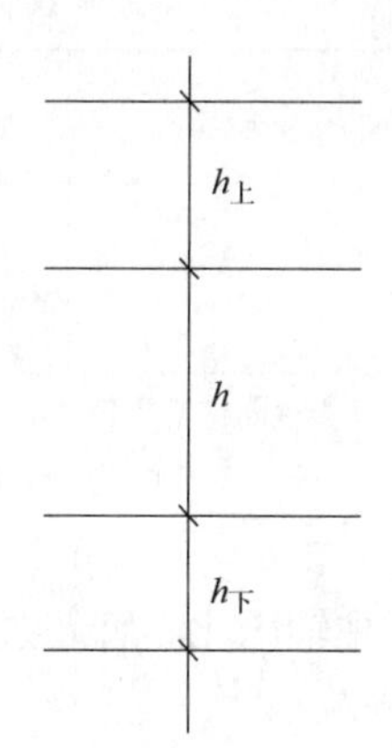

图 4-27　上下层层高与本层层高不同时对反弯点高度的影响

表 4-8　上下层横梁线刚度比对 y_0 的修正值 y_1

$\overline{K}$ / α_1	0.1	0.2	0.3	0.4	0.5	0.6	0.7	0.8	0.9	1.0	2.0	3.0	4.0	5.0
0.4	0.55	0.40	0.30	0.25	0.20	0.20	0.20	0.15	0.15	0.15	0.05	0.05	0.05	0.05
0.5	0.45	0.30	0.20	0.20	0.15	0.15	0.15	0.10	0.10	0.10	0.05	0.05	0.05	0.05
0.6	0.30	0.20	0.15	0.15	0.10	0.10	0.10	0.10	0.05	0.05	0.05	0.05	0	0
0.7	0.20	0.15	0.10	0.10	0.10	0.10	0.05	0.05	0.05	0.05	0.05	0	0	0
0.8	0.15	0.10	0.05	0.05	0.05	0.05	0.05	0.05	0.05	0	0	0	0	0
0.9	0.05	0.05	0.05	0.05	0	0	0	0	0	0	0	0	0	0

表 4-9　上下层层高变化对 y_0 的修正值 y_2 和 y_3

α_2	$\overline{K}$ / α_3	0.1	0.2	0.3	0.4	0.5	0.6	0.7	0.8	0.9	1.0	2.0	3.0	4.0	5.0
2.0		0.25	0.15	0.15	0.10	0.10	0.10	0.10	0.10	0.05	0.05	0.05	0.05	0.0	0.0
1.8		0.20	0.15	0.10	0.10	0.10	0.05	0.05	0.05	0.05	0.05	0.05	0.0	0.0	0.0
1.6	0.4	0.15	0.10	0.10	0.05	0.05	0.05	0.05	0.05	0.05	0.05	0.0	0.0	0.0	0.0
1.4	0.6	0.10	0.05	0.05	0.05	0.05	0.05	0.05	0.05	0.05	0.0	0.0	0.0	0.0	0.0
1.2	0.8	0.05	0.05	0.05	0.0	0.0	0.0	0.0	0.0	0.0	0.0	0.0	0.0	0.0	0.0
1.0	1.0	0.0	0.0	0.0	0.0	0.0	0.0	0.0	0.0	0.0	0.0	0.0	0.0	0.0	0.0
0.8	1.2	−0.05	−0.05	−0.05	0.0	0.0	0.0	0.0	0.0	0.0	0.0	0.0	0.0	0.0	0.0
0.6	1.4	−0.10	−0.05	−0.05	−0.05	−0.05	−0.05	−0.05	−0.05	−0.05	0.0	0.0	0.0	0.0	0.0
0.4	1.6	−0.15	−0.10	−0.10	−0.05	−0.05	−0.05	−0.05	−0.05	−0.05	−0.05	0.0	0.0	0.0	0.0
	1.8	−0.20	−0.15	−0.10	−0.10	−0.10	−0.05	−0.05	−0.05	−0.05	−0.05	−0.05	−0.05	0.0	0.0
	2.0	−0.25	−0.15	−0.15	−0.10	−0.10	−0.10	−0.10	−0.10	−0.10	−0.05	−0.05	−0.05	0.0	0.0

（4）配筋和构造

1）梁的钢筋配置，应符合下列各项要求：

① 梁端计入受压钢筋的混凝土受压区高度和有效高度之比，一级不应大于 0.25，二、三级不应大于 0.35。

② 梁端截面的底面和顶面纵向钢筋配筋量的比值，除按计算确定外，一级不应小于 0.5，二、三级不应小于 0.3。

③ 梁端箍筋加密区的长度、箍筋最大间距和最小直径应按表 4-10 采用，当梁端纵向受拉钢筋配筋率大于 2% 时，表中箍筋最小直径数值应增大 2mm。

表 4-10　梁端箍筋加密区的长度、箍筋的最大间距和最小直径

抗震等级	加密区长度（采用较大值）/mm	箍筋最大间距（采用最小值）/mm	箍筋最小直径/mm
一	$2h_b$，500	$h_b/4$，$6d$，100	10
二	$1.5h_b$，500	$h_b/4$，$8d$，100	8
三	$1.5h_b$，500	$h_b/4$，$8d$，150	8
四	$1.5h_b$，500	$h_b/4$，$8d$，150	6

注：1. d 为纵向钢筋直径，h_b 为梁截面高度。

2. 箍筋直径大于 12mm、数量不少于 4 肢且肢距不大于 150mm 时，一、二级的最大间距允许适当放宽，但不得大于 150mm。

2）柱轴压比不宜超过表 4-11 的规定；建造于Ⅳ类场地且较高的高层建筑，柱轴压比限值应适当减小。

表 4-11　柱轴压比限值

结构类型	抗震等级			
	一	二	三	四
框架结构	0.65	0.75	0.85	0.90
框架-抗震墙、板柱-抗震墙、框架-核心筒、筒中筒	0.75	0.85	0.90	0.95
部分框支抗震墙	0.6	0.70	—	

注：1. 轴压比指柱组合的轴压力设计值与柱的全截面面积和混凝土轴心抗压强度设计值乘积之比值；对本规范规定不进行地震作用计算的结构，可取无地震作用组合的轴力设计值计算。

2. 表内限值适用于剪跨比大于 2、混凝土强度等级不高于 C60 的柱；剪跨比不大于 2 的柱，轴压比限值应降低 0.05；剪跨比小于 1.5 的柱，轴压比限值应专门研究并采取特殊构造措施。

3. 沿柱全高采用井字复合箍且箍筋肢距不大于 200mm、间距不大于 100mm、直径不小于 12mm，或沿柱全高采用复合螺旋箍，螺旋间距不大于 100mm、箍筋肢距不大于 200mm、直径不小于 12mm，或沿柱全高采用连续复合矩形螺旋箍，螺旋净距不大于 80mm、箍筋肢距不大于 200mm、直径不小于 10mm，轴压比限值均可增加 0.10；上述三种箍筋的最小配箍特征值均应按增大的轴压比由表 4-14 确定。

4. 在柱的截面中部附加芯柱，其中另加的纵向钢筋的总面积不少于柱截面面积的 0.8%，轴压比限值可增加 0.05；此项措施与注 3 的措施共同采用时，轴压比限值可增加 0.15，但箍筋的体积配箍率仍可按轴压比增加 0.10 的要求确定。

5. 柱轴压比不应大于 1.05。

3）柱的钢筋配置，应符合下列各项要求：

① 柱纵向受力钢筋的最小总配筋率应按表 4-12 采用，同时每侧配筋率不应小于 0.2%；对建造于Ⅳ类场地且较高的高层建筑，最小总配筋率应增加 0.1%。

表 4-12　柱截面纵向钢筋的最小总配筋率（百分率）

类　　别	抗震等级			
	一	二	三	四
中柱和边柱	0.9(1.0)	0.7(0.8)	0.6(0.7)	0.5(0.6)
角柱、框支柱	1.1	0.9	0.8	0.7

注：1. 表中括号内数值用于框架结构的柱。

2. 钢筋强度标准值小于 400MPa 时，表中数值应增加 0.1，钢筋强度标准值为 400MPa 时，表中数值应增加 0.05。

3. 混凝土强度等级高于 C60 时，上述数值应相应增加 0.1。

② 柱箍筋在规定的范围内应加密，加密区的箍筋间距和直径，应符合下列要求：

a. 一般情况下，箍筋的最大间距和最小直径，应按表 4-13 采用。

表 4-13　柱箍筋加密区的箍筋最大间距和最小直径

抗震等级	箍筋最大间距(采用较小值，mm)	箍筋最小直径/mm
一	6*d*，100	10
二	8*d*，100	8
三	8*d*，150(柱根 100)	8
四	8*d*，150(柱根 100)	6(柱根 8)

注：1. *d* 为柱纵筋最小直径。
2. 柱根指底层柱下端箍筋加密区。

b. 一级框架柱的箍筋直径大于 12mm 且箍筋肢距不大于 150mm 及二级框架柱的箍筋直径不小于 10mm 且箍筋肢距不大于 200mm 时，除底层柱下端外，最大间距应允许采用 150mm；三级框架柱的截面尺寸不大于 400mm 时，箍筋最小直径应允许采用 6mm；四级框架柱剪跨比不大于 2 时，箍筋直径不应小于 8mm。

c. 框支柱和剪跨比不大于 2 的框架柱，箍筋间距不应大于 100mm。

4）柱的箍筋配置，尚应符合下列要求：

① 柱的箍筋加密范围，应按下列规定采用：

a. 柱端，取截面高度（圆柱直径）、柱净高的 1/6 和 500mm 三者的最大值。

b. 底层柱的下端不小于柱净高的 1/3。

c. 刚性地面上下各 500mm。

d. 剪跨比不大于 2 的柱、因设置填充墙等形成的柱净高与柱截面高度之比不大于 4 的柱、框支柱、一级和二级框架的角柱，取全高。

② 柱箍筋加密区的箍筋肢距，一级不宜大于 200mm，二、三级不宜大于 250mm，四级不宜大于 300mm。至少每隔一根纵向钢筋宜在两个方向有箍筋或拉筋约束；采用拉筋复合箍时，拉筋宜紧靠纵向钢筋并钩住箍筋。

③ 柱箍筋加密区的体积配箍率，应按下列规定采用：

a. 柱箍筋加密区的体积配箍率应符合下式要求：

$$\rho_v \geqslant \lambda_v f_c / f_{yv} \qquad (4\text{-}3)$$

式中　ρ_v——柱箍筋加密区的体积配箍率，一级不应小于 0.8%，二级不应小于 0.6%，三、四级不应小于 0.4%；计算复合螺旋箍的体积配箍率时，其非螺旋箍的箍筋体积应乘以折减系数 0.80；

f_c——混凝土轴心抗压强度设计值，强度等级低于 C35 时，应按 C35 计算；

f_{yv}——箍筋或拉筋抗拉强度设计值；

λ_v——最小配箍特征值，宜按表 4-14 采用。

表 4-14　柱箍筋加密区的箍筋最小配箍特征值

抗震等级	箍筋形式	柱轴压比								
		≤0.3	0.4	0.5	0.6	0.7	0.8	0.9	1.0	1.05
一	普通箍、复合箍	0.10	0.11	0.13	0.15	0.17	0.20	0.23	—	—
一	螺旋箍、复合或连续复合矩形螺旋箍	0.08	0.09	0.11	0.13	0.15	0.18	0.21	—	—
二	普通箍、复合箍	0.08	0.09	0.11	0.13	0.15	0.17	0.19	0.22	0.24
二	螺旋箍、复合或连续复合矩形螺旋箍	0.06	0.07	0.09	0.11	0.13	0.15	0.17	0.20	0.22

（续）

抗震等级	箍筋形式	柱轴压比								
		≤0.3	0.4	0.5	0.6	0.7	0.8	0.9	1.0	1.05
三、四	普通箍、复合箍	0.06	0.07	0.09	0.11	0.13	0.15	0.17	0.20	0.22
	螺旋箍、复合或连续复合矩形螺旋箍	0.05	0.06	0.07	0.09	0.11	0.13	0.15	0.18	0.20

注：1. 普通箍指单个矩形箍和单个圆形箍，复合箍指由矩形、多边形、圆形箍或拉筋组成的箍筋。

2. 复合螺旋箍指由螺旋箍与矩形、多边形、圆形箍或拉筋组成的箍筋；连续复合矩形螺旋箍指用一根通长钢筋加工而成的箍筋。

b. 框支柱宜采用复合螺旋箍或井字复合箍，其最小配箍特征值应比表4-14内数值增加0.02，且体积配箍率不应小于1.5%。

c. 剪跨比不大于2的柱宜采用复合螺旋箍或井字复合箍，其体积配箍率不应小于1.2%，9度一级时不应小于1.5%。

④ 柱箍筋非加密区的箍筋配置，应符合下列要求：

a. 柱箍筋非加密区的体积配箍率不宜小于加密区的50%。

b. 箍筋间距，一、二级框架柱不应大于10倍纵向钢筋直径，三、四级框架柱不应大于15倍纵向钢筋直径。

箍筋类别参见图4-28。

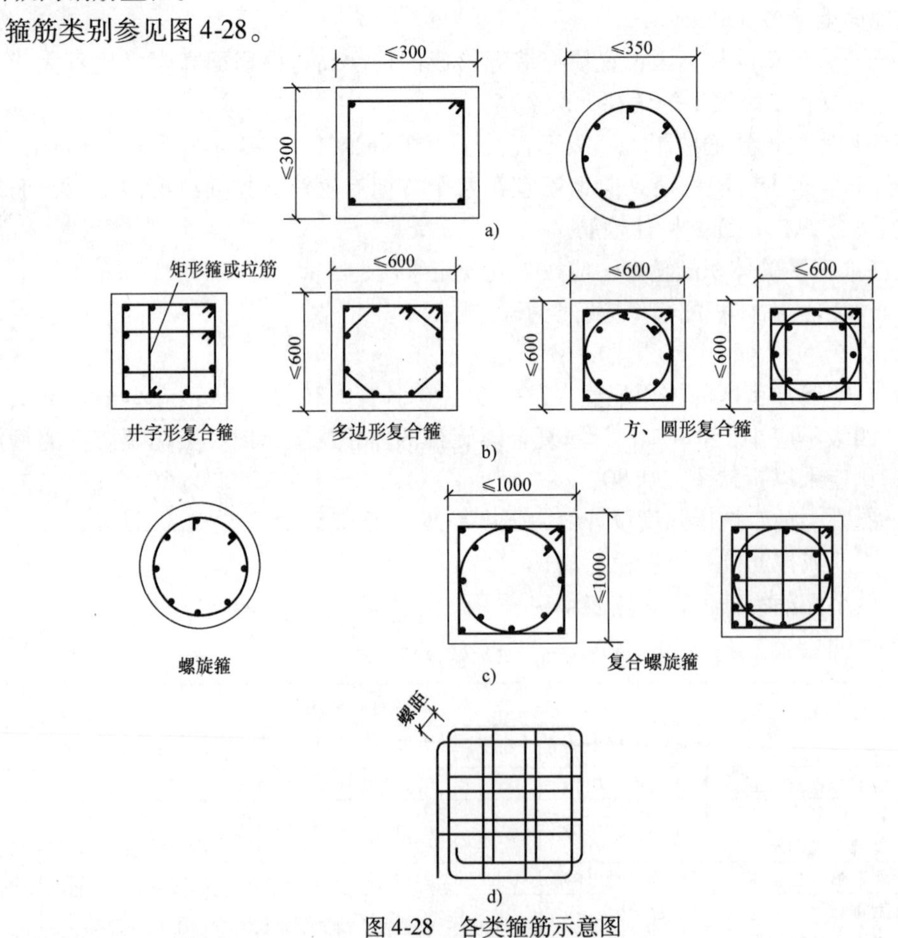

图4-28　各类箍筋示意图

a）普通箍　b）复合箍　c）螺旋箍　d）连续复合螺旋箍（用于矩形截面柱）

（5）框架节点的破坏形态

在竖向荷载和地震作用下，框架梁柱节点主要承受柱传来的轴向力、弯矩、剪力和梁传来的弯矩、剪力，如图 4-29 所示。节点区的破坏形式为由主拉应力引起的剪切破坏。如果节点未设箍筋或箍筋不足，则由于其抗剪能力不足，节点区出现多条交叉斜裂缝，斜裂缝间混凝土被压碎，柱内纵向钢筋受压屈服。

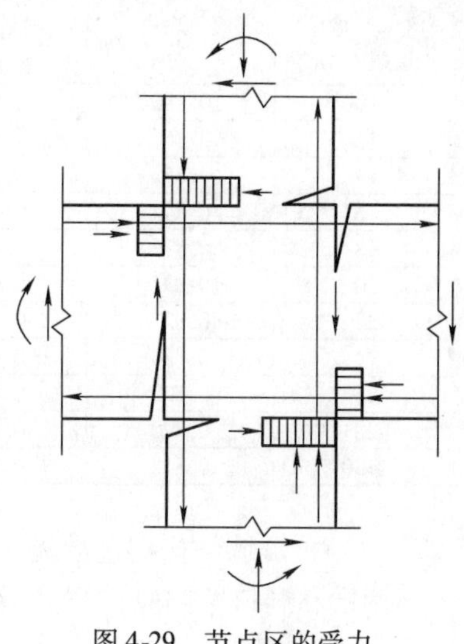

图 4-29　节点区的受力

2. 抗震墙结构房屋的抗震设计

（1）抗震墙的分类

抗震墙按开洞情况、整体系数和惯性矩比分成以下几类：

1）整体墙即没有洞口或洞口很小的抗震墙（图 4-30a）。当墙面上门窗、洞口等开孔面积不超过墙面面积的 15%（即 $\rho \leqslant 15\%$），且孔洞间净距及孔洞至墙边净距大于孔洞长边时，即为整体墙。

2）当 $\rho > 15\%$，$\alpha \geqslant 10$，且 $I_A/I \leqslant \zeta$ 时，为整体小开口墙（图 4-30b），其中系数 ζ 的取值见表 4-15。

3）当 $\rho > 15\%$，$1.0 < \alpha < 10$，且 $I_A/I \leqslant \zeta$ 时，为联肢墙（图 4-30c）。

4）当洞口很大，$\alpha \geqslant 10$，$I_A/I > \zeta$ 为壁式框架（图 4-30d）。

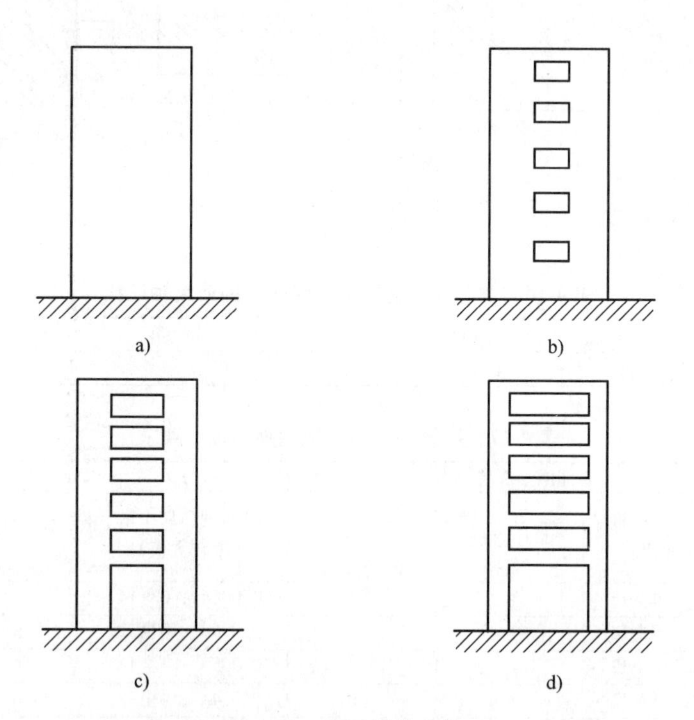

图 4-30　抗震墙的分类

a）整体墙　b）整体小开口墙　c）联肢墙　d）壁式框架

表 4-15 系数ζ的取值

层数 \ α	8	10	12	16	20	≥30
10	0.886	0.948	0.975	1.000	1.000	1.000
12	0.866	0.924	0.950	0.994	1.000	1.000
14	0.853	0.908	0.934	0.978	1.000	1.000
16	0.844	0.896	0.923	0.964	0.988	1.000
18	0.836	0.888	0.914	0.952	0.978	1.000
20	0.831	0.880	0.906	0.945	0.970	1.000
22	0.827	0.875	0.901	0.940	0.965	1.000
24	0.824	0.871	0.897	0.936	0.960	0.989
26	0.822	0.867	0.894	0.932	0.955	0.986
28	0.820	0.864	0.890	0.929	0.952	0.982
≥30	0.818	0.861	0.887	0.926	0.950	0.979

（2）抗震墙结构构造措施

两端和洞口两侧应设置边缘构件，边缘构件包括暗柱、端柱和翼墙，并应符合下列要求：

1）对于抗震墙结构，底层墙肢底截面的轴压比不大于表 4-16 规定的一、二、三级抗震墙及四级抗震墙，墙肢两端可设置构造边缘构件，构造边缘构件的范围可按图 4-31 采用，构造边缘构件的配筋除应满足受弯承载力要求外，并宜符合表 4-17 的要求。

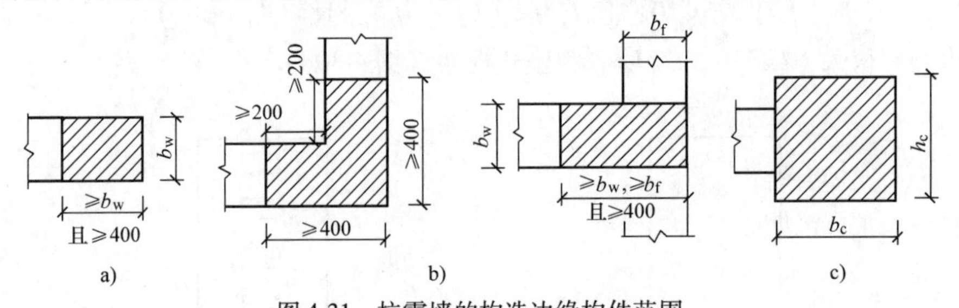

图 4-31 抗震墙的构造边缘构件范围

a）暗柱 b）翼柱 c）端柱

表 4-16 抗震墙设置构造边缘构件的最大轴压比

抗震等级或烈度	一级(9 度)	一级(7、8 度)	二、三级
轴压比	0.1	0.2	0.3

表 4-17 抗震墙构造边缘构件的配筋要求

抗震等级	底部加强部位			其他部位		
	纵向钢筋最小量（取较大值）	箍筋		纵向钢筋最小量（取较大值）	拉筋	
		最小直径/mm	沿竖向最大间距/mm		最小直径/mm	沿竖向最大间距/mm
一	$0.010A_c$，6⌀16	8	100	$0.008A_c$，6⌀14	8	150
二	$0.008A_c$，6⌀14	8	150	$0.006A_c$，6⌀12	8	200
三	$0.006A_c$，6⌀12	6	150	$0.005A_c$，4⌀12	6	200
四	$0.005A_c$，4⌀12	6	200	$0.004A_c$，4⌀12	6	250

注：1. A_c为边缘构件的截面面积。

2. 其他部位的拉筋，水平间距不应大于纵筋间距的 2 倍；转角处宜采用箍筋。

3. 当端柱承受集中荷载时，其纵向钢筋、箍筋直径和间距应满足柱的相应要求。

2）底层墙肢底截面的轴压比大于表4-16规定的一、二、三级抗震墙，以及部分框支抗震墙结构的抗震墙，应在底部加强部位及相邻的上一层设置约束边缘构件，在以上的其他部位可设置构造边缘构件。约束边缘构件沿墙肢的长度、配箍特征值、箍筋和纵向钢筋宜符合表4-18的要求（图4-32）。

表4-18　抗震墙约束边缘构件的范围及配筋要求

项　　目	一级(9度)		一级(8度)		二、三级	
	$\lambda\leqslant0.2$	$\lambda>0.2$	$\lambda\leqslant0.3$	$\lambda>0.3$	$\lambda\leqslant0.4$	$\lambda>0.4$
l_c(暗柱)	$0.20h_W$	$0.25h_W$	$0.15h_W$	$0.20h_W$	$0.15h_W$	$0.20h_W$
l_c(翼墙或端柱)	$0.15h_W$	$0.20h_W$	$0.10h_W$	$0.15h_W$	$0.10h_W$	$0.15h_W$
λ_v	0.12	0.20	0.12	0.20	0.12	0.20
纵向钢筋(取较大值)	$0.012A_c$，8⌀16		$0.012A_c$，8⌀16		$0.010A_c$，6⌀16 (三级6⌀14)	
箍筋或拉筋沿竖向间距	100mm		100mm		150mm	

注：1. 抗震墙的翼墙长度小于其3倍厚度或端柱截面边长小于2倍墙厚时，按无翼墙、无端柱查表。
2. l_c为约束边缘构件沿墙肢长度，且不小于墙厚和400mm；有翼墙或端柱时不应小于翼墙厚度或端柱沿墙肢方向截面高度加300mm。
3. λ_v为约束边缘构件的配箍特征值；当墙体的水平分布钢筋在墙端有90°弯折、弯折段的搭接长度不小于10倍分布钢筋直径，且水平分布钢筋之间设置足够的拉筋时，可计入伸入约束边缘构件的分布钢筋。
4. h_W为抗震墙墙肢长度。
5. λ为墙肢轴压比。
6. A_c为图4-32中约束边缘构件阴影部分的截面面积。

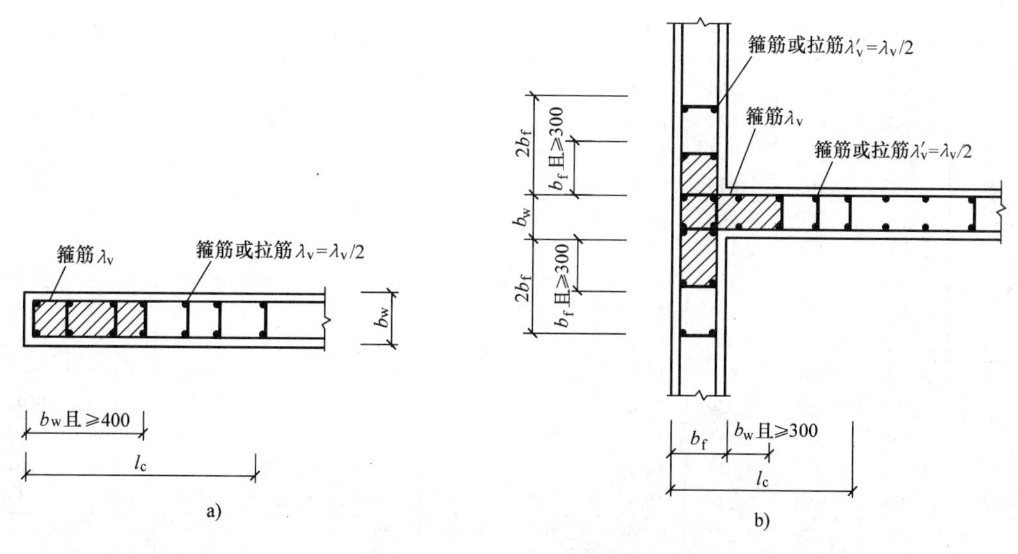

图4-32　抗震墙的约束边缘构件
a）暗柱　b）有翼墙

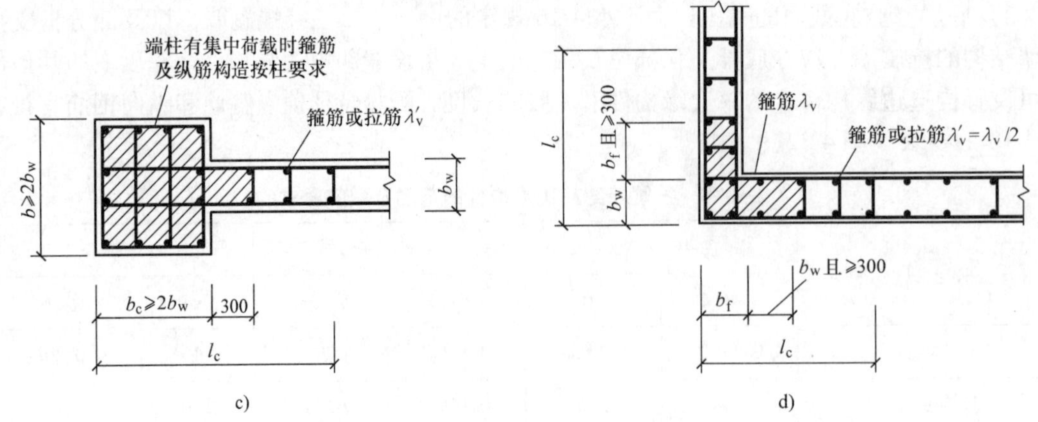

图 4-32　抗震墙的约束边缘构件（续）

c）有端柱　d）转角墙（L形墙）

（3）墙肢轴力基本数据（表 4-19 ~ 表 4-21）

表 4-19　倒三角形荷载（N/ε_1）×10^{-2}值表

ξ \ λ_1	1.00	1.20	1.40	1.60	1.80	2.00	2.20	2.40	2.60	2.80	3.00
0.00	0.000	0.000	0.000	0.000	0.000	0.000	0.000	0.000	0.000	000	0.000
0.02	0.171	0.150	0.130	0.112	0.096	0.083	0.071	0.062	0.053	0.046	0.040
0.04	0.343	0.299	0.259	0.224	0.192	0.166	0.143	0.123	0.107	0.093	0.081
0.06	0.514	0.449	0.389	0.336	0.289	0.249	0.215	0.186	0.161	0.140	0.122
0.08	0.686	0.599	0.519	0.448	0.386	0.332	0.287	0.248	0.215	0.187	0.163
0.10	0.857	0.749	0.649	0.561	0.483	0.416	0.359	0.311	0.270	0.235	0.205
0.12	1.029	0.899	0.780	0.674	0.581	0.501	0.432	0.374	0.325	0.283	0.247
0.14	1.201	1.050	0.911	0.787	0.679	0.586	0.506	0.438	0.380	0.332	0.290
0.16	1.373	1.201	1.042	0.901	0.777	0.671	0.580	0.503	0.437	0.381	0.333
0.18	1.545	1.352	1.174	1.015	0.876	0.757	0.655	0.568	0.494	0.431	0.378
0.20	1.717	1.503	1.306	1.130	0.976	0.844	0.730	0.634	0.552	0.482	0.423
0.22	1.890	1.655	1.438	1.245	1.076	0.931	0.807	0.701	0.610	0.534	0.468
0.24	2.062	1.806	1.570	1.360	1.177	1.019	0.883	0.768	0.670	0.586	0.515
0.26	2.233	1.957	1.703	1.476	1.278	1.107	0.961	0.836	0.730	0.639	0.562
0.28	2.405	2.109	1.836	1.592	1.380	1.196	1.039	0.905	0.791	0.693	0.610
0.30	2.576	2.260	1.969	1.709	1.482	1.285	1.118	0.974	0.852	0.748	0.659
0.32	2.746	2.411	2.101	1.825	1.584	1.375	1.197	1.044	0.914	0.804	0.709
0.34	2.915	2.561	2.234	1.942	1.686	1.466	1.276	1.115	0.977	0.860	0.759
0.36	3.084	2.711	2.366	2.058	1.789	1.556	1.357	1.186	1.041	0.916	0.810
0.38	3.252	2.860	2.498	2.174	1.891	1.647	1.437	1.258	1.105	0.974	0.862
0.40	3.418	3.008	2.629	2.290	1.994	1.738	1.518	1.330	1.169	1.032	0.914
0.42	3.583	3.155	2.759	2.406	2.096	1.829	1.599	1.402	1.234	1.090	0.967
0.44	3.747	3.301	2.889	2.521	2.198	1.919	1.680	1.475	1.299	1.149	1.020
0.46	3.908	3.445	3.017	2.635	2.300	2.010	1.761	1.547	1.364	1.208	1.074
0.48	4.068	3.588	3.145	2.748	2.401	2.100	1.841	1.620	1.430	1.267	1.128
0.50	4.225	3.729	3.271	2.861	2.501	2.190	1.922	1.692	1.495	1.327	1.182
0.52	4.380	3.868	3.395	2.972	2.600	2.279	2.002	1.764	1.561	1.386	1.236
0.54	4.532	4.005	3.518	3.081	2.698	2.367	2.081	1.836	1.626	1.445	1.290
0.56	4.682	4.139	3.638	3.189	2.795	2.454	2.160	1.907	1.690	1.504	1.344
0.58	4.827	4.271	3.756	3.295	2.891	2.540	2.237	1.978	1.755	1.563	1.398

（续）

ξ \ λ_1	1.00	1.20	1.40	1.60	1.80	2.00	2.20	2.40	2.60	2.80	3.00
0.60	4.970	4.400	3.872	3.400	2.984	2.624	2.314	2.047	1.818	1.621	1.451
0.62	5.109	4.525	3.985	3.501	3.076	2.707	2.389	2.116	1.881	1.678	1.504
0.64	5.243	4.647	4.095	3.601	3.166	2.789	2.463	2.183	1.942	1.735	1.556
0.66	5.374	4.765	4.202	3.697	3.253	2.868	2.535	2.249	2.003	1.790	1.607
0.68	5.499	4.879	4.305	3.791	3.338	2.945	2.606	2.313	2.062	1.845	1.657
0.70	5.620	4.989	4.405	3.881	3.420	3.020	2.674	2.376	2.119	1.898	1.706
0.72	5.735	5.094	4.500	3.968	3.499	3.092	2.740	2.436	2.175	1.949	1.754
0.74	5.845	5.194	4.592	4.051	3.575	3.161	2.803	2.494	2.228	1.999	1.800
0.76	5.949	5.289	4.678	4.129	3.647	3.227	2.863	2.550	2.280	2.047	1.844
0.78	6.047	5.379	4.760	4.204	3.715	3.289	2.921	2.603	2.329	2.092	1.887
0.80	6.138	5.462	4.836	4.274	3.778	3.347	2.975	2.653	2.375	2.135	1.927
0.82	6.222	5.539	4.907	4.338	3.838	3.402	3.025	2.700	2.419	2.175	1.965
0.84	6.299	5.610	4.971	4.398	3.892	3.452	3.071	2.743	2.459	2.213	2.000
0.86	6.368	5.674	5.030	4.451	3.942	3.498	3.114	2.782	2.495	2.247	2.032
0.88	6.429	5.730	5.082	4.499	3.986	3.539	3.151	2.817	2.528	2.278	2.060
0.90	6.482	5.779	5.127	4.540	4.024	3.574	3.184	2.848	2.557	2.305	2.086
0.92	6.526	5.819	5.164	4.575	4.056	3.604	3.212	2.873	2.581	2.327	2.107
0.94	6.561	5.852	5.194	4.603	4.082	3.628	3.234	2.894	2.600	2.346	2.124
0.96	6.587	5.875	5.216	4.623	4.100	3.645	3.251	2.909	2.615	2.359	2.137
0.98	6.602	5.890	5.229	4.635	4.112	3.656	3.261	2.919	2.623	2.368	2.145
1.00	6.608	5.895	5.234	4.640	4.116	3.659	3.264	2.922	2.627	2.370	2.148

ξ \ λ_1	3.20	3.40	3.60	3.80	4.00	4.20	4.40	4.60	4.80	5.00	5.20
0.00	0.000	0.000	0.000	0.000	0.000	0.000	0.000	0.000	0.000	0.000	0.000
0.02	0.035	0.031	0.027	0.024	0.021	0.019	0.017	0.015	0.014	0.012	0.011
0.04	0.071	0.062	0.055	0.048	0.043	0.038	0.034	0.031	0.027	0.025	0.022
0.06	0.107	0.094	0.083	0.073	0.065	0.058	0.052	0.046	0.042	0.037	0.034
0.08	0.143	0.126	0.111	0.098	0.087	0.077	0.069	0.062	0.056	0.050	0.046
0.10	0.179	0.158	0.139	0.123	0.110	0.098	0.087	0.078	0.071	0.064	0.058
0.12	0.217	0.191	0.168	0.149	0.133	0.118	0.106	0.095	0.086	0.077	0.070
0.14	0.254	0.224	0.198	0.176	0.156	0.140	0.125	0.112	0.101	0.092	0.083
0.16	0.293	0.258	0.228	0.203	0.181	0.161	0.145	0.130	0.118	0.107	0.097
0.18	0.332	0.293	0.259	0.230	0.206	0.184	0.165	0.149	0.135	0.122	0.111
0.20	0.372	0.328	0.291	0.259	0.231	0.207	0.186	0.168	0.152	0.138	0.126
0.22	0.412	0.365	0.324	0.288	0.258	0.231	0.208	0.188	0.170	0.155	0.141
0.24	0.454	0.402	0.357	0.318	0.285	0.256	0.230	0.208	0.189	0.172	0.157
0.26	0.496	0.440	0.391	0.349	0.313	0.281	0.254	0.230	0.208	0.190	0.173
0.28	0.539	0.478	0.426	0.381	0.341	0.307	0.277	0.251	0.229	0.208	0.191
0.30	0.583	0.518	0.461	0.413	0.371	0.334	0.302	0.274	0.249	0.228	0.208
0.32	0.628	0.558	0.498	0.446	0.401	0.362	0.327	0.297	0.271	0.248	0.227
0.34	0.673	0.599	0.535	0.480	0.432	0.390	0.353	0.321	0.293	0.268	0.246
0.36	0.719	0.641	0.573	0.514	0.463	0.419	0.380	0.346	0.316	0.289	0.266
0.38	0.766	0.683	0.612	0.550	0.496	0.449	0.408	0.371	0.339	0.311	0.286
0.40	0.813	0.726	0.651	0.586	0.529	0.479	0.436	0.397	0.364	0.334	0.307
0.42	0.861	0.770	0.691	0.622	0.562	0.510	0.464	0.424	0.388	0.357	0.328
0.44	0.909	0.814	0.731	0.659	0.596	0.542	0.493	0.451	0.413	0.380	0.350
0.46	0.958	0.858	0.772	0.697	0.631	0.574	0.523	0.479	0.439	0.404	0.373
0.48	1.007	0.903	0.813	0.735	0.666	0.606	0.553	0.507	0.465	0.429	0.396

（续）

ξ \ λ_1	3.20	3.40	3.60	3.80	4.00	4.20	4.40	4.60	4.80	5.00	5.20
0.50	1.057	0.949	0.855	0.773	0.702	0.639	0.584	0.535	0.492	0.453	0.419
0.52	1.106	0.994	0.897	0.812	0.738	0.672	0.615	0.564	0.519	0.479	0.443
0.54	1.156	1.040	0.939	0.851	0.774	0.706	0.646	0.593	0.546	0.504	0.467
0.56	1.205	1.085	0.981	0.890	0.810	0.740	0.678	0.623	0.574	0.530	0.491
0.58	1.255	1.131	1.023	0.929	0.846	0.773	0.709	0.652	0.601	0.556	0.515
0.60	1.304	1.176	1.065	0.968	0.883	0.807	0.741	0.682	0.629	0.582	0.540
0.62	1.353	1.221	1.107	1.007	0.919	0.841	0.772	0.711	0.657	0.608	0.565
0.64	1.401	1.266	1.148	1.045	0.955	0.875	0.804	0.741	0.685	0.635	0.589
0.66	1.448	1.310	1.189	1.083	0.990	0.908	0.835	0.770	0.713	0.661	0.614
0.68	1.495	1.353	1.229	1.121	1.026	0.941	0.866	0.800	0.740	0.687	0.639
0.70	1.540	1.395	1.269	1.158	1.060	0.974	0.897	0.828	0.767	0.712	0.663
0.72	1.854	1.437	1.308	1.194	1.094	1.005	0.927	0.857	0.794	0.737	0.687
0.74	1.627	1.477	1.345	1.229	1.127	1.037	0.956	0.884	0.820	0.762	0.710
0.76	1.669	1.515	1.381	1.263	1.159	1.067	0.984	0.911	0.845	0.786	0.733
0.78	1.708	1.553	1.416	1.296	1.190	1.096	1.012	0.937	0.870	0.810	0.755
0.80	1.746	1.588	1.449	1.327	1.219	1.123	1.038	0.962	0.894	0.832	0.776
0.82	1.781	1.621	1.480	1.356	1.247	1.150	1.063	0.986	0.916	0.853	0.797
0.84	1.814	1.652	1.509	1.384	1.273	1.174	1.086	1.008	0.937	0.873	0.816
0.86	1.844	1.680	1.536	1.409	1.297	1.197	1.108	1.028	0.957	0.892	0.834
0.88	1.871	1.706	1.560	1.432	1.319	1.218	1.128	1.047	0.975	0.909	0.850
0.90	1.895	1.728	1.582	1.452	1.338	1.236	1.145	1.064	0.990	0.924	0.865
0.92	1.915	1.747	1.600	1.470	1.354	1.252	1.160	1.078	1.004	0.938	0.877
0.94	1.932	1.763	1.614	1.484	1.368	1.264	1.172	1.090	1.015	0.948	0.888
0.96	1.944	1.774	1.625	1.494	1.377	1.274	1.181	1.098	1.024	0.956	0.895
0.98	1.951	1.781	1.632	1.500	1.384	1.280	1.187	1.104	1.029	0.961	0.900
1.00	1.954	1.784	1.635	1.503	1.386	1.282	1.189	1.106	1.031	0.963	0.902

ξ \ λ_1	5.50	6.00	6.50	7.00	7.50	8.00	8.50	9.00	9.50	10.00	10.50
0.00	0.000	0.000	0.000	0.000	0.000	0.000	0.000	0.000	0.000	0.000	0.000
0.02	0.010	0.008	0.006	0.005	0.004	0.003	0.003	0.002	0.002	0.002	0.002
0.04	0.019	0.015	0.012	0.010	0.008	0.007	0.006	0.005	0.004	0.004	0.003
0.06	0.029	0.023	0.019	0.015	0.013	0.011	0.009	0.008	0.007	0.006	0.005
0.08	0.039	0.031	0.025	0.021	0.017	0.014	0.012	0.010	0.009	0.008	0.007
0.10	0.050	0.040	0.032	0.026	0.022	0.018	0.016	0.013	0.012	0.010	0.009
0.12	0.061	0.049	0.040	0.033	0.027	0.023	0.019	0.017	0.015	0.013	0.011
0.14	0.072	0.058	0.047	0.039	0.033	0.028	0.024	0.020	0.018	0.015	0.014
0.16	0.084	0.068	0.055	0.046	0.038	0.033	0.028	0.024	0.031	0.018	0.016
0.18	0.097	0.078	0.064	0.053	0.045	0.038	0.033	0.028	0.025	0.022	0.019
0.20	0.110	0.089	0.073	0.061	0.051	0.044	0.038	0.033	0.029	0.025	0.022
0.22	0.123	0.100	0.082	0.069	0.058	0.050	0.043	0.037	0.033	0.029	0.026
0.24	0.137	0.112	0.092	0.077	0.066	0.056	0.049	0.042	0.037	0.033	0.030
0.26	0.152	0.124	0.103	0.086	0.073	0.063	0.055	0.042	0.042	0.037	0.034
0.28	0.168	0.137	0.114	0.096	0.082	0.070	0.061	0.054	0.047	0.042	0.038
0.30	0.184	0.151	0.125	0.106	0.090	0.078	0.068	0.060	0.053	0.047	0.042
0.32	0.200	0.165	0.137	0.116	0.099	0.086	0.075	0.066	0.058	0.052	0.047
0.34	0.217	0.179	0.150	0.127	0.109	0.094	0.082	0.072	0.064	0.057	0.052
0.36	0.235	0.194	0.163	0.138	0.119	0.103	0.090	0.079	0.071	0.063	0.057
0.38	0.254	0.210	0.176	0.150	0.129	0.112	0.098	0.087	0.077	0.069	0.062

（续）

λ_1 / ξ	5.50	6.00	6.50	7.00	7.50	8.00	8.50	9.00	9.50	10.00	10.50
0.40	0.272	0.226	0.190	0.162	0.139	0.121	0.106	0.094	0.084	0.075	0.068
0.42	0.292	0.243	0.204	0.174	0.150	0.131	0.115	0.102	0.091	0.081	0.073
0.44	0.312	0.260	0.219	0.187	0.162	0.141	0.124	0.110	0.098	0.088	0.079
0.46	0.332	0.277	0.234	0.200	0.173	0.151	0.133	0.118	0.105	0.095	0.085
0.48	0.353	0.295	0.250	0.214	0.185	0.162	0.143	0.127	0.113	0.102	0.092
0.50	0.374	0.313	0.266	0.228	0.198	0.173	0.153	0.135	0.121	0.109	0.098
0.52	0.396	0.332	0.282	0.242	0.210	0.184	0.162	0.144	0.129	0.116	0.105
0.54	0.418	0.351	0.298	0.257	0.223	0.195	0.173	0.153	0.137	0.124	0.112
0.56	0.440	0.370	0.315	0.271	0.236	0.207	0.183	0.163	0.146	0.131	0.119
0.58	0.462	0.389	0.332	0.286	0.249	0.219	0.193	0.172	0.154	0.139	0.126
0.60	0.485	0.409	0.349	0.301	0.263	0.231	0.204	0.182	0.163	0.147	0.133
0.62	0.507	0.429	0.367	0.317	0.276	0.243	0.215	0.192	0.172	0.155	0.141
0.64	0.530	0.448	0.384	0.332	0.290	0.255	0.226	0.202	0.181	0.163	0.148
0.66	0.553	0.468	0.401	0.348	0.304	0.267	0.237	0.212	0.190	0.172	0.156
0.68	0.575	0.488	0.419	0.363	0.317	0.280	0.248	0.222	0.199	0.180	0.163
0.70	0.597	0.508	0.436	0.378	0.331	0.292	0.259	0.232	0.208	0.188	0.171
0.72	0.619	0.527	0.453	0.394	0.345	0.304	0.271	0.242	0.218	0.197	0.179
0.74	0.641	0.546	0.470	0.409	0.359	0.317	0.282	0.252	0.227	0.205	0.186
0.76	0.662	0.565	0.487	0.424	0.372	0.329	0.293	0.262	0.236	0.214	0.194
0.78	0.683	0.583	0.503	0.438	0.385	0.341	0.304	0.272	0.245	0.222	0.202
0.80	0.703	0.601	0.519	0.453	0.398	0.352	0.314	0.282	0.254	0.230	0.209
0.82	0.722	0.618	0.534	0.466	0.410	0.364	0.324	0.291	0.263	0.238	0.217
0.84	0.740	0.634	0.549	0.479	0.422	0.374	0.334	0.300	0.271	0.246	0.224
0.86	0.756	0.649	0.562	0.492	0.433	0.385	0.344	0.309	0.279	0.253	0.231
0.88	0.772	0.662	0.575	0.503	0.444	0.394	0.352	0.317	0.286	0.260	0.237
0.90	0.785	0.675	0.586	0.513	0.453	0.403	0.360	0.324	0.293	0.266	0.243
0.92	0.797	0.686	0.596	0.522	0.461	0.411	0.368	0.331	0.299	0.272	0.248
0.94	0.807	0.694	0.604	0.530	0.468	0.417	0.373	0.336	0.305	0.277	0.253
0.96	0.814	0.701	0.610	0.535	0.474	0.422	0.378	0.341	0.309	0.281	0.257
0.98	0.819	0.705	0.614	0.539	0.477	0.425	0.381	0.344	0.311	0.283	0.259
1.00	0.820	0.707	0.615	0.540	0.478	0.426	0.382	0.345	0.312	0.284	0.260

λ_1 / ξ	11.00	12.00	13.00	14.00	15.00	17.00	19.00	21.00	23.00	25.00	28.00
0.00	0.000	0.000	0.000	0.000	0.000	0.000	0.000	0.000	0.000	0.000	0.000
0.02	0.001	0.001	0.001	0.001	0.001	0.000	0.000	0.000	0.000	0.000	0.000
0.04	0.003	0.002	0.002	0.001	0.001	0.001	0.001	0.000	0.000	0.000	0.000
0.06	0.004	0.003	0.003	0.002	0.002	0.001	0.001	0.001	0.001	0.000	0.000
0.08	0.006	0.005	0.004	0.003	0.003	0.002	0.001	0.001	0.001	0.001	0.001
0.10	0.008	0.006	0.005	0.004	0.003	0.003	0.002	0.001	0.001	0.001	0.001
0.12	0.010	0.008	0.006	0.005	0.004	0.003	0.003	0.002	0.002	0.001	0.001
0.14	0.012	0.010	0.008	0.007	0.006	0.004	0.003	0.003	0.002	0.002	0.001
0.16	0.015	0.012	0.010	0.008	0.007	0.005	0.004	0.003	0.003	0.002	0.002
0.18	0.017	0.014	0.012	0.010	0.008	0.006	0.005	0.004	0.003	0.003	0.002
0.20	0.020	0.016	0.014	0.011	0.010	0.007	0.006	0.005	0.004	0.003	0.003
0.22	0.023	0.019	0.016	0.013	0.011	0.009	0.007	0.005	0.005	0.004	0.003
0.24	0.027	0.022	0.018	0.015	0.013	0.010	0.008	0.006	0.005	0.004	0.004
0.26	0.030	0.025	0.021	0.018	0.015	0.012	0.009	0.007	0.006	0.005	0.004
0.28	0.034	0.028	0.023	0.020	0.017	0.013	0.010	0.008	0.007	0.006	0.005

（续）

λ_1 / ξ	11.00	12.00	13.00	14.00	15.00	17.00	19.00	21.00	23.00	25.00	28.00
0.30	0.038	0.031	0.026	0.022	0.019	0.015	0.012	0.010	0.008	0.007	0.005
0.32	0.042	0.035	0.029	0.025	0.022	0.017	0.013	0.011	0.009	0.007	0.006
0.34	0.047	0.039	0.033	0.028	0.024	0.019	0.015	0.012	0.010	0.008	0.007
0.36	0.051	0.043	0.036	0.031	0.027	0.020	0.016	0.013	0.011	0.009	0.007
0.38	0.056	0.047	0.039	0.034	0.029	0.023	0.018	0.015	0.012	0.010	0.008
0.40	0.061	0.051	0.043	0.037	0.032	0.025	0.020	0.016	0.013	0.011	0.009
0.42	0.067	0.055	0.047	0.040	0.035	0.027	0.021	0.017	0.015	0.012	0.010
0.44	0.072	0.060	0.051	0.044	0.038	0.029	0.023	0.019	0.016	0.013	0.011
0.46	0.078	0.065	0.055	0.047	0.041	0.032	0.025	0.021	0.017	0.014	0.012
0.48	0.083	0.070	0.059	0.051	0.044	0.034	0.027	0.022	0.018	0.016	0.012
0.50	0.089	0.075	0.063	0.054	0.047	0.037	0.029	0.024	0.020	0.017	0.013
0.52	0.095	0.080	0.068	0.058	0.051	0.039	0.031	0.026	0.021	0.018	0.014
0.54	0.102	0.085	0.072	0.062	0.054	0.042	0.033	0.027	0.023	0.019	0.015
0.56	0.108	0.091	0.077	0.066	0.058	0.045	0.036	0.029	0.024	0.021	0.016
0.58	0.115	0.096	0.082	0.070	0.061	0.047	0.038	0.031	0.026	0.022	0.017
0.60	0.121	0.102	0.086	0.074	0.065	0.050	0.040	0.033	0.027	0.023	0.018
0.62	0.128	0.107	0.091	0.079	0.068	0.053	0.043	0.035	0.029	0.024	0.020
0.64	0.135	0.113	0.096	0.083	0.072	0.056	0.045	0.037	0.031	0.026	0.021
0.66	0.142	0.119	0.101	0.087	0.076	0.059	0.047	0.039	0.032	0.027	0.022
0.68	0.149	0.125	0.107	0.092	0.080	0.062	0.050	0.041	0.034	0.029	0.023
0.70	0.156	0.131	0.112	0.096	0.084	0.065	0.052	0.043	0.036	0.030	0.024
0.72	0.163	0.137	0.117	0.101	0.088	0.068	0.055	0.045	0.037	0.032	0.025
0.74	0.170	0.143	0.122	0.105	0.092	0.072	0.057	0.047	0.039	0.033	0.026
0.76	0.177	0.149	0.127	0.110	0.096	0.075	0.060	0.049	0.041	0.035	0.028
0.78	0.184	0.155	0.133	0.115	0.100	0.078	0.062	0.051	0.043	0.036	0.029
0.80	0.191	0.161	0.138	0.119	0.104	0.081	0.065	0.053	0.044	0.038	0.030
0.82	0.198	0.167	0.143	0.124	0.108	0.084	0.068	0.055	0.046	0.039	0.031
0.84	0.205	0.173	0.148	0.128	0.112	0.087	0.070	0.057	0.048	0.041	0.032
0.86	0.211	0.179	0.153	0.132	0.116	0.091	0.073	0.060	0.050	0.042	0.034
0.88	0.217	0.184	0.158	0.137	0.119	0.094	0.075	0.062	0.052	0.044	0.035
0.90	0.223	0.189	0.162	0.140	0.123	0.096	0.078	0.064	0.053	0.045	0.036
0.92	0.228	0.193	0.166	0.144	0.126	0.099	0.080	0.066	0.055	0.047	0.037
0.94	0.232	0.197	0.169	0.147	0.129	0.101	0.082	0.067	0.056	0.048	0.038
0.96	0.235	0.200	0.172	0.150	0.131	0.103	0.083	0.069	0.058	0.049	0.039
0.98	0.238	0.202	0.174	0.151	0.133	0.105	0.085	0.070	0.059	0.050	0.040
1.00	0.239	0.203	0.175	0.152	0.133	0.105	0.085	0.070	0.059	0.050	0.040

表 4-20　连续均布水平荷载（N/ε_2）$\times 10^{-2}$值表

λ_1 / ξ	1.00	1.20	1.40	1.60	1.80	2.00	2.20	2.40	2.60	2.80	3.00
0.00	0.000	0.000	0.000	0.000	0.000	0.000	0.000	0.000	0.000	0.000	0.000
0.02	0.227	0.198	0.171	0.147	0.126	0.108	0.093	0.080	0.069	0.060	0.052
0.04	0.454	0.396	0.342	0.294	0.252	0.216	0.186	0.160	0.138	0.119	0.104
0.06	0.682	0.594	0.513	0.441	0.379	0.325	0.279	0.240	0.207	0.179	0.156
0.08	0.909	0.792	0.685	0.589	0.506	0.434	0.373	0.321	0.277	0.240	0.208
0.10	1.137	0.991	0.857	0.737	0.633	0.544	0.467	0.403	0.348	0.301	0.262
0.12	1.365	1.190	1.029	0.886	0.761	0.654	0.562	0.485	0.419	0.363	0.316

（续）

λ_1 / ξ	1.00	1.20	1.40	1.60	1.80	2.00	2.20	2.40	2.60	2.80	3.00
0.14	1.593	1.390	1.202	1.035	0.890	0.765	0.658	0.568	0.491	0.426	0.371
0.16	1.822	1.590	1.376	1.186	1.020	0.877	0.755	0.652	0.564	0.490	0.426
0.18	2.050	1.790	1.550	1.336	1.150	0.990	0.853	0.737	0.638	0.554	0.483
0.20	2.279	1.991	1.725	1.488	1.281	1.103	0.952	0.823	0.713	0.620	0.541
0.22	2.508	2.192	1.900	1.640	1.413	1.218	1.051	0.910	0.789	0.687	0.600
0.24	2.737	2.393	2.076	1.793	1.546	1.334	1.152	0.998	0.867	0.755	0.660
0.26	2.966	2.594	2.252	1.946	1.680	1.450	1.254	1.087	0.945	0.825	0.722
0.28	3.195	2.796	2.428	2.101	1.815	1.568	1.357	1.178	1.025	0.895	0.785
0.30	3.424	2.998	2.605	2.255	1.950	1.686	1.461	1.269	1.106	0.967	0.849
0.32	3.652	3.199	2.783	2.411	2.086	1.806	1.566	1.362	1.188	1.040	0.914
0.34	3.879	3.401	2.960	2.567	2.223	1.926	1.672	1.456	1.272	1.114	0.980
0.36	4.106	3.602	3.137	2.723	2.360	2.047	1.779	1.551	1.356	1.190	1.048
0.38	4.332	3.803	3.315	2.879	2.498	2.169	1.887	1.647	1.442	1.267	1.117
0.40	4.556	4.002	3.491	3.035	2.636	2.291	1.996	1.743	1.528	1.344	1.187
0.42	4.780	4.201	3.668	3.191	2.774	2.414	2.105	1.841	1.616	1.423	1.258
0.44	5.001	4.399	3.844	3.347	2.913	2.537	2.215	1.939	1.704	1.503	1.330
0.46	5.221	4.596	4.019	3.503	3.051	2.660	2.325	2.038	1.793	1.583	1.403
0.48	5.439	4.791	4.193	3.658	3.189	2.784	2.436	2.138	1.883	1.664	1.477
0.50	5.654	4.984	4.365	3.812	3.327	2.907	2.546	2.237	1.973	1.746	1.552
0.52	5.866	5.175	4.536	3.965	3.464	3.030	2.657	2.337	2.063	1.828	1.627
0.54	6.076	5.363	4.705	4.116	3.599	3.152	2.767	2.437	2.154	1.911	1.702
0.56	6.282	5.549	4.872	4.266	3.734	3.273	2.877	2.536	2.244	1.994	1.778
0.58	6.484	5.732	5.037	4.414	3.868	3.394	2.986	2.636	2.335	2.077	1.854
0.60	6.682	5.911	5.198	4.560	3.999	3.513	3.094	2.734	2.425	2.159	1.930
0.62	6.876	6.087	5.357	4.703	4.129	3.630	3.201	2.832	2.514	2.241	2.006
0.64	7.064	6.258	5.512	4.844	4.256	3.746	3.306	2.928	2.603	2.323	2.081
0.66	7.247	6.425	5.663	4.981	4.381	3.860	3.410	3.023	2.690	2.403	2.156
0.68	7.425	6.586	5.810	5.114	4.502	3.971	3.511	3.116	2.776	2.483	2.229
0.70	7.596	6.743	5.953	5.244	4.620	4.079	3.611	3.207	2.860	2.561	2.301
0.72	7.760	6.893	6.090	5.369	4.735	4.183	3.707	3.296	2.942	2.637	2.372
0.74	7.918	7.037	6.221	5.489	4.845	4.284	3.800	3.382	3.022	2.711	2.441
0.76	8.067	7.174	6.347	5.604	4.950	4.381	3.889	3.465	3.099	2.782	2.508
0.78	8.208	7.304	6.466	5.713	5.051	4.474	3.975	3.544	3.172	2.851	2.572
0.80	8.340	7.425	6.577	5.816	5.145	4.561	4.056	3.619	3.243	2.917	2.634
0.82	8.463	7.538	6.682	5.912	5.234	4.643	4.132	3.690	3.309	2.978	2.692
0.84	8.575	7.642	6.777	6.000	5.316	4.719	4.202	3.756	3.370	3.036	2.746
0.86	8.677	7.737	6.865	6.081	5.390	4.788	4.267	3.816	3.427	3.089	2.796
0.88	8.768	7.821	6.942	6.153	5.457	4.850	4.325	3.871	3.478	3.137	2.842
0.90	8.846	7.894	7.010	6.216	5.515	4.905	4.376	3.918	3.523	3.180	2.882
0.92	8.912	7.955	7.067	6.269	5.565	4.951	4.419	3.959	3.561	3.216	2.916
0.94	8.965	8.004	7.113	6.311	5.604	4.988	4.454	3.992	3.592	3.245	2.944
0.96	9.003	8.040	7.146	6.342	5.634	5.016	4.480	4.016	3.615	3.267	2.965
0.98	9.027	8.062	7.167	6.362	5.652	5.033	4.496	4.031	3.629	3.281	2.978
1.00	9.035	8.069	7.174	6.368	5.658	5.038	4.501	4.037	3.634	3.286	2.982

(续)

ξ \ λ_1	3.20	3.40	3.60	3.80	4.00	4.20	4.40	4.60	4.80	5.00	5.20
0.00	0.000	0.000	0.000	0.000	0.000	0.000	0.000	0.000	0.000	0.000	0.000
0.02	0.045	0.039	0.034	0.030	0.027	0.024	0.021	0.019	0.017	0.015	0.013
0.04	0.090	0.079	0.069	0.061	0.054	0.047	0.042	0.037	0.034	0.030	0.027
0.06	0.136	0.118	0.104	0.091	0.081	0.071	0.063	0.057	0.051	0.045	0.041
0.08	0.182	0.159	0.139	0.123	0.108	0.096	0.085	0.076	0.068	0.061	0.055
0.10	0.228	0.200	0.175	0.154	0.136	0.121	0.108	0.096	0.086	0.077	0.070
0.12	0.275	0.241	0.212	0.187	0.165	0.147	0.131	0.117	0.105	0.094	0.085
0.14	0.324	0.284	0.249	0.220	0.195	0.173	0.154	0.138	0.124	0.112	0.101
0.16	0.373	0.327	0.288	0.254	0.225	0.200	0.179	0.160	0.144	0.130	0.117
0.18	0.423	0.371	0.327	0.289	0.257	0.229	0.204	0.183	0.165	0.149	0.135
0.20	0.474	0.417	0.367	0.325	0.289	0.258	0.231	0.207	0.186	0.168	0.153
0.22	0.526	0.463	0.409	0.363	0.322	0.288	0.258	0.232	0.209	0.189	0.172
0.24	0.580	0.511	0.452	0.401	0.357	0.319	0.286	0.258	0.233	0.211	0.191
0.26	0.634	0.560	0.495	0.440	0.393	0.351	0.316	0.284	0.257	0.233	0.212
0.28	0.690	0.610	0.541	0.481	0.429	0.385	0.346	0.312	0.283	0.257	0.234
0.30	0.748	0.661	0.587	0.523	0.467	0.419	0.378	0.341	0.309	0.281	0.257
0.32	0.806	0.714	0.634	0.566	0.507	0.455	0.410	0.371	0.337	0.307	0.280
0.34	0.866	0.768	0.683	0.610	0.547	0.492	0.444	0.402	0.366	0.333	0.305
0.36	0.927	0.823	0.733	0.656	0.589	0.530	0.479	0.435	0.396	0.361	0.330
0.38	0.989	0.879	0.784	0.702	0.631	0.569	0.515	0.468	0.426	0.390	0.357
0.40	1.052	0.937	0.837	0.750	0.675	0.610	0.553	0.502	0.458	0.419	0.385
0.42	1.117	0.995	0.890	0.799	0.720	0.651	0.591	0.538	0.491	0.450	0.413
0.44	1.182	1.055	0.945	0.849	0.766	0.694	0.630	0.574	0.525	0.481	0.443
0.46	1.249	1.116	1.000	0.901	0.813	0.737	0.671	0.612	0.560	0.514	0.473
0.48	1.316	1.177	1.057	0.953	0.862	0.782	0.712	0.650	0.596	0.547	0.504
0.50	1.384	1.240	1.114	1.006	0.911	0.827	0.754	0.690	0.632	0.582	0.536
0.52	1.453	1.303	1.173	1.059	0.960	0.874	0.797	0.730	0.670	0.617	0.569
0.54	1.522	1.367	1.232	1.114	1.011	0.921	0.841	0.771	0.708	0.652	0.603
0.56	1.592	1.431	1.291	1.169	1.062	0.968	0.885	0.812	0.747	0.689	0.637
0.58	1.662	1.496	1.351	1.225	1.114	1.016	0.930	0.854	0.787	0.726	0.672
0.60	1.732	1.561	1.411	1.281	1.166	1.065	0.976	0.897	0.827	0.764	0.708
0.62	1.802	1.625	1.471	1.337	1.218	1.114	1.022	0.940	0.867	0.802	0.744
0.64	1.872	1.690	1.532	1.393	1.271	1.163	1.068	0.983	0.908	0.840	0.780
0.66	1.941	1.754	1.592	1.449	1.323	1.212	1.114	1.027	0.949	0.879	0.816
0.68	2.009	1.818	1.651	1.504	1.376	1.262	1.160	1.070	0.990	0.918	0.853
0.70	2.077	1.881	1.710	1.560	1.427	1.310	1.206	1.114	1.031	0.957	0.890
0.72	2.143	1.943	1.768	1.614	1.478	1.358	1.252	1.157	1.071	0.995	0.926
0.74	2.207	2.003	1.824	1.667	1.529	1.406	1.296	1.199	1.112	1.033	0.962
0.76	2.270	2.062	1.879	1.719	1.578	1.452	1.340	1.240	1.151	1.070	0.998
0.78	2.330	2.118	1.933	1.769	1.625	1.497	1.383	1.281	1.189	1.107	1.033
0.80	2.388	2.173	1.984	1.818	1.671	1.540	1.424	1.320	1.227	1.142	1.066
0.82	2.442	2.224	2.033	1.864	1.714	1.582	1.463	1.357	1.262	1.177	1.099
0.84	2.494	2.273	2.078	1.907	1.756	1.621	1.501	1.393	1.296	1.209	1.130
0.86	2.541	2.317	2.121	1.948	1.794	1.657	1.535	1.426	1.328	1.239	1.159
0.88	2.584	2.358	2.159	1.984	1.829	1.691	1.567	1.457	1.357	1.267	1.186
0.90	2.622	2.394	2.194	2.017	1.860	1.721	1.596	1.484	1.383	1.292	1.210
0.92	2.654	2.425	2.223	2.045	1.887	1.746	1.621	1.508	1.406	1.314	1.231
0.94	2.681	2.450	2.247	2.068	1.909	1.768	1.641	1.527	1.425	1.332	1.249
0.96	2.701	2.469	2.265	2.085	1.926	1.783	1.656	1.542	1.439	1.346	1.262
0.98	2.713	2.481	2.277	2.096	1.936	1.794	1.666	1.551	1.448	1.355	1.270
1.00	2.717	2.485	2.281	2.100	1.940	1.797	1.669	1.555	1.451	1.358	1.273

（续）

ξ \ λ_1	5.50	6.00	6.50	7.00	7.50	8.00	8.50	9.00	9.50	10.00	10.50
0.00	0.000	0.000	0.000	0.000	0.000	0.000	0.000	0.000	0.000	0.000	0.000
0.02	0.012	0.009	0.007	0.006	0.005	0.004	0.003	0.003	0.002	0.002	0.002
0.04	0.023	0.018	0.014	0.012	0.010	0.008	0.007	0.006	0.005	0.004	0.004
0.06	0.035	0.027	0.022	0.018	0.015	0.012	0.010	0.009	0.007	0.006	0.005
0.08	0.047	0.037	0.030	0.024	0.020	0.016	0.014	0.012	0.010	0.009	0.008
0.10	0.060	0.047	0.038	0.031	0.025	0.021	0.018	0.015	0.013	0.011	0.010
0.12	0.073	0.058	0.046	0.038	0.031	0.026	0.022	0.019	0.016	0.014	0.012
0.14	0.087	0.069	0.056	0.045	0.038	0.032	0.027	0.023	0.020	0.017	0.015
0.16	0.101	0.081	0.065	0.053	0.044	0.037	0.032	0.027	0.024	0.021	0.018
0.18	0.117	0.093	0.075	0.062	0.052	0.044	0.037	0.032	0.028	0.025	0.022
0.20	0.132	0.106	0.086	0.071	0.060	0.050	0.043	0.037	0.033	0.029	0.025
0.22	0.149	0.120	0.098	0.081	0.068	0.058	0.049	0.043	0.038	0.033	0.029
0.24	0.167	0.134	0.110	0.091	0.077	0.065	0.056	0.049	0.043	0.038	0.034
0.26	0.185	0.150	0.123	0.102	0.086	0.074	0.064	0.055	0.049	0.043	0.038
0.28	0.205	0.166	0.136	0.114	0.096	0.082	0.071	0.062	0.055	0.049	0.043
0.30	0.225	0.183	0.151	0.126	0.107	0.092	0.080	0.070	0.061	0.054	0.049
0.32	0.246	0.200	0.166	0.139	0.118	0.102	0.088	0.077	0.068	0.061	0.054
0.34	0.268	0.219	0.182	0.153	0.130	0.112	0.097	0.086	0.076	0.067	0.060
0.36	0.291	0.238	0.198	0.167	0.143	0.123	0.107	0.094	0.083	0.074	0.067
0.38	0.315	0.259	0.216	0.182	0.156	0.135	0.117	0.103	0.092	0.082	0.073
0.40	0.340	0.280	0.234	0.198	0.170	0.147	0.128	0.113	0.100	0.090	0.081
0.42	0.365	0.302	0.253	0.214	0.184	0.159	0.140	0.123	0.109	0.098	0.088
0.44	0.392	0.325	0.272	0.232	0.199	0.173	0.151	0.134	0.119	0.106	0.096
0.46	0.420	0.348	0.293	0.249	0.215	0.187	0.164	0.145	0.129	0.115	0.104
0.48	0.448	0.372	0.314	0.268	0.231	0.201	0.176	0.156	0.139	0.125	0.112
0.50	0.477	0.398	0.336	0.287	0.248	0.216	0.190	0.168	0.150	0.134	0.121
0.52	0.507	0.423	0.358	0.306	0.265	0.231	0.203	0.180	0.161	0.144	0.130
0.54	0.538	0.450	0.381	0.327	0.283	0.247	0.217	0.193	0.172	0.155	0.140
0.56	0.569	0.477	0.405	0.347	0.301	0.263	0.232	0.206	0.184	0.166	0.150
0.58	0.601	0.505	0.429	0.369	0.320	0.280	0.247	0.220	0.196	0.177	0.160
0.60	0.634	0.533	0.454	0.391	0.339	0.298	0.263	0.234	0.209	0.188	0.170
0.62	0.667	0.562	0.479	0.413	0.359	0.315	0.279	0.248	0.222	0.200	0.181
0.64	0.700	0.591	0.505	0.436	0.380	0.333	0.295	0.263	0.235	0.212	0.192
0.66	0.734	0.620	0.531	0.459	0.400	0.352	0.311	0.278	0.249	0.224	0.203
0.68	0.768	0.650	0.557	0.482	0.421	0.370	0.328	0.293	0.263	0.237	0.215
0.70	0.801	0.680	0.583	0.506	0.442	0.389	0.345	0.308	0.277	0.250	0.227
0.72	0.835	0.710	0.610	0.529	0.463	0.409	0.363	0.324	0.291	0.263	0.239
0.74	0.869	0.739	0.636	0.553	0.485	0.428	0.380	0.340	0.306	0.276	0.251
0.76	0.902	0.769	0.663	0.576	0.506	0.447	0.398	0.356	0.320	0.290	0.263
0.78	0.934	0.798	0.689	0.600	0.527	0.466	0.415	0.372	0.335	0.303	0.276
0.80	0.966	0.826	0.714	0.623	0.548	0.485	0.432	0.388	0.349	0.316	0.288
0.82	0.996	0.853	0.738	0.645	0.568	0.503	0.449	0.403	0.364	0.330	0.300
0.84	1.025	0.879	0.762	0.666	0.587	0.521	0.466	0.418	0.378	0.343	0.312
0.86	1.052	0.904	0.784	0.687	0.606	0.538	0.481	0.433	0.391	0.355	0.324
0.88	1.078	0.927	0.805	0.706	0.624	0.555	0.496	0.447	0.404	0.367	0.335
0.90	1.100	0.948	0.824	0.723	0.640	0.569	0.510	0.459	0.416	0.378	0.345
0.92	1.120	0.966	0.841	0.739	0.654	0.583	0.522	0.471	0.427	0.388	0.355
0.94	1.137	0.981	0.855	0.752	0.666	0.594	0.533	0.481	0.436	0.397	0.363
0.96	1.149	0.993	0.866	0.762	0.675	0.603	0.541	0.488	0.443	0.404	0.369
0.98	1.157	1.000	0.873	0.768	0.681	0.608	0.546	0.493	0.448	0.408	0.374
1.00	1.160	1.003	0.875	0.770	0.683	0.610	0.548	0.495	0.450	0.410	0.375

(续)

ξ \ λ_1	11.00	12.00	13.00	14.00	15.00	17.00	19.00	21.00	23.00	25.00	28.00
0.00	0.000	0.000	0.000	0.000	0.000	0.000	0.000	0.000	0.000	0.000	0.000
0.02	0.002	0.001	0.001	0.001	0.001	0.000	0.000	0.000	0.000	0.000	0.000
0.04	0.003	0.002	0.002	0.002	0.001	0.001	0.001	0.000	0.000	0.000	0.000
0.06	0.005	0.004	0.003	0.002	0.002	0.001	0.001	0.001	0.001	0.000	0.000
0.08	0.007	0.005	0.004	0.003	0.003	0.002	0.001	0.001	0.001	0.001	0.001
0.10	0.009	0.007	0.006	0.005	0.004	0.003	0.002	0.002	0.001	0.001	0.001
0.12	0.011	0.009	0.007	0.006	0.005	0.004	0.003	0.002	0.002	0.001	0.001
0.14	0.013	0.011	0.009	0.007	0.006	0.004	0.003	0.003	0.002	0.002	0.001
0.16	0.016	0.013	0.011	0.009	0.007	0.006	0.004	0.003	0.003	0.002	0.002
0.18	0.019	0.016	0.013	0.011	0.009	0.007	0.005	0.004	0.003	0.003	0.002
0.20	0.023	0.018	0.015	0.013	0.011	0.008	0.006	0.005	0.004	0.003	0.003
0.22	0.026	0.021	0.018	0.015	0.013	0.010	0.007	0.006	0.005	0.004	0.003
0.24	0.030	0.025	0.020	0.017	0.015	0.011	0.009	0.007	0.006	0.005	0.004
0.26	0.034	0.028	0.023	0.020	0.017	0.013	0.010	0.008	0.007	0.006	0.004
0.28	0.039	0.032	0.027	0.023	0.019	0.015	0.012	0.009	0.008	0.007	0.005
0.30	0.044	0.036	0.030	0.026	0.022	0.017	0.013	0.011	0.009	0.007	0.006
0.32	0.049	0.040	0.034	0.029	0.025	0.019	0.015	0.012	0.010	0.008	0.007
0.34	0.054	0.045	0.038	0.032	0.028	0.021	0.017	0.014	0.011	0.010	0.008
0.36	0.060	0.050	0.042	0.036	0.031	0.024	0.019	0.015	0.013	0.011	0.008
0.38	0.066	0.055	0.046	0.039	0.034	0.026	0.021	0.017	0.014	0.012	0.009
0.40	0.073	0.060	0.051	0.043	0.038	0.029	0.023	0.019	0.015	0.013	0.010
0.42	0.080	0.066	0.056	0.048	0.041	0.032	0.025	0.021	0.017	0.014	0.011
0.44	0.087	0.072	0.061	0.052	0.045	0.035	0.028	0.022	0.019	0.016	0.013
0.46	0.094	0.078	0.066	0.057	0.049	0.038	0.030	0.025	0.020	0.017	0.014
0.48	0.102	0.085	0.072	0.061	0.053	0.041	0.033	0.027	0.022	0.019	0.015
0.50	0.110	0.091	0.077	0.066	0.058	0.044	0.035	0.029	0.024	0.020	0.016
0.52	0.118	0.099	0.083	0.072	0.062	0.048	0.038	0.031	0.026	0.022	0.017
0.54	0.127	0.106	0.090	0.077	0.067	0.052	0.041	0.034	0.028	0.024	0.019
0.56	0.136	0.113	0.096	0.083	0.072	0.055	0.044	0.036	0.030	0.025	0.020
0.58	0.145	0.121	0.103	0.088	0.077	0.059	0.047	0.039	0.032	0.027	0.022
0.60	0.155	0.129	0.110	0.094	0.082	0.063	0.051	0.041	0.034	0.029	0.023
0.62	0.165	0.138	0.117	0.100	0.087	0.068	0.054	0.044	0.037	0.031	0.025
0.64	0.175	0.146	0.124	0.107	0.093	0.072	0.057	0.047	0.039	0.033	0.026
0.66	0.185	0.155	0.132	0.113	0.099	0.076	0.061	0.050	0.042	0.035	0.028
0.68	0.196	0.164	0.140	0.120	0.104	0.081	0.065	0.053	0.044	0.037	0.030
0.70	0.207	0.173	0.148	0.127	0.111	0.086	0.069	0.056	0.047	0.039	0.031
0.72	0.218	0.183	0.156	0.134	0.117	0.091	0.072	0.059	0.049	0.042	0.033
0.74	0.229	0.192	0.164	0.141	0.123	0.096	0.077	0.063	0.052	0.044	0.035
0.76	0.240	0.202	0.172	0.149	0.130	0.101	0.081	0.066	0.055	0.046	0.037
0.78	0.252	0.212	0.181	0.156	0.136	0.106	0.085	0.069	0.058	0.049	0.039
0.80	0.263	0.222	0.189	0.164	0.143	0.111	0.089	0.073	0.061	0.051	0.041
0.82	0.274	0.232	0.198	0.171	0.149	0.117	0.093	0.077	0.064	0.054	0.043
0.84	0.285	0.241	0.207	0.179	0.156	0.122	0.098	0.080	0.067	0.057	0.045
0.86	0.296	0.251	0.215	0.186	0.163	0.127	0.102	0.084	0.070	0.059	0.047
0.88	0.307	0.260	0.223	0.193	0.169	0.133	0.107	0.087	0.073	0.062	0.049
0.90	0.317	0.269	0.231	0.200	0.175	0.138	0.111	0.091	0.076	0.065	0.052
0.92	0.325	0.277	0.238	0.207	0.181	0.142	0.115	0.094	0.079	0.067	0.054
0.94	0.333	0.283	0.244	0.212	0.186	0.147	0.118	0.098	0.082	0.070	0.056
0.96	0.339	0.289	0.249	0.217	0.191	0.150	0.122	0.100	0.084	0.072	0.057
0.98	0.343	0.293	0.253	0.220	0.193	0.153	0.124	0.102	0.086	0.073	0.059
1.00	0.345	0.294	0.254	0.221	0.195	0.154	0.125	0.103	0.087	0.074	0.059

表 4-21　顶部集中水平荷载（N/ε_3）$\times 10^{-2}$值表

λ_1 / ξ	1.00	1.20	1.40	1.60	1.80	2.00	2.20	2.40	2.60	2.80	3.00
0.00	0.000	0.000	0.000	0.000	0.000	0.000	0.000	0.000	0.000	0.000	0.000
0.02	0.704	0.622	0.546	0.478	0.419	0.367	0.323	0.285	0.252	0.224	0.200
0.04	1.407	1.243	1.091	0.956	0.837	0.734	0.645	0.569	0.504	0.448	0.400
0.06	2.109	1.863	1.636	1.433	1.255	1.100	0.967	0.854	0.756	0.672	0.600
0.08	2.810	2.483	2.180	1.909	1.672	1.466	1.289	1.137	1.007	0.896	0.800
0.10	3.509	3.100	2.722	2.384	2.088	1.831	1.610	1.421	1.258	1.119	0.999
0.12	4.205	3.715	3.263	2.858	2.503	2.195	1.930	1.703	1.509	1.342	1.198
0.14	4.898	4.327	3.801	3.329	2.916	2.557	2.249	1.985	1.758	1.564	1.396
0.16	5.587	4.937	4.336	3.799	3.327	2.919	2.567	2.266	2.007	1.785	1.594
0.18	6.272	5.543	4.869	4.265	3.736	3.278	2.883	2.545	2.255	2.006	1.792
0.20	6.952	6.144	5.398	4.729	4.143	3.635	3.198	2.823	2.502	2.225	1.988
0.22	7.628	6.742	5.923	5.190	4.547	3.990	3.511	3.100	2.747	2.444	2.184
0.24	8.297	7.334	6.444	5.648	4.949	4.343	3.822	3.375	2.991	2.662	2.378
0.26	8.960	7.921	6.961	6.101	5.347	4.693	4.131	3.648	3.234	2.878	2.572
0.28	9.616	8.502	7.473	6.551	5.742	5.041	4.437	3.919	3.475	3.093	2.764
0.30	10.265	9.077	7.979	6.996	6.133	5.385	4.741	4.188	3.714	3.306	2.956
0.32	10.907	9.645	8.479	7.436	6.520	5.725	5.042	4.455	3.951	3.518	3.146
0.34	11.539	10.206	8.974	7.870	6.902	6.062	5.339	4.719	4.186	3.728	3.334
0.36	12.163	10.759	9.462	8.300	7.280	6.396	5.634	4.980	4.419	3.936	3.521
0.38	12.777	11.304	9.943	8.723	7.653	6.725	5.925	5.238	4.649	4.142	3.706
0.40	13.381	11.841	10.416	9.140	8.021	7.049	6.212	5.494	4.877	4.346	3.889
0.42	13.974	12.368	10.882	9.551	8.383	7.369	6.496	5.746	5.102	4.548	4.070
0.44	14.557	12.885	11.339	9.954	8.739	7.684	6.775	5.994	5.323	4.747	4.249
0.46	15.127	13.392	11.788	10.351	9.088	7.993	7.050	6.239	5.542	4.943	4.426
0.48	15.685	13.889	12.227	10.739	9.432	8.297	7.320	6.479	5.757	5.136	4.601
0.50	16.230	14.374	12.657	11.119	9.768	8.595	7.585	6.716	5.969	5.326	4.772
0.52	16.762	14.848	13.077	11.490	10.097	8.887	7.844	6.947	6.177	5.513	4.941
0.54	17.279	15.309	13.486	11.853	10.418	9.172	8.098	7.174	6.380	5.697	5.107
0.56	17.782	15.758	13.885	12.206	10.731	9.451	8.346	7.396	6.580	5.876	5.270
0.58	18.270	16.193	14.271	12.549	11.036	9.721	8.588	7.613	6.774	6.052	5.429
0.60	18.741	16.614	14.646	12.882	11.331	9.985	8.823	7.824	6.964	6.224	5.584
0.62	19.197	17.021	15.008	13.204	11.618	10.240	9.051	8.029	7.149	6.391	5.736
0.64	19.635	17.413	15.358	13.514	11.894	10.487	9.272	8.227	7.328	6.553	5.883
0.66	20.055	17.790	15.693	13.813	12.161	10.725	9.486	8.419	7.501	6.710	6.026
0.68	20.457	18.150	16.015	14.100	12.416	10.954	9.691	8.604	7.669	6.862	6.165
0.70	20.840	18.493	16.322	14.374	12.661	11.173	9.888	8.782	7.829	7.008	6.298
0.72	21.203	18.819	16.613	14.634	12.894	11.382	10.076	8.952	7.983	7.148	6.426
0.74	21.546	19.128	16.889	14.881	13.115	11.580	10.255	9.113	8.130	7.282	6.549
0.76	21.868	19.417	17.149	15.113	13.323	11.768	10.424	9.266	8.269	7.409	6.665
0.78	22.168	19.688	17.391	15.331	13.519	11.943	10.583	9.410	8.400	7.529	6.775
0.80	22.446	19.938	17.616	15.533	13.700	12.107	10.731	9.545	8.523	7.641	6.878
0.82	22.701	20.168	17.823	15.719	13.868	12.258	10.868	9.669	8.636	7.745	6.974
0.84	22.932	20.377	18.011	15.888	14.020	12.396	10.993	9.783	8.741	7.841	7.062
0.86	23.139	20.564	18.179	16.040	14.157	12.520	11.105	9.886	8.835	7.927	7.142
0.88	23.320	20.728	18.328	16.174	14.278	12.630	11.205	9.977	8.919	8.005	7.213
0.90	23.476	20.869	18.455	16.289	14.383	12.725	11.292	10.056	8.991	8.072	7.275
0.92	23.605	20.987	18.561	16.385	14.469	12.804	11.364	10.122	9.052	8.128	7.328
0.94	23.707	21.079	18.645	16.461	14.538	12.866	11.421	10.175	9.101	8.173	7.369
0.96	23.781	21.146	18.706	16.516	14.588	12.912	11.463	10.214	9.136	8.206	7.400
0.98	23.825	21.187	18.743	16.549	14.619	12.940	11.489	10.237	9.158	8.226	7.419
1.00	23.841	21.201	18.755	16.561	14.630	12.950	11.498	10.245	9.166	8.233	7.426

（续）

ξ \ λ_1	3.20	3.40	3.60	3.80	4.00	4.20	4.40	4.60	4.80	5.00	5.20
0.00	0.000	0.000	0.000	0.000	0.000	0.000	0.000	0.000	0.000	0.000	0.000
0.02	0.179	0.161	0.146	0.132	0.120	0.110	0.101	0.093	0.085	0.079	0.073
0.04	0.359	0.323	0.292	0.265	0.241	0.220	0.202	0.185	0.171	0.158	0.146
0.06	0.538	0.484	0.437	0.397	0.361	0.330	0.302	0.278	0.256	0.237	0.219
0.08	0.717	0.645	0.583	0.529	0.481	0.440	0.403	0.370	0.341	0.316	0.292
0.10	0.896	0.806	0.729	0.661	0.601	0.549	0.503	0.463	0.427	0.394	0.366
0.12	1.074	0.967	0.874	0.793	0.721	0.659	0.604	0.555	0.512	0.473	0.439
0.14	1.252	1.127	1.019	0.924	0.841	0.768	0.704	0.647	0.597	0.552	0.512
0.16	1.430	1.287	1.163	1.055	0.961	0.878	0.804	0.740	0.682	0.630	0.584
0.18	1.607	1.447	1.308	1.186	1.080	0.987	0.904	0.832	0.767	0.709	0.657
0.20	1.783	1.606	1.451	1.317	1.199	1.096	1.004	0.923	0.851	0.787	0.730
0.22	1.959	1.764	1.595	1.447	1.318	1.204	1.104	1.015	0.936	0.866	0.803
0.24	2.134	1.922	1.738	1.577	1.436	1.312	1.203	1.106	1.020	0.944	0.875
0.26	2.308	2.079	1.880	1.706	1.554	1.420	1.302	1.198	1.105	1.022	0.947
0.28	2.481	2.235	2.021	1.835	1.672	1.528	1.401	1.289	1.189	1.099	1.020
0.30	2.653	2.391	2.162	1.963	1.789	1.635	1.499	1.379	1.272	1.177	1.092
0.32	2.824	2.545	2.302	2.091	1.905	1.742	1.598	1.470	1.356	1.254	1.163
0.34	2.994	2.698	2.442	2.217	2.021	1.848	1.695	1.560	1.439	1.331	1.235
0.36	3.162	2.851	2.580	2.343	2.136	1.953	1.792	1.649	1.522	1.408	1.306
0.38	3.329	3.002	2.717	2.469	2.250	2.058	1.889	1.738	1.604	1.485	1.378
0.40	3.494	3.152	2.853	2.593	2.364	2.163	1.985	1.827	1.686	1.561	1.448
0.42	3.658	3.300	2.988	2.716	2.477	2.266	2.080	1.915	1.768	1.637	1.519
0.44	3.820	3.447	3.122	2.838	2.589	2.369	2.175	2.003	1.849	1.712	1.589
0.46	3.979	3.592	3.254	2.959	2.699	2.471	2.269	2.089	1.930	1.787	1.659
0.48	4.137	3.735	3.385	3.078	2.809	2.572	2.362	2.176	2.010	1.861	1.728
0.50	4.293	3.876	3.514	3.196	2.917	2.672	2.454	2.261	2.089	1.935	1.797
0.52	4.446	4.016	3.641	3.313	3.025	2.770	2.545	2.345	2.167	2.008	1.865
0.54	4.596	4.153	3.766	3.428	3.130	2.868	2.636	2.429	2.245	2.080	1.932
0.56	4.744	4.288	3.889	3.541	3.234	2.964	2.724	2.512	2.322	2.152	1.999
0.58	4.889	4.420	4.010	3.652	3.337	3.059	2.812	2.593	2.397	2.222	2.065
0.60	5.030	4.549	4.129	3.761	3.437	3.151	2.898	2.673	2.472	2.292	2.130
0.62	5.169	4.675	4.245	3.868	3.536	3.243	2.983	2.752	2.545	2.361	2.194
0.64	5.303	4.799	4.358	3.972	3.632	3.332	3.066	2.829	2.618	2.428	2.258
0.66	5.434	4.918	4.468	4.074	3.726	3.419	3.147	2.905	2.688	2.494	2.320
0.68	5.560	5.035	4.575	4.172	3.818	3.504	3.226	2.978	2.757	2.559	2.380
0.70	5.683	5.147	4.679	4.268	3.906	3.587	3.303	3.050	2.824	2.622	2.439
0.72	5.800	5.255	4.778	4.360	3.992	3.666	3.377	3.120	2.889	2.683	2.497
0.74	5.912	5.358	4.874	4.449	4.074	3.743	3.449	3.187	2.952	2.742	2.553
0.76	6.019	5.457	4.965	4.534	4.153	3.817	3.518	3.251	3.013	2.799	2.607
0.78	6.121	5.550	5.052	4.614	4.228	3.887	3.584	3.313	3.071	2.854	2.658
0.80	6.216	5.638	5.134	4.690	4.299	3.953	3.646	3.372	3.126	2.906	2.707
0.82	6.304	5.721	5.210	4.761	4.366	4.016	3.704	3.427	3.178	2.955	2.754
0.84	6.386	5.796	5.280	4.827	4.427	4.073	3.759	3.478	3.226	3.001	2.797
0.86	6.460	5.865	5.345	4.887	4.484	4.126	3.809	3.525	3.271	3.043	2.837
0.88	6.526	5.927	5.402	4.941	4.534	4.174	3.853	3.567	3.311	3.081	2.873
0.90	6.584	5.981	5.452	4.988	4.579	4.216	3.893	3.605	3.347	3.115	2.906
0.92	6.632	6.026	5.495	5.028	4.616	4.252	3.927	3.637	3.377	3.144	2.933
0.94	6.671	6.063	5.529	5.061	4.647	4.280	3.954	3.663	3.402	3.167	2.956
0.96	6.700	6.089	5.555	5.085	4.670	4.302	3.975	3.682	3.421	3.185	2.973
0.98	6.718	6.106	5.570	5.099	4.684	4.315	3.987	3.695	3.432	3.196	2.983
1.00	6.724	6.112	5.576	5.105	4.689	4.320	3.992	3.699	3.436	3.200	2.987

（续）

ξ \ λ_1	5.50	6.00	6.50	7.00	7.50	8.00	8.50	9.00	9.50	10.00	10.50
0.00	0.000	0.000	0.000	0.000	0.000	0.000	0.000	0.000	0.000	0.000	0.000
0.02	0.066	0.055	0.047	0.041	0.036	0.031	0.028	0.025	0.022	0.020	0.018
0.04	0.131	0.111	0.094	0.081	0.071	0.062	0.055	0.049	0.044	0.040	0.036
0.06	0.197	0.166	0.142	0.122	0.107	0.094	0.083	0.074	0.066	0.060	0.054
0.08	0.262	0.221	0.189	0.163	0.142	0.125	0.111	0.099	0.089	0.080	0.073
0.10	0.328	0.276	0.236	0.204	0.178	0.156	0.138	0.123	0.111	0.100	0.091
0.12	0.393	0.332	0.283	0.244	0.213	0.187	0.166	0.148	0.133	0.120	0.109
0.14	0.459	0.387	0.330	0.285	0.249	0.219	0.194	0.173	0.155	0.140	0.127
0.16	0.524	0.442	0.377	0.326	0.284	0.250	0.221	0.197	0.177	0.160	0.145
0.18	0.589	0.497	0.424	0.366	0.320	0.281	0.249	0.222	0.199	0.180	0.163
0.20	0.655	0.552	0.472	0.407	0.355	0.312	0.277	0.247	0.222	0.200	0.181
0.22	0.720	0.607	0.519	0.448	0.390	0.343	0.304	0.271	0.244	0.220	0.200
0.24	0.785	0.662	0.566	0.488	0.426	0.375	0.332	0.296	0.266	0.240	0.218
0.26	0.850	0.717	0.613	0.529	0.461	0.406	0.360	0.321	0.288	0.260	0.236
0.28	0.915	0.772	0.659	0.570	0.497	0.437	0.387	0.345	0.310	0.280	0.254
0.30	0.979	0.827	0.706	0.610	0.532	0.468	0.415	0.370	0.332	0.300	0.272
0.32	1.044	0.881	0.753	0.651	0.567	0.499	0.442	0.395	0.354	0.320	0.290
0.34	1.108	0.936	0.800	0.691	0.603	0.530	0.470	0.419	0.377	0.340	0.308
0.36	1.173	0.990	0.846	0.731	0.638	0.561	0.498	0.444	0.399	0.360	0.326
0.38	1.237	1.044	0.893	0.772	0.673	0.592	0.525	0.469	0.421	0.380	0.345
0.40	1.300	1.099	0.939	0.812	0.708	0.623	0.553	0.493	0.443	0.400	0.363
0.42	1.364	1.152	0.986	0.852	0.744	0.654	0.580	0.518	0.465	0.420	0.381
0.44	1.427	1.206	1.032	0.892	0.779	0.685	0.608	0.542	0.487	0.440	0.399
0.46	1.490	1.260	1.078	0.932	0.814	0.716	0.635	0.567	0.509	0.460	0.417
0.48	1.553	1.313	1.124	0.972	0.849	0.747	0.662	0.591	0.531	0.479	0.435
0.50	1.615	1.366	1.169	1.012	0.883	0.778	0.690	0.616	0.553	0.499	0.453
0.52	1.676	1.419	1.215	1.051	0.918	0.808	0.717	0.640	0.575	0.519	0.471
0.54	1.737	1.471	1.260	1.090	0.952	0.839	0.744	0.664	0.597	0.539	0.489
0.56	1.798	1.523	1.305	1.129	0.987	0.869	0.771	0.689	0.619	0.559	0.507
0.58	1.858	1.574	1.349	1.168	1.021	0.899	0.798	0.713	0.641	0.579	0.525
0.60	1.917	1.625	1.393	1.207	1.055	0.930	0.825	0.737	0.662	0.598	0.543
0.62	1.975	1.675	1.437	1.245	1.089	0.959	0.852	0.761	0.684	0.618	0.561
0.64	2.033	1.724	1.480	1.283	1.122	0.989	0.878	0.785	0.705	0.637	0.579
0.66	2.089	1.773	1.522	1.320	1.155	1.018	0.904	0.808	0.727	0.657	0.596
0.68	2.145	1.821	1.564	1.357	1.187	1.047	0.930	0.832	0.748	0.676	0.614
0.70	2.199	1.868	1.605	1.393	1.219	1.076	0.956	0.855	0.769	0.695	0.631
0.72	2.251	1.914	1.645	1.428	1.251	1.104	0.981	0.878	0.790	0.714	0.648
0.74	2.302	1.958	1.684	1.463	1.282	1.132	1.006	0.900	0.810	0.733	0.666
0.76	2.352	2.001	1.722	1.497	1.312	1.159	1.031	0.922	0.830	0.751	0.682
0.78	2.399	2.043	1.759	1.529	1.341	1.185	1.054	0.944	0.850	0.769	0.699
0.80	2.445	2.083	1.794	1.561	1.369	1.211	1.078	0.965	0.869	0.786	0.715
0.82	2.487	2.121	1.828	1.591	1.396	1.235	1.100	0.985	0.887	0.803	0.731
0.84	2.528	2.156	1.859	1.619	1.422	1.258	1.121	1.005	0.905	0.820	0.746
0.86	2.565	2.189	1.889	1.646	1.446	1.280	1.141	1.023	0.922	0.835	0.760
0.88	2.598	2.219	1.916	1.670	1.468	1.300	1.159	1.040	0.938	0.850	0.774
0.90	2.628	2.246	1.940	1.692	1.488	1.318	1.176	1.055	0.952	0.863	0.786
0.92	2.654	2.269	1.961	1.711	1.505	1.335	1.191	1.069	0.965	0.875	0.797
0.94	2.675	2.288	1.978	1.727	1.520	1.348	1.203	1.081	0.976	0.885	0.807
0.96	2.691	2.302	1.991	1.739	1.531	1.358	1.213	1.089	0.984	0.893	0.814
0.98	2.701	2.312	2.000	1.747	1.538	1.365	1.219	1.095	0.989	0.898	0.819
1.00	2.705	2.315	2.003	1.749	1.541	1.367	1.221	1.097	0.991	0.900	0.821

（续）

ξ \ λ_1	11.00	12.00	13.00	14.00	15.00	17.00	19.00	21.00	23.00	25.00	28.00
0.00	0.000	0.000	0.000	0.000	0.000	0.000	0.000	0.000	0.000	0.000	0.000
0.02	0.017	0.014	0.012	0.010	0.009	0.007	0.006	0.005	0.004	0.003	0.003
0.04	0.033	0.028	0.024	0.020	0.018	0.014	0.011	0.009	0.008	0.006	0.005
0.06	0.050	0.042	0.036	0.031	0.027	0.021	0.017	0.014	0.011	0.010	0.008
0.08	0.066	0.056	0.047	0.041	0.036	0.028	0.022	0.018	0.015	0.013	0.010
0.10	0.083	0.069	0.059	0.051	0.044	0.035	0.028	0.023	0.019	0.016	0.013
0.12	0.099	0.083	0.071	0.061	0.053	0.042	0.033	0.027	0.023	0.019	0.015
0.14	0.116	0.097	0.083	0.071	0.062	0.048	0.039	0.032	0.026	0.022	0.018
0.16	0.132	0.111	0.095	0.082	0.071	0.055	0.044	0.036	0.030	0.026	0.020
0.18	0.149	0.125	0.107	0.092	0.080	0.062	0.050	0.041	0.034	0.029	0.023
0.20	0.165	0.139	0.118	0.102	0.089	0.069	0.055	0.045	0.038	0.032	0.026
0.22	0.182	0.153	0.130	0.112	0.098	0.076	0.061	0.050	0.042	0.035	0.028
0.24	0.198	0.167	0.142	0.122	0.107	0.083	0.066	0.054	0.045	0.038	0.031
0.26	0.215	0.181	0.154	0.133	0.116	0.090	0.072	0.059	0.049	0.042	0.033
0.28	0.231	0.194	0.166	0.143	0.124	0.097	0.078	0.063	0.053	0.045	0.036
0.30	0.248	0.208	0.178	0.153	0.133	0.104	0.083	0.068	0.057	0.048	0.038
0.32	0.264	0.222	0.189	0.163	0.142	0.111	0.089	0.073	0.060	0.051	0.041
0.34	0.281	0.236	0.201	0.173	0.151	0.118	0.094	0.077	0.064	0.054	0.043
0.36	0.297	0.250	0.213	0.184	0.160	0.125	0.100	0.082	0.068	0.058	0.046
0.38	0.314	0.264	0.225	0.194	0.169	0.131	0.105	0.086	0.072	0.061	0.048
0.40	0.330	0.278	0.237	0.204	0.178	0.138	0.111	0.091	0.076	0.064	0.051
0.42	0.347	0.292	0.248	0.214	0.187	0.145	0.116	0.095	0.079	0.067	0.054
0.44	0.363	0.305	0.260	0.224	0.196	0.152	0.122	0.100	0.083	0.070	0.056
0.46	0.380	0.319	0.272	0.235	0.204	0.159	0.127	0.104	0.087	0.074	0.059
0.48	0.396	0.333	0.284	0.245	0.213	0.166	0.133	0.109	0.091	0.077	0.061
0.50	0.413	0.347	0.296	0.255	0.222	0.173	0.139	0.113	0.095	0.080	0.064
0.52	0.429	0.361	0.308	0.265	0.231	0.180	0.144	0.118	0.098	0.083	0.066
0.54	0.446	0.375	0.319	0.275	0.240	0.187	0.150	0.122	0.102	0.086	0.069
0.56	0.462	0.389	0.331	0.286	0.249	0.194	0.155	0.127	0.106	0.090	0.071
0.58	0.479	0.402	0.343	0.296	0.258	0.201	0.161	0.132	0.110	0.093	0.074
0.60	0.495	0.416	0.355	0.306	0.267	0.208	0.166	0.136	0.113	0.096	0.077
0.62	0.511	0.430	0.367	0.316	0.275	0.215	0.172	0.141	0.117	0.099	0.079
0.64	0.527	0.444	0.378	0.326	0.284	0.221	0.177	0.145	0.121	0.102	0.082
0.66	0.544	0.457	0.390	0.336	0.293	0.228	0.183	0.150	0.125	0.106	0.084
0.68	0.560	0.471	0.402	0.347	0.302	0.235	0.188	0.154	0.129	0.109	0.087
0.70	0.576	0.485	0.413	0.357	0.311	0.242	0.194	0.159	0.132	0.112	0.089
0.72	0.592	0.498	0.425	0.367	0.320	0.249	0.199	0.163	0.136	0.115	0.092
0.74	0.607	0.511	0.436	0.377	0.328	0.256	0.205	0.168	0.140	0.118	0.094
0.76	0.623	0.525	0.448	0.386	0.337	0.263	0.210	0.172	0.144	0.122	0.097
0.78	0.638	0.538	0.459	0.396	0.346	0.269	0.216	0.177	0.147	0.125	0.099
0.80	0.653	0.550	0.470	0.406	0.354	0.276	0.221	0.181	0.151	0.128	0.102
0.82	0.667	0.563	0.481	0.415	0.362	0.283	0.227	0.186	0.155	0.131	0.105
0.84	0.681	0.575	0.491	0.425	0.371	0.289	0.232	0.190	0.159	0.134	0.107
0.86	0.695	0.586	0.502	0.434	0.379	0.296	0.237	0.194	0.162	0.137	0.110
0.88	0.707	0.597	0.511	0.442	0.386	0.302	0.242	0.199	0.166	0.140	0.112
0.90	0.719	0.608	0.520	0.450	0.393	0.308	0.247	0.203	0.169	0.143	0.115
0.92	0.729	0.617	0.528	0.457	0.400	0.313	0.252	0.207	0.173	0.146	0.117
0.94	0.738	0.625	0.535	0.464	0.406	0.318	0.256	0.210	0.176	0.149	0.119
0.96	0.745	0.631	0.541	0.469	0.410	0.322	0.259	0.213	0.178	0.151	0.121
0.98	0.750	0.635	0.545	0.472	0.414	0.325	0.261	0.215	0.180	0.153	0.122
1.00	0.751	0.637	0.546	0.474	0.415	0.326	0.262	0.216	0.181	0.154	0.123

（4）连梁剪力基本数据（表4-22～表4-24）

表4-22 倒三角形荷载（V_b/ε_4）×10^{-2}值表

ξ \ λ_1	1.00	1.20	1.40	1.60	1.80	2.00	2.20	2.40	2.60	2.80	3.00
0.00	8.562	7.476	6.476	5.585	4.808	4.139	3.568	3.082	2.669	2.319	2.022
0.02	8.564	7.478	6.479	5.588	4.811	4.142	3.571	3.085	2.673	2.323	2.025
0.04	8.568	7.484	6.485	5.596	4.819	4.151	3.581	3.095	2.683	2.333	2.035
0.06	8.574	7.492	6.496	5.607	4.833	4.165	3.595	3.110	2.698	2.349	2.051
0.08	8.581	7.502	6.509	5.623	4.850	4.184	3.615	3.131	2.719	2.369	2.072
0.10	8.589	7.514	6.524	5.641	4.870	4.206	3.638	3.155	2.744	2.394	2.097
0.12	8.596	7.526	6.540	5.661	4.893	4.231	3.665	3.183	2.772	2.423	2.126
0.14	8.602	7.538	6.557	5.682	4.917	4.258	3.694	3.213	2.804	2.455	2.158
0.16	8.606	7.549	6.574	5.704	4.943	4.287	3.725	3.246	2.838	2.490	2.193
0.18	8.608	7.558	6.590	5.725	4.969	4.317	3.758	3.280	2.873	2.526	2.229
0.20	8.607	7.565	6.605	5.746	4.996	4.347	3.791	3.316	2.910	2.564	2.268
0.22	8.602	7.570	6.617	5.766	5.021	4.377	3.824	3.351	2.948	2.602	2.307
0.24	8.593	7.571	6.627	5.784	5.045	4.406	3.857	3.387	2.985	2.641	2.346
0.26	8.578	7.568	6.634	5.799	5.067	4.434	3.889	3.422	3.023	2.680	2.386
0.28	8.558	7.560	6.637	5.811	5.087	4.459	3.919	3.456	3.059	2.718	2.425
0.30	8.532	7.547	6.636	5.820	5.104	4.483	3.948	3.488	3.094	2.755	2.463
0.32	8.499	7.528	6.629	5.824	5.117	4.503	3.974	3.518	3.127	2.791	2.500
0.34	8.459	7.503	6.617	5.824	5.126	4.520	3.996	3.546	3.158	2.824	2.535
0.36	8.411	7.470	6.599	5.818	5.130	4.532	4.016	3.570	3.186	2.855	2.568
0.38	8.354	7.430	6.575	5.806	5.129	4.540	4.031	3.591	3.211	2.883	2.599
0.40	8.288	7.383	6.543	5.788	5.123	4.543	4.041	3.608	3.233	2.908	2.626
0.42	8.213	7.326	6.503	5.763	5.110	4.541	4.047	3.620	3.250	2.929	2.650
0.44	8.128	7.261	6.456	5.731	5.091	4.532	4.047	3.627	3.263	2.946	2.671
0.46	8.032	7.186	6.399	5.691	5.065	4.517	4.042	3.629	3.271	2.959	2.687
0.48	7.926	7.101	6.334	5.642	5.031	4.495	4.030	3.625	3.273	2.967	2.699
0.50	7.808	7.005	6.258	5.585	4.989	4.466	4.011	3.615	3.270	2.969	2.706
0.52	7.678	6.899	6.173	5.518	4.938	4.429	3.985	3.598	3.261	2.966	2.707
0.54	7.536	6.781	6.077	5.442	4.878	4.384	3.951	3.574	3.245	2.957	2.703
0.56	7.381	6.651	5.971	5.355	4.809	4.329	3.909	3.543	3.222	2.941	2.693
0.58	7.213	6.509	5.852	5.258	4.730	4.266	3.859	3.503	3.192	2.918	2.677
0.60	7.031	6.354	5.722	5.150	4.641	4.193	3.800	3.456	3.154	2.888	2.654
0.62	6.836	6.186	5.580	5.030	4.541	4.110	3.731	3.399	3.107	2.850	2.623
0.64	6.626	6.005	5.425	4.899	4.430	4.016	3.652	3.333	3.052	2.804	2.585
0.66	6.401	5.809	5.256	4.754	4.307	3.911	3.563	3.257	2.988	2.750	2.539
0.68	6.161	5.599	5.074	4.597	4.172	3.795	3.463	3.171	2.914	2.686	2.484
0.70	5.905	5.375	4.879	4.427	4.024	3.667	3.352	3.075	2.830	2.613	2.420
0.72	5.634	5.135	4.668	4.243	3.863	3.527	3.230	2.967	2.735	2.530	2.347
0.74	5.347	4.880	4.443	4.045	3.689	3.374	3.095	2.848	2.630	2.436	2.263
0.76	5.043	4.609	4.203	3.833	3.502	3.207	2.947	2.717	2.513	2.331	2.169
0.78	4.722	4.322	3.947	3.606	3.299	3.027	2.786	2.573	2.384	2.215	2.064
0.80	4.384	4.019	3.676	3.363	3.082	2.833	2.612	2.416	2.242	2.087	1.948
0.82	4.029	3.698	3.388	3.104	2.850	2.624	2.423	2.245	2.087	1.946	1.819
0.84	3.656	3.360	3.083	2.830	2.602	2.400	2.220	2.060	1.918	1.792	1.678
0.86	3.265	3.005	2.761	2.539	2.338	2.160	2.002	1.861	1.736	1.623	1.523
0.88	2.855	2.632	2.422	2.230	2.058	1.904	1.768	1.646	1.538	1.441	1.354

（续）

λ_1 / ξ	1.00	1.20	1.40	1.60	1.80	2.00	2.20	2.40	2.60	2.80	3.00
0.90	2.427	2.241	2.065	1.905	1.760	1.632	1.517	1.415	1.324	1.243	1.170
0.92	1.980	1.831	1.690	1.561	1.445	1.342	1.250	1.168	1.095	1.029	0.970
0.94	1.515	1.402	1.296	1.199	1.112	1.034	0.965	0.903	0.848	0.799	0.755
0.96	1.029	0.954	0.883	0.819	0.761	0.709	0.662	0.621	0.584	0.551	0.521
0.98	0.525	0.487	0.452	0.419	0.390	0.364	0.341	0.320	0.302	0.285	0.270
1.00	0.000	0.000	0.000	0.000	0.000	0.000	0.000	0.000	0.000	0.000	0.000

λ_1 / ξ	3.20	3.40	3.60	3.80	4.00	4.20	4.40	4.60	4.80	5.00	5.20
0.00	1.768	1.552	1.367	1.208	1.071	0.952	0.850	0.761	0.683	0.615	0.555
0.02	1.772	1.555	1.370	1.211	1.074	0.956	0.853	0.764	0.686	0.618	0.558
0.04	1.782	1.565	1.380	1.221	1.083	0.965	0.862	0.773	0.695	0.626	0.566
0.06	1.797	1.581	1.395	1.236	1.098	0.979	0.876	0.786	0.708	0.639	0.579
0.08	1.818	1.601	1.415	1.255	1.118	0.998	0.895	0.804	0.726	0.657	0.596
0.10	1.843	1.626	1.440	1.279	1.141	1.021	0.917	0.826	0.747	0.677	0.616
0.12	1.872	1.655	1.468	1.307	1.168	1.048	0.943	0.851	0.771	0.701	0.639
0.14	1.904	1.686	1.499	1.338	1.198	1.077	0.971	0.879	0.798	0.727	0.664
0.16	1.939	1.721	1.533	1.371	1.231	1.109	1.002	0.909	0.827	0.755	0.691
0.18	1.975	1.757	1.569	1.406	1.265	1.142	1.035	0.941	0.858	0.785	0.720
0.20	2.013	1.795	1.606	1.443	1.301	1.177	1.069	0.974	0.890	0.816	0.750
0.22	2.053	1.834	1.645	1.481	1.338	1.214	1.104	1.008	0.923	0.848	0.781
0.24	2.093	1.874	1.684	1.520	1.376	1.251	1.140	1.043	0.957	0.881	0.813
0.26	2.133	1.914	1.724	1.559	1.414	1.288	1.177	1.078	0.991	0.914	0.845
0.28	2.172	1.953	1.763	1.598	1.453	1.325	1.213	1.114	1.026	0.947	0.877
0.30	2.211	1.992	1.802	1.636	1.491	1.362	1.249	1.149	1.060	0.980	0.909
0.32	2.249	2.031	1.840	1.674	1.528	1.399	1.285	1.184	1.093	1.013	0.940
0.34	2.285	2.067	1.877	1.711	1.564	1.435	1.320	1.218	1.126	1.045	0.971
0.36	2.319	2.102	1.913	1.746	1.599	1.469	1.354	1.251	1.158	1.076	1.001
0.38	2.351	2.135	1.946	1.780	1.632	1.502	1.386	1.282	1.189	1.106	1.031
0.40	2.381	2.166	1.977	1.811	1.664	1.533	1.417	1.313	1.219	1.135	1.059
0.42	2.407	2.194	2.006	1.840	1.693	1.563	1.446	1.341	1.247	1.162	1.085
0.44	2.430	2.218	2.032	1.867	1.720	1.590	1.473	1.368	1.273	1.188	1.110
0.46	2.449	2.239	2.054	1.891	1.745	1.614	1.498	1.392	1.298	1.212	1.134
0.48	2.464	2.257	2.074	1.911	1.766	1.636	1.520	1.415	1.320	1.234	1.155
0.50	2.474	2.270	2.089	1.928	1.784	1.655	1.539	1.434	1.339	1.253	1.175
0.52	2.480	2.279	2.100	1.941	1.798	1.670	1.555	1.451	1.356	1.270	1.192
0.54	2.480	2.282	2.107	1.950	1.809	1.682	1.568	1.464	1.370	1.285	1.206
0.56	2.475	2.281	2.108	1.954	1.815	1.690	1.577	1.475	1.381	1.296	1.218
0.58	2.464	2.274	2.105	1.953	1.817	1.694	1.582	1.481	1.389	1.305	1.227
0.60	2.446	2.261	2.096	1.947	1.814	1.693	1.584	1.484	1.393	1.309	1.233
0.62	2.422	2.242	2.081	1.936	1.806	1.687	1.580	1.482	1.393	1.311	1.235
0.64	2.390	2.216	2.060	1.919	1.792	1.677	1.572	1.476	1.388	1.308	1.234
0.66	2.351	2.183	2.032	1.895	1.772	1.660	1.558	1.465	1.379	1.301	1.228
0.68	2.303	2.142	1.996	1.865	1.746	1.638	1.539	1.448	1.365	1.289	1.218
0.70	2.248	2.093	1.954	1.828	1.713	1.609	1.514	1.426	1.346	1.272	1.204
0.72	2.183	2.035	1.903	1.782	1.673	1.573	1.482	1.398	1.321	1.250	1.184
0.74	2.108	1.969	1.843	1.729	1.625	1.530	1.443	1.363	1.289	1.221	1.158
0.76	2.024	1.893	1.775	1.667	1.569	1.479	1.397	1.321	1.251	1.187	1.127
0.78	1.929	1.807	1.697	1.596	1.504	1.420	1.343	1.272	1.206	1.145	1.088

（续）

λ_1 / ξ	3. 20	3. 40	3. 60	3. 80	4. 00	4. 20	4. 40	4. 60	4. 80	5. 00	5. 20
0. 80	1. 823	1. 710	1. 608	1. 515	1. 430	1. 352	1. 280	1. 214	1. 152	1. 096	1. 043
0. 82	1. 705	1. 602	1. 509	1. 424	1. 346	1. 274	1. 208	1. 147	1. 090	1. 038	0. 989
0. 84	1. 575	1. 482	1. 398	1. 321	1. 250	1. 186	1. 126	1. 070	1. 019	0. 971	0. 927
0. 86	1. 432	1. 350	1. 275	1. 207	1. 144	1. 086	1. 033	0. 984	0. 938	0. 895	0. 855
0. 88	1. 275	1. 204	1. 139	1. 080	1. 025	0. 975	0. 928	0. 885	0. 845	0. 808	0. 773
0. 90	1. 104	1. 044	0. 989	0. 939	0. 893	0. 851	0. 811	0. 775	0. 741	0. 710	0. 680
0. 92	0. 917	0. 869	0. 825	0. 784	0. 747	0. 713	0. 681	0. 651	0. 624	0. 598	0. 574
0. 94	0. 714	0. 678	0. 644	0. 614	0. 586	0. 560	0. 536	0. 513	0. 492	0. 473	0. 455
0. 96	0. 494	0. 470	0. 448	0. 427	0. 408	0. 391	0. 375	0. 360	0. 346	0. 332	0. 320
0. 98	0. 257	0. 244	0. 233	0. 223	0. 213	0. 205	0. 197	0. 189	0. 182	0. 175	0. 169
1. 00	0. 000	0. 000	0. 000	0. 000	0. 000	0. 000	0. 000	0. 000	0. 000	0. 000	0. 000

λ_1 / ξ	5. 50	6. 00	6. 50	7. 00	7. 50	8. 00	8. 50	9. 00	9. 50	10. 00	10. 50
0. 00	0. 479	0. 379	0. 305	0. 248	0. 204	0. 170	0. 143	0. 122	0. 104	0. 090	0. 078
0. 02	0. 482	0. 382	0. 307	0. 250	0. 207	0. 172	0. 145	0. 124	0. 106	0. 092	0. 080
0. 04	0. 490	0. 389	0. 314	0. 257	0. 213	0. 178	0. 151	0. 129	0. 111	0. 096	0. 084
0. 06	0. 502	0. 401	0. 325	0. 267	0. 222	0. 187	0. 159	0. 136	0. 118	0. 103	0. 091
0. 08	0. 518	0. 415	0. 338	0. 280	0. 234	0. 198	0. 169	0. 146	0. 127	0. 112	0. 099
0. 10	0. 537	0. 433	0. 355	0. 295	0. 248	0. 211	0. 182	0. 158	0. 138	0. 122	0. 108
0. 12	0. 559	0. 453	0. 373	0. 312	0. 264	0. 226	0. 195	0. 170	0. 150	0. 133	0. 119
0. 14	0. 583	0. 475	0. 394	0. 331	0. 281	0. 242	0. 210	0. 184	0. 163	0. 145	0. 130
0. 16	0. 609	0. 499	0. 416	0. 351	0. 300	0. 259	0. 226	0. 199	0. 176	0. 157	0. 141
0. 18	0. 636	0. 524	0. 439	0. 372	0. 319	0. 277	0. 242	0. 214	0. 190	0. 170	0. 153
0. 20	0. 665	0. 550	0. 463	0. 394	0. 339	0. 295	0. 259	0. 229	0. 204	0. 183	0. 166
0. 22	0. 694	0. 577	0. 487	0. 416	0. 359	0. 314	0. 276	0. 245	0. 219	0. 197	0. 178
0. 24	0. 724	0. 605	0. 512	0. 439	0. 380	0. 332	0. 293	0. 261	0. 233	0. 210	0. 190
0. 26	0. 754	0. 632	0. 537	0. 462	0. 401	0. 351	0. 311	0. 276	0. 248	0. 223	0. 202
0. 28	0. 785	0. 660	0. 562	0. 484	0. 422	0. 370	0. 328	0. 292	0. 262	0. 237	0. 215
0. 30	0. 815	0. 687	0. 587	0. 507	0. 442	0. 389	0. 345	0. 308	0. 276	0. 250	0. 226
0. 32	0. 845	0. 715	0. 612	0. 529	0. 462	0. 407	0. 362	0. 323	0. 290	0. 262	0. 238
0. 34	0. 874	0. 741	0. 636	0. 552	0. 482	0. 426	0. 378	0. 338	0. 304	0. 275	0. 250
0. 36	0. 903	0. 768	0. 660	0. 573	0. 502	0. 443	0. 394	0. 353	0. 317	0. 287	0. 261
0. 38	0. 931	0. 793	0. 683	0. 594	0. 521	0. 461	0. 410	0. 367	0. 330	0. 229	0. 272
0. 40	0. 957	0. 818	0. 705	0. 614	0. 540	0. 477	0. 425	0. 381	0. 343	0. 311	0. 282
0. 42	0. 983	0. 841	0. 727	0. 634	0. 557	0. 493	0. 440	0. 394	0. 355	0. 322	0. 293
0. 44	1. 007	0. 863	0. 747	0. 653	0. 574	0. 509	0. 454	0. 407	0. 367	0. 333	0. 303
0. 46	1. 030	0. 884	0. 767	0. 670	0. 591	0. 524	0. 468	0. 420	0. 378	0. 343	0. 312
0. 48	1. 051	0. 904	0. 785	0. 687	0. 606	0. 538	0. 480	0. 431	0. 389	0. 353	0. 321
0. 50	1. 070	0. 922	0. 802	0. 703	0. 620	0. 551	0. 493	0. 443	0. 400	0. 362	0. 330
0. 52	1. 087	0. 938	0. 817	0. 717	0. 634	0. 564	0. 504	0. 453	0. 409	0. 371	0. 338
0. 54	1. 101	0. 953	0. 831	0. 730	0. 646	0. 575	0. 515	0. 463	0. 418	0. 380	0. 346
0. 56	1. 113	0. 965	0. 843	0. 742	0. 657	0. 585	0. 524	0. 472	0. 427	0. 388	0. 353
0. 58	1. 123	0. 975	0. 853	0. 752	0. 667	0. 595	0. 533	0. 480	0. 434	0. 395	0. 360
0. 60	1. 130	0. 983	0. 862	0. 760	0. 675	0. 603	0. 541	0. 487	0. 441	0. 401	0. 366
0. 62	1. 133	0. 988	0. 868	0. 767	0. 682	0. 609	0. 547	0. 494	0. 447	0. 407	0. 372
0. 64	1. 134	0. 990	0. 871	0. 771	0. 686	0. 614	0. 552	0. 499	0. 452	0. 412	0. 376
0. 66	1. 130	0. 989	0. 872	0. 773	0. 689	0. 618	0. 556	0. 503	0. 456	0. 416	0. 380
0. 68	1. 122	0. 985	0. 870	0. 773	0. 690	0. 619	0. 558	0. 505	0. 459	0. 419	0. 383

（续）

ξ \ λ_1	5.50	6.00	6.50	7.00	7.50	8.00	8.50	9.00	9.50	10.00	10.50
0.70	1.111	0.977	0.864	0.769	0.688	0.619	0.558	0.506	0.461	0.421	0.385
0.72	1.094	0.964	0.855	0.763	0.684	0.616	0.557	0.505	0.461	0.421	0.386
0.74	1.072	0.947	0.842	0.753	0.676	0.610	0.553	0.502	0.459	0.420	0.386
0.76	1.045	0.925	0.825	0.739	0.665	0.601	0.546	0.497	0.455	0.417	0.383
0.78	1.011	0.898	0.802	0.721	0.650	0.589	0.536	0.489	0.448	0.412	0.379
0.80	0.970	0.865	0.775	0.698	0.631	0.573	0.522	0.478	0.439	0.404	0.373
0.82	0.922	0.824	0.741	0.669	0.607	0.552	0.505	0.463	0.426	0.393	0.363
0.84	0.866	0.776	0.700	0.634	0.577	0.527	0.483	0.444	0.409	0.378	0.351
0.86	0.801	0.720	0.652	0.592	0.540	0.495	0.455	0.419	0.388	0.359	0.334
0.88	0.725	0.655	0.594	0.542	0.496	0.456	0.420	0.389	0.361	0.335	0.312
0.90	0.639	0.579	0.528	0.483	0.444	0.409	0.378	0.351	0.327	0.305	0.285
0.92	0.541	0.492	0.450	0.413	0.381	0.353	0.328	0.305	0.285	0.267	0.250
0.94	0.430	0.392	0.360	0.332	0.308	0.286	0.266	0.249	0.233	0.219	0.207
0.96	0.303	0.278	0.257	0.238	0.221	0.206	0.193	0.181	0.170	0.161	0.152
0.98	0.161	0.148	0.137	0.128	0.119	0.112	0.105	0.099	0.094	0.089	0.084
1.00	0.000	0.000	0.000	0.000	0.000	0.000	0.000	0.000	0.000	0.000	0.000

ξ \ λ_1	11.00	12.00	13.00	14.00	15.00	17.00	19.00	21.00	23.00	25.00	28.00
0.00	0.068	0.053	0.042	0.034	0.028	0.019	0.014	0.010	0.008	0.006	0.004
0.02	0.070	0.054	0.043	0.035	0.029	0.020	0.015	0.011	0.009	0.007	0.005
0.04	0.074	0.058	0.047	0.038	0.032	0.023	0.017	0.013	0.010	0.008	0.006
0.06	0.080	0.064	0.052	0.043	0.036	0.026	0.020	0.016	0.013	0.010	0.008
0.08	0.088	0.071	0.058	0.048	0.041	0.031	0.024	0.019	0.015	0.013	0.010
0.10	0.097	0.079	0.065	0.055	0.047	0.035	0.028	0.022	0.018	0.015	0.012
0.12	0.106	0.087	0.073	0.062	0.053	0.040	0.032	0.026	0.021	0.018	0.014
0.14	0.117	0.096	0.081	0.069	0.060	0.046	0.036	0.030	0.025	0.021	0.017
0.16	0.128	0.106	0.089	0.076	0.066	0.051	0.041	0.033	0.028	0.023	0.019
0.18	0.139	0.116	0.098	0.084	0.073	0.056	0.045	0.037	0.031	0.026	0.021
0.20	0.150	0.125	0.106	0.091	0.079	0.062	0.049	0.040	0.034	0.029	0.023
0.22	0.162	0.135	0.115	0.099	0.086	0.067	0.054	0.044	0.037	0.031	0.025
0.24	0.173	0.145	0.123	0.106	0.093	0.072	0.058	0.047	0.040	0.034	0.027
0.26	0.184	0.155	0.132	0.114	0.099	0.077	0.062	0.051	0.042	0.036	0.029
0.28	0.195	0.164	0.140	0.121	0.105	0.082	0.066	0.054	0.045	0.038	0.031
0.30	0.207	0.174	0.148	0.128	0.112	0.087	0.070	0.057	0.048	0.041	0.032
0.32	0.217	0.183	0.156	0.135	0.118	0.092	0.074	0.060	0.050	0.043	0.034
0.34	0.228	0.192	0.164	0.142	0.124	0.097	0.077	0.063	0.053	0.045	0.036
0.36	0.238	0.201	0.172	0.148	0.129	0.101	0.081	0.066	0.055	0.047	0.037
0.38	0.248	0.209	0.179	0.155	0.135	0.105	0.085	0.069	0.058	0.049	0.039
0.40	0.258	0.218	0.186	0.161	0.140	0.110	0.088	0.072	0.060	0.051	0.041
0.42	0.267	0.226	0.193	0.167	0.146	0.114	0.091	0.075	0.062	0.053	0.042
0.44	0.277	0.233	0.200	0.172	0.151	0.118	0.094	0.077	0.065	0.055	0.044
0.46	0.285	0.241	0.206	0.178	0.155	0.121	0.097	0.080	0.067	0.056	0.045
0.48	0.294	0.248	0.212	0.183	0.160	0.125	0.100	0.082	0.069	0.058	0.046
0.50	0.302	0.255	0.218	0.189	0.165	0.129	0.103	0.085	0.071	0.060	0.048
0.52	0.309	0.261	0.224	0.193	0.169	0.132	0.106	0.087	0.072	0.061	0.049
0.54	0.317	0.268	0.229	0.198	0.173	0.135	0.108	0.089	0.074	0.063	0.050
0.56	0.323	0.274	0.234	0.203	0.177	0.138	0.111	0.091	0.076	0.064	0.051
0.58	0.330	0.279	0.239	0.207	0.181	0.141	0.113	0.093	0.077	0.066	0.052

（续）

ξ \ λ_1	11.00	12.00	13.00	14.00	15.00	17.00	19.00	21.00	23.00	25.00	28.00
0.60	0.335	0.284	0.243	0.211	0.184	0.144	0.116	0.095	0.079	0.067	0.053
0.62	0.341	0.289	0.248	0.214	0.187	0.147	0.118	0.096	0.080	0.068	0.054
0.64	0.345	0.293	0.251	0.218	0.190	0.149	0.120	0.098	0.082	0.069	0.055
0.66	0.349	0.296	0.255	0.221	0.193	0.151	0.122	0.100	0.083	0.070	0.056
0.68	0.352	0.300	0.258	0.224	0.196	0.153	0.123	0.101	0.084	0.072	0.057
0.70	0.354	0.302	0.260	0.226	0.198	0.155	0.125	0.102	0.086	0.072	0.058
0.72	0.355	0.303	0.261	0.227	0.200	0.157	0.126	0.104	0.087	0.073	0.059
0.74	0.355	0.304	0.262	0.229	0.201	0.158	0.127	0.105	0.088	0.074	0.059
0.76	0.354	0.303	0.262	0.229	0.201	0.159	0.128	0.106	0.088	0.075	0.060
0.78	0.350	0.301	0.261	0.229	0.201	0.159	0.129	0.106	0.089	0.076	0.060
0.80	0.345	0.297	0.259	0.227	0.200	0.159	0.129	0.107	0.089	0.076	0.061
0.82	0.337	0.292	0.255	0.224	0.198	0.158	0.129	0.107	0.090	0.076	0.061
0.84	0.326	0.283	0.248	0.219	0.195	0.156	0.128	0.106	0.089	0.076	0.061
0.86	0.311	0.272	0.239	0.212	0.189	0.153	0.125	0.105	0.089	0.076	0.061
0.88	0.292	0.256	0.227	0.202	0.181	0.147	0.122	0.102	0.087	0.075	0.060
0.90	0.267	0.236	0.210	0.188	0.169	0.139	0.116	0.098	0.084	0.072	0.059
0.92	0.235	0.209	0.187	0.168	0.152	0.127	0.107	0.091	0.079	0.068	0.056
0.94	0.195	0.174	0.157	0.143	0.130	0.109	0.093	0.080	0.070	0.062	0.052
0.96	0.144	0.130	0.118	0.108	0.099	0.084	0.073	0.064	0.056	0.050	0.043
0.98	0.080	0.073	0.067	0.062	0.057	0.049	0.043	0.039	0.035	0.031	0.027
1.00	0.000	0.000	0.000	0.000	0.000	0.000	0.000	0.000	0.000	0.000	0.000

表 4-23　连续均布水平荷载（V_b/ε_5）$\times 10^{-2}$值表

ξ \ λ_1	1.00	1.20	1.40	1.60	1.80	2.00	2.20	2.40	2.60	2.80	3.00
0.00	11.354	9.891	8.544	7.346	6.302	5.405	4.641	3.991	3.442	2.976	2.582
0.02	11.356	9.893	8.548	7.350	6.306	5.409	4.645	3.996	3.446	2.981	2.586
0.04	11.362	9.901	8.557	7.360	6.318	5.422	4.657	4.009	3.459	2.994	2.599
0.06	11.371	9.913	8.571	7.377	6.336	5.441	4.677	4.029	3.480	3.015	2.620
0.08	11.382	9.928	8.590	7.398	6.359	5.466	4.704	4.057	3.508	3.043	2.648
0.10	11.394	9.945	8.612	7.424	6.388	5.497	4.737	4.090	3.542	3.077	2.682
0.12	11.407	9.965	8.637	7.453	6.421	5.533	4.774	4.129	3.582	3.117	2.722
0.14	11.420	9.985	8.663	7.486	6.458	5.573	4.816	4.173	3.626	3.162	2.767
0.16	11.431	10.005	8.691	7.520	6.497	5.616	4.862	4.221	3.675	3.211	2.816
0.18	11.441	10.025	8.720	7.555	6.538	5.662	4.911	4.272	3.727	3.264	2.869
0.20	11.448	10.043	8.748	7.592	6.581	5.709	4.962	4.325	3.783	3.320	2.925
0.22	11.452	10.059	8.775	7.628	6.624	5.758	5.015	4.381	3.840	3.378	2.983
0.24	11.451	10.072	8.800	7.662	6.667	5.807	5.069	4.438	3.899	3.438	3.044
0.26	11.446	10.082	8.822	7.696	6.709	5.856	5.123	4.495	3.959	3.500	3.106
0.28	11.435	10.086	8.841	7.726	6.749	5.904	5.176	4.553	4.019	3.562	3.168
0.30	11.417	10.086	8.855	7.754	6.787	5.950	5.229	4.610	4.079	3.623	3.231
0.32	11.391	10.079	8.865	7.777	6.822	5.993	5.279	4.665	4.138	3.685	3.294
0.34	11.358	10.065	8.868	7.796	6.853	6.034	5.327	4.719	4.195	3.745	3.355
0.36	11.315	10.043	8.865	7.808	6.878	6.070	5.371	4.769	4.250	3.803	3.415
0.38	11.262	10.013	8.855	7.815	6.899	6.102	5.412	4.816	4.303	3.858	3.473
0.40	11.199	9.973	8.836	7.814	6.913	6.128	5.448	4.860	4.351	3.911	3.528
0.42	11.124	9.923	8.808	7.805	6.920	6.148	5.478	4.898	4.395	3.960	3.580

（续）

ξ \ λ_1	1.00	1.20	1.40	1.60	1.80	2.00	2.20	2.40	2.60	2.80	3.00
0.44	11.037	9.862	8.771	7.788	6.920	6.161	5.502	4.931	4.435	4.004	3.628
0.46	10.937	9.789	8.722	7.761	6.910	6.166	5.519	4.957	4.469	4.043	3.672
0.48	10.823	9.703	8.662	7.723	6.892	6.163	5.529	4.977	4.496	4.077	3.710
0.50	10.694	9.604	8.590	7.674	6.863	6.151	5.530	4.989	4.517	4.104	3.743
0.52	10.549	9.490	8.504	7.613	6.822	6.128	5.521	4.992	4.529	4.124	3.769
0.54	10.387	9.361	8.404	7.539	6.770	6.094	5.503	4.986	4.534	4.137	3.787
0.56	10.208	9.216	8.290	7.451	6.705	6.049	5.474	4.970	4.528	4.140	3.798
0.58	10.011	9.053	8.159	7.348	6.627	5.991	5.432	4.943	4.513	4.135	3.800
0.60	9.794	8.873	8.011	7.230	6.534	5.919	5.379	4.904	4.487	4.118	3.792
0.62	9.558	8.673	7.846	7.095	6.425	5.832	5.311	4.853	4.448	4.091	3.775
0.64	9.300	8.454	7.662	6.942	6.300	5.731	5.229	4.787	4.397	4.052	3.745
0.66	9.021	8.214	7.459	6.771	6.157	5.612	5.132	4.708	4.333	4.000	3.704
0.68	8.719	7.953	7.235	6.581	5.996	5.477	5.018	4.612	4.253	3.934	3.650
0.70	8.393	7.668	6.989	6.370	5.815	5.322	4.886	4.500	4.158	3.854	3.582
0.72	8.042	7.361	6.721	6.138	5.614	5.149	4.736	4.371	4.046	3.757	3.498
0.74	7.666	7.028	6.429	5.883	5.392	4.955	4.567	4.223	3.917	3.643	3.398
0.76	7.263	6.670	6.113	5.604	5.147	4.739	4.376	4.055	3.768	3.511	3.281
0.78	6.833	6.286	5.771	5.301	4.878	4.500	4.164	3.865	3.599	3.360	3.146
0.80	6.375	5.874	5.403	4.972	4.584	4.237	3.929	3.654	3.408	3.188	2.990
0.82	5.887	5.433	5.007	4.616	4.264	3.949	3.669	3.419	3.195	2.994	2.813
0.84	5.368	4.963	4.582	4.232	3.917	3.635	3.383	3.159	2.958	2.777	2.614
0.86	4.818	4.462	4.126	3.819	3.541	3.293	3.071	2.873	2.695	2.535	2.390
0.88	4.236	3.929	3.640	3.375	3.136	2.921	2.730	2.558	2.405	2.266	2.141
0.90	3.620	3.363	3.122	2.900	2.699	2.520	2.359	2.215	2.086	1.969	1.864
0.92	2.969	2.763	2.569	2.391	2.230	2.086	1.957	1.841	1.737	1.643	1.558
0.94	2.283	2.128	1.982	1.848	1.727	1.618	1.521	1.434	1.355	1.285	1.220
0.96	1.560	1.457	1.359	1.270	1.189	1.116	1.051	0.993	0.940	0.893	0.850
0.98	0.799	0.748	0.699	0.654	0.614	0.577	0.545	0.515	0.489	0.465	0.444
1.00	0.000	0.000	0.000	0.000	0.000	0.000	0.000	0.000	0.000	0.000	0.000

ξ \ λ_1	3.20	3.40	3.60	3.80	4.00	4.20	4.40	4.60	4.80	5.00	5.20
0.00	2.247	1.962	1.719	1.511	1.333	1.179	1.047	0.932	0.833	0.746	0.670
0.02	2.251	1.966	1.723	1.515	1.337	1.183	1.051	0.936	0.836	0.750	0.674
0.04	2.264	1.979	1.736	1.527	1.349	1.195	1.062	0.947	0.847	0.760	0.684
0.06	2.285	1.999	1.755	1.547	1.368	1.213	1.080	0.964	0.864	0.776	0.700
0.08	2.312	2.026	1.782	1.573	1.393	1.238	1.104	0.987	0.886	0.798	0.721
0.10	2.346	2.060	1.815	1.605	1.424	1.268	1.133	1.016	0.914	0.824	0.746
0.12	2.386	2.098	1.853	1.642	1.460	1.303	1.167	1.049	0.945	0.855	0.776
0.14	2.430	2.142	1.895	1.683	1.501	1.342	1.205	1.086	0.981	0.890	0.809
0.16	2.479	2.190	1.942	1.729	1.545	1.386	1.247	1.126	1.020	0.927	0.845
0.18	2.531	2.242	1.993	1.779	1.593	1.432	1.292	1.170	1.062	0.968	0.885
0.20	2.587	2.297	2.047	1.831	1.645	1.482	1.340	1.216	1.107	1.011	0.926
0.22	2.645	2.354	2.104	1.887	1.698	1.534	1.391	1.265	1.154	1.056	0.970
0.24	2.705	2.414	2.162	1.944	1.754	1.588	1.443	1.315	1.203	1.103	1.015
0.26	2.767	2.475	2.222	2.003	1.811	1.644	1.497	1.368	1.253	1.152	1.061
0.28	2.830	2.537	2.284	2.063	1.870	1.701	1.552	1.421	1.305	1.201	1.109

（续）

λ_1 / ξ	3.20	3.40	3.60	3.80	4.00	4.20	4.40	4.60	4.80	5.00	5.20
0.30	2.893	2.600	2.346	2.124	1.929	1.759	1.608	1.475	1.357	1.252	1.157
0.32	2.956	2.663	2.408	2.185	1.989	1.817	1.665	1.530	1.410	1.302	1.206
0.34	3.018	2.725	2.469	2.245	2.049	1.875	1.721	1.584	1.463	1.353	1.256
0.36	3.079	2.786	2.530	2.306	2.108	1.933	1.777	1.639	1.515	1.405	1.305
0.38	3.138	2.846	2.590	2.365	2.166	1.990	1.833	1.693	1.568	1.455	1.354
0.40	3.195	2.904	2.648	2.422	2.223	2.046	1.888	1.746	1.619	1.505	1.402
0.42	3.249	2.959	2.704	2.478	2.278	2.100	1.941	1.798	1.670	1.554	1.450
0.44	3.300	3.011	2.757	2.531	2.331	2.152	1.992	1.849	1.719	1.602	1.496
0.46	3.346	3.059	2.806	2.581	2.381	2.202	2.042	1.897	1.766	1.648	1.541
0.48	3.388	3.104	2.852	2.628	2.428	2.249	2.088	1.943	1.812	1.693	1.584
0.50	3.424	3.143	2.893	2.671	2.471	2.293	2.132	1.986	1.855	1.735	1.625
0.52	3.455	3.177	2.929	2.709	2.511	2.333	2.172	2.027	1.894	1.774	1.664
0.54	3.478	3.204	2.960	2.741	2.545	2.368	2.208	2.063	1.931	1.810	1.700
0.56	3.495	3.225	2.984	2.769	2.574	2.399	2.240	2.095	1.964	1.843	1.733
0.58	3.503	3.239	3.002	2.789	2.597	2.424	2.266	2.123	1.992	1.872	1.762
0.60	3.503	3.244	3.012	2.803	2.614	2.443	2.287	2.145	2.016	1.896	1.787
0.62	3.492	3.240	3.013	2.809	2.623	2.455	2.302	2.162	2.034	1.916	1.807
0.64	3.472	3.226	3.005	2.806	2.625	2.460	2.310	2.172	2.046	1.929	1.822
0.66	3.440	3.202	2.988	2.794	2.617	2.457	2.310	2.175	2.051	1.937	1.831
0.68	3.395	3.166	2.959	2.771	2.600	2.444	2.301	2.170	2.049	1.937	1.834
0.70	3.337	3.117	2.918	2.737	2.573	2.422	2.283	2.156	2.038	1.930	1.829
0.72	3.265	3.055	2.865	2.692	2.533	2.388	2.255	2.132	2.019	1.913	1.816
0.74	3.178	2.979	2.798	2.633	2.482	2.343	2.215	2.098	1.989	1.888	1.794
0.76	3.074	2.886	2.715	2.559	2.416	2.285	2.163	2.051	1.947	1.851	1.761
0.78	2.952	2.776	2.616	2.470	2.336	2.212	2.098	1.992	1.894	1.802	1.717
0.80	2.811	2.648	2.500	2.364	2.239	2.124	2.017	1.918	1.826	1.741	1.661
0.82	2.650	2.500	2.364	2.239	2.124	2.018	1.920	1.829	1.744	1.664	1.590
0.84	2.466	2.331	2.208	2.095	1.991	1.894	1.805	1.722	1.644	1.572	1.504
0.86	2.259	2.140	2.030	1.929	1.836	1.750	1.670	1.596	1.526	1.462	1.401
0.88	2.027	1.923	1.828	1.740	1.659	1.584	1.514	1.449	1.388	1.331	1.278
0.90	1.768	1.680	1.600	1.526	1.457	1.394	1.335	1.279	1.228	1.179	1.134
0.92	1.480	1.409	1.344	1.284	1.229	1.177	1.129	1.084	1.042	1.003	0.966
0.94	1.162	1.108	1.059	1.014	0.971	0.932	0.896	0.862	0.830	0.800	0.772
0.96	0.810	0.774	0.741	0.711	0.683	0.656	0.632	0.609	0.587	0.567	0.548
0.98	0.424	0.406	0.389	0.374	0.360	0.347	0.334	0.323	0.312	0.302	0.292
1.00	0.000	0.000	0.000	0.000	0.000	0.000	0.000	0.000	0.000	0.000	0.000

λ_1 / ξ	5.50	6.00	6.50	7.00	7.50	8.00	8.50	9.00	9.50	10.00	10.50
0.00	0.574	0.449	0.357	0.288	0.235	0.194	0.162	0.137	0.116	0.100	0.086
0.02	0.577	0.452	0.360	0.291	0.238	0.197	0.164	0.139	0.118	0.102	0.088
0.04	0.587	0.461	0.368	0.298	0.245	0.203	0.171	0.145	0.124	0.107	0.093
0.06	0.602	0.475	0.381	0.310	0.256	0.213	0.180	0.154	0.132	0.115	0.100
0.08	0.622	0.493	0.398	0.325	0.270	0.227	0.193	0.165	0.143	0.125	0.110
0.10	0.646	0.516	0.418	0.344	0.287	0.243	0.207	0.179	0.156	0.137	0.121
0.12	0.674	0.541	0.442	0.366	0.307	0.261	0.224	0.194	0.170	0.150	0.133
0.14	0.706	0.570	0.468	0.389	0.329	0.281	0.242	0.211	0.186	0.164	0.147
0.16	0.740	0.601	0.496	0.415	0.352	0.302	0.262	0.229	0.202	0.180	0.161
0.18	0.777	0.635	0.526	0.443	0.377	0.325	0.283	0.249	0.220	0.196	0.176

（续）

λ_1 / ξ	5.50	6.00	6.50	7.00	7.50	8.00	8.50	9.00	9.50	10.00	10.50
0.20	0.816	0.670	0.559	0.472	0.404	0.349	0.305	0.269	0.238	0.213	0.192
0.22	0.857	0.707	0.592	0.502	0.431	0.374	0.328	0.289	0.258	0.231	0.208
0.24	0.900	0.746	0.627	0.534	0.460	0.400	0.351	0.311	0.277	0.249	0.224
0.26	0.944	0.785	0.663	0.566	0.489	0.426	0.375	0.333	0.297	0.267	0.241
0.28	0.989	0.826	0.699	0.599	0.519	0.453	0.400	0.355	0.317	0.285	0.258
0.30	1.034	0.867	0.736	0.633	0.549	0.481	0.424	0.377	0.338	0.304	0.275
0.32	1.080	0.909	0.774	0.666	0.579	0.508	0.449	0.400	0.358	0.323	0.293
0.34	1.127	0.951	0.812	0.701	0.610	0.536	0.475	0.423	0.379	0.342	0.310
0.36	1.173	0.993	0.850	0.735	0.641	0.564	0.500	0.446	0.400	0.361	0.327
0.38	1.220	1.035	0.888	0.769	0.672	0.592	0.525	0.469	0.421	0.380	0.345
0.40	1.265	1.077	0.926	0.803	0.703	0.620	0.551	0.492	0.442	0.399	0.362
0.42	1.311	1.118	0.963	0.837	0.734	0.648	0.576	0.515	0.463	0.418	0.380
0.44	1.355	1.158	1.000	0.871	0.764	0.676	0.601	0.538	0.484	0.438	0.397
0.46	1.398	1.198	1.036	0.904	0.794	0.703	0.626	0.561	0.505	0.456	0.415
0.48	1.439	1.236	1.071	0.936	0.824	0.730	0.650	0.583	0.525	0.475	0.432
0.50	1.479	1.273	1.106	0.968	0.853	0.756	0.675	0.605	0.545	0.494	0.449
0.52	1.517	1.309	1.139	0.998	0.881	0.782	0.698	0.627	0.565	0.512	0.466
0.54	1.552	1.342	1.170	1.027	0.908	0.807	0.721	0.648	0.585	0.530	0.483
0.56	1.584	1.373	1.199	1.055	0.934	0.831	0.744	0.669	0.604	0.548	0.499
0.58	1.613	1.402	1.227	1.081	0.958	0.854	0.765	0.689	0.623	0.565	0.515
0.60	1.639	1.427	1.252	1.105	0.981	0.875	0.785	0.708	0.640	0.582	0.531
0.62	1.660	1.449	1.274	1.126	1.002	0.895	0.804	0.726	0.657	0.598	0.546
0.64	1.676	1.467	1.292	1.145	1.020	0.913	0.822	0.742	0.673	0.613	0.560
0.66	1.688	1.481	1.307	1.161	1.036	0.929	0.837	0.757	0.688	0.627	0.573
0.68	1.693	1.489	1.318	1.173	1.049	0.943	0.851	0.771	0.701	0.639	0.585
0.70	1.691	1.492	1.324	1.181	1.058	0.953	0.861	0.781	0.712	0.650	0.596
0.72	1.682	1.488	1.324	1.184	1.063	0.959	0.869	0.790	0.720	0.659	0.605
0.74	1.665	1.477	1.318	1.181	1.064	0.962	0.873	0.795	0.726	0.666	0.612
0.76	1.638	1.457	1.304	1.172	1.058	0.959	0.872	0.796	0.729	0.669	0.616
0.78	1.600	1.429	1.282	1.155	1.046	0.950	0.866	0.793	0.727	0.669	0.617
0.80	1.551	1.389	1.250	1.130	1.026	0.935	0.855	0.784	0.721	0.665	0.615
0.82	1.488	1.337	1.208	1.095	0.997	0.911	0.835	0.768	0.708	0.655	0.607
0.84	1.410	1.272	1.153	1.049	0.958	0.878	0.808	0.745	0.688	0.638	0.593
0.86	1.316	1.192	1.084	0.990	0.907	0.834	0.769	0.712	0.660	0.613	0.572
0.88	1.204	1.094	0.999	0.915	0.842	0.777	0.719	0.667	0.621	0.579	0.541
0.90	1.071	0.977	0.895	0.824	0.760	0.704	0.654	0.609	0.569	0.532	0.499
0.92	0.914	0.838	0.771	0.712	0.660	0.614	0.572	0.535	0.501	0.471	0.443
0.94	0.732	0.674	0.623	0.578	0.538	0.502	0.470	0.441	0.415	0.391	0.370
0.96	0.522	0.482	0.448	0.417	0.390	0.365	0.344	0.324	0.306	0.290	0.275
0.98	0.279	0.259	0.241	0.226	0.212	0.200	0.189	0.179	0.170	0.161	0.154
1.00	0.000	0.000	0.000	0.000	0.000	0.000	0.000	0.000	0.000	0.000	0.000

λ_1 / ξ	11.00	12.00	13.00	14.00	15.00	17.00	19.00	21.00	23.00	25.00	28.00
0.00	0.075	0.058	0.046	0.036	0.030	0.020	0.015	0.011	0.008	0.006	0.005
0.02	0.077	0.059	0.047	0.038	0.031	0.021	0.016	0.012	0.009	0.007	0.005
0.04	0.081	0.064	0.051	0.041	0.034	0.024	0.018	0.014	0.011	0.009	0.007
0.06	0.088	0.070	0.056	0.046	0.039	0.028	0.021	0.017	0.013	0.011	0.009
0.08	0.097	0.078	0.063	0.053	0.044	0.033	0.025	0.020	0.016	0.014	0.011

（续）

ξ \ λ_1	11.00	12.00	13.00	14.00	15.00	17.00	19.00	21.00	23.00	25.00	28.00
0.10	0.108	0.087	0.072	0.060	0.051	0.038	0.030	0.024	0.020	0.017	0.013
0.12	0.119	0.097	0.081	0.068	0.058	0.044	0.035	0.028	0.023	0.020	0.015
0.14	0.132	0.108	0.090	0.077	0.066	0.050	0.040	0.032	0.027	0.023	0.018
0.16	0.145	0.120	0.100	0.086	0.074	0.057	0.045	0.037	0.030	0.026	0.020
0.18	0.159	0.132	0.111	0.095	0.082	0.063	0.050	0.041	0.034	0.029	0.023
0.20	0.173	0.144	0.122	0.104	0.090	0.070	0.056	0.046	0.038	0.032	0.026
0.22	0.188	0.157	0.133	0.114	0.099	0.077	0.061	0.050	0.042	0.035	0.028
0.24	0.204	0.170	0.144	0.124	0.107	0.083	0.067	0.054	0.045	0.038	0.031
0.26	0.219	0.183	0.155	0.134	0.116	0.090	0.072	0.059	0.049	0.042	0.033
0.28	0.235	0.196	0.167	0.144	0.125	0.097	0.078	0.064	0.053	0.045	0.036
0.30	0.250	0.210	0.178	0.154	0.134	0.104	0.083	0.068	0.057	0.048	0.038
0.32	0.266	0.223	0.190	0.164	0.142	0.111	0.089	0.073	0.060	0.051	0.041
0.34	0.282	0.237	0.202	0.174	0.151	0.118	0.094	0.077	0.064	0.054	0.043
0.36	0.298	0.250	0.213	0.184	0.160	0.125	0.100	0.082	0.068	0.058	0.046
0.38	0.314	0.264	0.225	0.194	0.169	0.132	0.105	0.086	0.072	0.061	0.048
0.40	0.330	0.278	0.237	0.204	0.178	0.138	0.111	0.091	0.076	0.064	0.051
0.42	0.346	0.291	0.248	0.214	0.187	0.145	0.116	0.095	0.079	0.067	0.054
0.44	0.362	0.305	0.260	0.224	0.195	0.152	0.122	0.100	0.083	0.070	0.056
0.46	0.378	0.319	0.272	0.234	0.204	0.159	0.127	0.104	0.087	0.074	0.059
0.48	0.394	0.332	0.283	0.245	0.213	0.166	0.133	0.109	0.091	0.077	0.061
0.50	0.410	0.346	0.295	0.255	0.222	0.173	0.138	0.113	0.095	0.080	0.064
0.52	0.426	0.359	0.307	0.265	0.231	0.180	0.144	0.118	0.098	0.083	0.066
0.54	0.441	0.372	0.318	0.275	0.240	0.187	0.150	0.122	0.102	0.086	0.069
0.56	0.456	0.385	0.329	0.285	0.248	0.194	0.155	0.127	0.106	0.090	0.071
0.58	0.471	0.398	0.341	0.295	0.257	0.200	0.161	0.131	0.110	0.093	0.074
0.60	0.486	0.411	0.352	0.304	0.266	0.207	0.166	0.136	0.113	0.096	0.077
0.62	0.500	0.423	0.363	0.314	0.274	0.214	0.172	0.141	0.117	0.099	0.079
0.64	0.513	0.435	0.373	0.323	0.282	0.221	0.177	0.145	0.121	0.102	0.082
0.66	0.526	0.447	0.383	0.332	0.291	0.227	0.182	0.149	0.125	0.106	0.084
0.68	0.538	0.457	0.393	0.341	0.299	0.234	0.188	0.154	0.128	0.109	0.087
0.70	0.548	0.467	0.402	0.349	0.306	0.240	0.193	0.158	0.132	0.112	0.089
0.72	0.557	0.476	0.411	0.357	0.313	0.246	0.198	0.163	0.136	0.115	0.092
0.74	0.564	0.483	0.418	0.364	0.320	0.252	0.203	0.167	0.139	0.118	0.094
0.76	0.569	0.489	0.424	0.370	0.326	0.257	0.208	0.171	0.143	0.121	0.097
0.78	0.571	0.492	0.428	0.375	0.330	0.262	0.212	0.175	0.146	0.124	0.099
0.80	0.570	0.493	0.429	0.377	0.333	0.265	0.215	0.178	0.149	0.127	0.102
0.82	0.564	0.489	0.428	0.377	0.335	0.268	0.218	0.181	0.152	0.129	0.104
0.84	0.552	0.482	0.423	0.374	0.333	0.268	0.219	0.183	0.154	0.131	0.106
0.86	0.534	0.468	0.413	0.367	0.328	0.266	0.219	0.183	0.155	0.133	0.107
0.88	0.507	0.447	0.396	0.354	0.318	0.260	0.215	0.181	0.154	0.133	0.108
0.90	0.469	0.416	0.371	0.333	0.301	0.248	0.208	0.176	0.151	0.131	0.107
0.92	0.418	0.373	0.335	0.303	0.275	0.230	0.194	0.166	0.144	0.126	0.104
0.94	0.350	0.315	0.285	0.259	0.237	0.200	0.172	0.149	0.130	0.115	0.096
0.96	0.261	0.237	0.216	0.198	0.183	0.157	0.136	0.120	0.106	0.095	0.081
0.98	0.147	0.134	0.124	0.114	0.106	0.093	0.082	0.073	0.066	0.060	0.052
1.00	0.000	0.000	0.000	0.000	0.000	0.000	0.000	0.000	0.000	0.000	0.000

表 4-24 顶部集中水平荷载（V_b/ε_6）$\times 10^{-2}$值表

ξ \ λ_1	1.00	1.20	1.40	1.60	1.80	2.00	2.20	2.40	2.60	2.80	3.00
0.00	35.195	31.091	27.300	23.907	20.932	18.355	16.138	14.237	12.608	11.210	10.007
0.02	35.182	31.080	27.291	23.899	20.926	18.350	16.134	14.233	12.605	11.207	10.005
0.04	35.143	31.047	27.263	23.876	20.906	18.334	16.121	14.222	12.596	11.200	10.000
0.06	35.078	30.992	27.216	23.837	20.874	18.307	16.099	14.204	12.581	11.188	9.990
0.08	34.987	30.914	27.151	23.783	20.829	18.270	16.068	14.179	12.560	11.171	9.976
0.10	34.870	30.815	27.067	23.713	20.771	18.222	16.028	14.146	12.533	11.149	9.957
0.12	34.727	30.693	26.964	23.627	20.699	18.163	15.980	14.106	12.500	11.121	9.935
0.14	34.558	30.549	26.843	23.525	20.615	18.093	15.922	14.059	12.461	11.089	9.909
0.16	34.363	30.382	26.702	23.408	20.517	18.012	15.855	14.004	12.416	11.052	9.878
0.18	34.142	30.193	26.543	23.274	20.406	17.920	15.779	13.941	12.364	11.009	9.843
0.20	33.894	29.981	26.364	23.125	20.281	17.816	15.693	13.870	12.305	10.961	9.803
0.22	33.620	29.747	26.166	22.958	20.143	17.701	15.598	13.791	12.240	10.907	9.758
0.24	33.319	29.490	25.948	22.776	19.991	17.575	15.493	13.704	12.168	10.847	9.709
0.26	32.992	29.209	25.711	22.577	19.824	17.436	15.378	13.609	12.089	10.782	9.654
0.28	32.638	28.906	25.454	22.361	19.644	17.285	15.252	13.505	12.002	10.710	9.595
0.30	32.256	28.579	25.177	22.127	19.448	17.123	15.117	13.392	11.908	10.631	9.529
0.32	31.848	28.229	24.879	21.877	19.238	16.947	14.970	13.269	11.806	10.547	9.459
0.34	31.413	27.854	24.562	21.609	19.013	16.758	14.813	13.138	11.697	10.455	9.382
0.36	30.950	27.456	24.223	21.323	18.773	16.557	14.644	12.996	11.578	10.356	9.299
0.38	30.459	27.034	23.863	21.019	18.517	16.342	14.463	12.845	11.451	10.249	9.209
0.40	29.941	26.587	23.482	20.696	18.244	16.113	14.271	12.683	11.315	10.134	9.113
0.42	29.394	26.116	23.080	20.354	17.956	15.869	14.066	12.511	11.170	10.012	9.009
0.44	28.820	25.620	22.655	19.994	17.651	15.612	13.848	12.327	11.015	9.881	8.898
0.46	28.216	25.098	22.209	19.614	17.328	15.339	13.617	12.132	10.849	9.740	8.779
0.48	27.585	24.551	21.739	19.214	16.988	15.050	13.373	11.924	10.673	9.590	8.651
0.50	26.924	23.978	21.247	18.793	16.630	14.746	13.114	11.704	10.486	9.431	8.515
0.52	26.234	23.379	20.732	18.352	16.254	14.425	12.841	11.471	10.287	9.261	8.369
0.54	25.514	22.753	20.192	17.890	15.859	14.088	12.553	11.225	10.076	9.080	8.214
0.56	24.765	22.101	19.629	17.406	15.444	13.733	12.249	10.964	9.852	8.887	8.047
0.58	23.985	21.421	19.041	16.899	15.009	13.360	11.928	10.689	9.615	8.682	7.870
0.60	23.175	20.713	18.428	16.370	14.554	12.968	11.591	10.398	9.363	8.465	7.682
0.62	22.335	19.978	17.789	15.818	14.078	12.557	11.236	10.091	9.097	8.234	7.480
0.64	21.463	19.213	17.124	15.242	13.580	12.126	10.863	9.767	8.816	7.989	7.266
0.66	20.560	18.420	16.433	14.642	13.059	11.675	10.471	9.426	8.519	7.728	7.038
0.68	19.625	17.598	15.714	14.017	12.515	11.202	10.059	9.067	8.204	7.453	6.796
0.70	18.658	16.746	14.968	13.366	11.948	10.707	9.627	8.688	7.872	7.160	6.537
0.72	17.659	15.863	14.194	12.688	11.356	10.189	9.173	8.290	7.521	6.850	6.263
0.74	16.626	14.949	13.390	11.984	10.739	9.648	8.698	7.871	7.150	6.521	5.970
0.76	15.560	14.005	12.557	11.252	10.095	9.082	8.198	7.429	6.759	6.173	5.660
0.78	14.461	13.028	11.694	10.491	9.425	8.491	7.675	6.965	6.346	5.804	5.329
0.80	13.327	12.018	10.801	9.701	8.727	7.873	7.127	6.477	5.910	5.414	4.978
0.82	12.158	10.976	9.875	8.881	8.000	7.227	6.552	5.964	5.450	5.000	4.605
0.84	10.955	9.900	8.918	8.031	7.244	6.554	5.950	5.424	4.965	4.562	4.208
0.86	9.716	8.789	7.927	7.148	6.457	5.850	5.320	4.857	4.453	4.099	3.787
0.88	8.440	7.644	6.903	6.233	5.638	5.116	4.660	4.262	3.913	3.608	3.339
0.90	7.128	6.463	5.844	5.284	4.787	4.351	3.969	3.636	3.344	3.088	2.863
0.92	5.779	5.246	4.749	4.300	3.902	3.552	3.246	2.978	2.744	2.539	2.357
0.94	4.392	3.992	3.619	3.281	2.982	2.719	2.489	2.287	2.111	1.957	1.820
0.96	2.967	2.700	2.451	2.226	2.026	1.850	1.696	1.562	1.444	1.341	1.250
0.98	1.503	1.370	1.245	1.132	1.032	0.944	0.867	0.800	0.741	0.689	0.644
1.00	0.000	0.000	0.000	0.000	0.000	0.000	0.000	0.000	0.000	0.000	0.000

（续）

ξ \ λ_1	3.20	3.40	3.60	3.80	4.00	4.20	4.40	4.60	4.80	5.00	5.20
0.00	8.971	8.074	7.295	6.616	6.021	5.499	5.038	4.631	4.269	3.946	3.657
0.02	8.969	8.072	7.294	6.615	6.020	5.498	5.038	4.630	4.269	3.946	3.657
0.04	8.964	8.068	7.290	6.612	6.018	5.497	5.037	4.629	4.268	3.945	3.657
0.06	8.956	8.062	7.285	6.607	6.015	5.494	5.034	4.627	4.266	3.944	3.655
0.08	8.945	8.052	7.277	6.601	6.009	5.489	5.031	4.624	4.264	3.942	3.654
0.10	8.930	8.040	7.267	6.593	6.003	5.484	5.026	4.621	4.260	3.939	3.652
0.12	8.911	8.025	7.255	6.583	5.994	5.477	5.020	4.616	4.257	3.936	3.649
0.14	8.890	8.007	7.240	6.571	5.984	5.469	5.014	4.611	4.252	3.932	3.646
0.16	8.864	7.986	7.223	6.556	5.973	5.459	5.006	4.604	4.247	3.928	3.642
0.18	8.835	7.962	7.203	6.540	5.959	5.448	4.997	4.596	4.240	3.923	3.638
0.20	8.802	7.935	7.181	6.522	5.944	5.435	4.986	4.588	4.233	3.917	3.633
0.22	8.766	7.905	7.155	6.501	5.927	5.421	4.974	4.578	4.225	3.910	3.628
0.24	8.725	7.871	7.127	6.478	5.907	5.405	4.961	4.567	4.216	3.902	3.621
0.26	8.679	7.833	7.096	6.452	5.886	5.387	4.946	4.554	4.206	3.894	3.614
0.28	8.630	7.792	7.062	6.423	5.862	5.367	4.929	4.541	4.194	3.884	3.606
0.30	8.576	7.747	7.024	6.392	5.836	5.345	4.911	4.525	4.181	3.873	3.597
0.32	8.516	7.697	6.983	6.357	5.807	5.321	4.891	4.508	4.167	3.861	3.587
0.34	8.452	7.644	6.938	6.319	5.775	5.294	4.868	4.489	4.151	3.848	3.575
0.36	8.382	7.585	6.888	6.278	5.740	5.265	4.843	4.468	4.133	3.833	3.562
0.38	8.307	7.522	6.835	6.232	5.702	5.232	4.816	4.445	4.113	3.816	3.548
0.40	8.226	7.453	6.777	6.183	5.660	5.197	4.786	4.419	4.091	3.797	3.532
0.42	8.138	7.379	6.714	6.130	5.615	5.158	4.753	4.391	4.067	3.777	3.515
0.44	8.044	7.299	6.646	6.072	5.565	5.116	4.717	4.360	4.041	3.754	3.495
0.46	7.943	7.212	6.572	6.009	5.511	5.070	4.677	4.326	4.011	3.728	3.473
0.48	7.834	7.119	6.493	5.941	5.453	5.019	4.634	4.289	3.979	3.700	3.449
0.50	7.717	7.019	6.407	5.867	5.389	4.964	4.586	4.247	3.943	3.669	3.422
0.52	7.592	6.912	6.314	5.787	5.320	4.905	4.534	4.202	3.904	3.635	3.392
0.54	7.458	6.796	6.214	5.700	5.245	4.839	4.477	4.152	3.861	3.597	3.359
0.56	7.314	6.672	6.106	5.606	5.163	4.768	4.415	4.098	3.813	3.555	3.322
0.58	7.161	6.538	5.990	5.505	5.074	4.690	4.347	4.038	3.760	3.509	3.281
0.60	6.997	6.395	5.865	5.396	4.978	4.606	4.272	3.972	3.702	3.457	3.235
0.62	6.821	6.242	5.730	5.277	4.874	4.514	4.191	3.900	3.638	3.401	3.185
0.64	6.634	6.077	5.585	5.149	4.761	4.414	4.102	3.821	3.568	3.338	3.129
0.66	6.433	5.900	5.429	5.011	4.638	4.305	4.005	3.735	3.490	3.268	3.066
0.68	6.219	5.711	5.261	4.862	4.505	4.186	3.899	3.639	3.405	3.192	2.997
0.70	5.990	5.508	5.081	4.701	4.361	4.057	3.783	3.535	3.311	3.107	2.921
0.72	5.746	5.290	4.886	4.527	4.205	3.916	3.656	3.421	3.207	3.013	2.835
0.74	5.486	5.057	4.677	4.339	4.036	3.763	3.518	3.295	3.093	2.909	2.741
0.76	5.208	4.808	4.453	4.136	3.852	3.597	3.367	3.158	2.968	2.795	2.636
0.78	4.911	4.540	4.211	3.917	3.653	3.416	3.202	3.007	2.830	2.668	2.520
0.80	4.594	4.254	3.951	3.681	3.438	3.219	3.021	2.842	2.678	2.528	2.391
0.82	4.256	3.947	3.672	3.426	3.205	3.005	2.824	2.660	2.510	2.373	2.248
0.84	3.896	3.619	3.372	3.150	2.952	2.772	2.609	2.461	2.326	2.203	2.089
0.86	3.511	3.267	3.049	2.853	2.677	2.519	2.374	2.243	2.123	2.013	1.912
0.88	3.101	2.890	2.702	2.533	2.381	2.243	2.118	2.004	1.900	1.805	1.717
0.90	2.664	2.487	2.329	2.187	2.059	1.943	1.838	1.742	1.654	1.574	1.499
0.92	2.197	2.055	1.927	1.813	1.710	1.617	1.532	1.455	1.384	1.319	1.258
0.94	1.700	1.592	1.496	1.410	1.333	1.262	1.198	1.140	1.086	1.037	0.991
0.96	1.169	1.097	1.033	0.975	0.923	0.876	0.833	0.794	0.758	0.725	0.694
0.98	0.603	0.567	0.535	0.506	0.480	0.457	0.435	0.415	0.397	0.381	0.365
1.00	0.000	0.000	0.000	0.000	0.000	0.000	0.000	0.000	0.000	0.000	0.000

（续）

ξ \ λ_1	5.50	6.00	6.50	7.00	7.50	8.00	8.50	9.00	9.50	10.00	10.50
0.00	3.279	2.764	2.360	2.037	1.776	1.561	1.384	1.234	1.108	1.000	0.907
0.02	3.279	2.764	2.360	2.037	1.776	1.561	1.384	1.234	1.108	1.000	0.907
0.04	3.278	2.764	2.360	2.037	1.776	1.561	1.383	1.234	1.108	1.000	0.907
0.06	3.277	2.763	2.359	2.037	1.776	1.561	1.383	1.234	1.108	1.000	0.907
0.08	3.276	2.762	2.359	2.036	1.775	1.561	1.383	1.234	1.108	1.000	0.907
0.10	3.275	2.761	2.358	2.036	1.775	1.561	1.383	1.234	1.108	1.000	0.907
0.12	3.273	2.760	2.357	2.036	1.775	1.561	1.383	1.234	1.108	1.000	0.907
0.14	3.270	2.759	2.357	2.035	1.775	1.561	1.383	1.234	1.108	1.000	0.907
0.16	3.268	2.757	2.356	2.035	1.774	1.560	1.383	1.234	1.108	1.000	0.907
0.18	3.264	2.755	2.354	2.034	1.774	1.560	1.383	1.234	1.108	1.000	0.907
0.20	3.261	2.753	2.353	2.033	1.773	1.560	1.382	1.234	1.107	1.000	0.907
0.22	3.256	2.750	2.351	2.032	1.772	1.559	1.382	1.233	1.107	1.000	0.907
0.24	3.252	2.747	2.349	2.030	1.772	1.559	1.382	1.233	1.107	0.999	0.907
0.26	3.246	2.744	2.347	2.029	1.771	1.558	1.381	1.233	1.107	0.999	0.907
0.28	3.240	2.740	2.344	2.027	1.770	1.558	1.381	1.233	1.107	0.999	0.907
0.30	3.233	2.735	2.341	2.025	1.768	1.557	1.380	1.232	1.107	0.999	0.906
0.32	3.225	2.730	2.338	2.023	1.767	1.556	1.380	1.232	1.106	0.999	0.906
0.34	3.216	2.724	2.334	2.021	1.765	1.555	1.379	1.231	1.106	0.999	0.906
0.36	3.206	2.717	2.330	2.018	1.763	1.553	1.378	1.231	1.105	0.998	0.906
0.38	3.195	2.710	2.324	2.014	1.761	1.552	1.377	1.230	1.105	0.998	0.906
0.40	3.182	2.701	2.319	2.010	1.758	1.550	1.376	1.229	1.104	0.998	0.905
0.42	3.168	2.692	2.312	2.006	1.755	1.547	1.374	1.228	1.104	0.997	0.905
0.44	3.153	2.681	2.305	2.000	1.751	1.545	1.372	1.227	1.103	0.996	0.904
0.46	3.135	2.669	2.296	1.994	1.747	1.542	1.370	1.225	1.101	0.995	0.904
0.48	3.116	2.655	2.286	1.987	1.742	1.538	1.367	1.223	1.100	0.994	0.903
0.50	3.094	2.639	2.275	1.979	1.736	1.534	1.364	1.221	1.098	0.993	0.902
0.52	3.069	2.622	2.262	1.970	1.729	1.529	1.361	1.218	1.096	0.992	0.901
0.54	3.042	2.602	2.248	1.959	1.721	1.523	1.356	1.215	1.094	0.990	0.900
0.56	3.011	2.579	2.231	1.947	1.712	1.516	1.351	1.211	1.091	0.988	0.898
0.58	2.977	2.554	2.212	1.933	1.702	1.508	1.345	1.206	1.088	0.985	0.896
0.60	2.939	2.526	2.191	1.917	1.689	1.499	1.338	1.201	1.083	0.982	0.893
0.62	2.896	2.493	2.167	1.898	1.675	1.488	1.329	1.194	1.078	0.978	0.890
0.64	2.849	2.457	2.139	1.877	1.658	1.475	1.319	1.186	1.072	0.973	0.886
0.66	2.796	2.416	2.107	1.852	1.639	1.460	1.307	1.177	1.064	0.967	0.881
0.68	2.737	2.370	2.071	1.824	1.616	1.442	1.293	1.165	1.055	0.959	0.876
0.70	2.671	2.319	2.030	1.791	1.590	1.421	1.276	1.152	1.044	0.950	0.868
0.72	2.597	2.260	1.983	1.753	1.560	1.396	1.256	1.135	1.031	9.939	0.859
0.74	2.514	2.194	1.930	1.710	1.525	1.367	1.232	1.116	1.014	0.926	0.848
0.76	2.423	2.120	1.869	1.660	1.484	1.333	1.204	1.092	0.995	0.909	0.834
0.78	2.320	2.036	1.800	1.603	1.436	1.294	1.171	1.064	0.971	0.889	0.817
0.80	2.205	1.941	1.722	1.538	1.381	1.247	1.131	1.030	9.942	0.865	0.796
0.82	2.077	1.834	1.632	1.462	1.317	1.192	1.084	0.990	0.908	0.835	0.770
0.84	1.934	1.714	1.530	1.375	1.242	1.128	1.029	0.942	0.866	0.798	0.738
0.86	1.775	1.579	1.414	1.275	1.156	1.053	0.963	0.884	0.815	0.753	0.698
0.88	1.597	1.426	1.282	1.160	1.055	0.964	0.885	0.815	0.754	0.699	0.650
0.90	1.398	1.253	1.131	1.027	0.938	0.860	0.793	0.733	0.680	0.632	0.590
0.92	1.177	1.059	0.960	0.875	0.802	0.739	0.683	0.634	0.590	0.551	0.515
0.94	0.929	0.840	0.764	0.700	0.644	0.596	0.553	0.515	0.481	0.451	0.424
0.96	0.653	0.593	0.542	0.498	0.461	0.428	0.399	0.373	0.350	0.330	0.311
0.98	0.344	0.314	0.289	0.267	0.248	0.231	0.216	0.203	0.192	0.181	0.172
1.00	0.000	0.000	0.000	0.000	0.000	0.000	0.000	0.000	0.000	0.000	0.000

（续）

ξ \ λ_1	11.00	12.00	13.00	14.00	15.00	17.00	19.00	21.00	23.00	25.00	28.00
0.00	0.826	0.694	0.592	0.510	0.444	0.346	0.277	0.227	0.189	0.160	0.128
0.02	0.826	0.694	0.592	0.510	0.444	0.346	0.277	0.227	0.189	0.160	0.128
0.04	0.826	0.694	0.592	0.510	0.444	0.346	0.277	0.227	0.189	0.160	0.128
0.06	0.826	0.694	0.592	0.510	0.444	0.346	0.277	0.227	0.189	0.160	0.128
0.08	0.826	0.694	0.592	0.510	0.444	0.346	0.277	0.227	0.189	0.160	0.128
0.10	0.826	0.694	0.592	0.510	0.444	0.346	0.277	0.227	0.189	0.160	0.128
0.12	0.826	0.694	0.592	0.510	0.444	0.346	0.277	0.227	0.189	0.160	0.128
0.14	0.826	0.694	0.592	0.510	0.444	0.346	0.277	0.227	0.189	0.160	0.128
0.16	0.826	0.694	0.592	0.510	0.444	0.346	0.277	0.227	0.189	0.160	0.128
0.18	0.826	0.694	0.592	0.510	0.444	0.346	0.277	0.227	0.189	0.160	0.128
0.20	0.826	0.694	0.592	0.510	0.444	0.346	0.277	0.227	0.189	0.160	0.128
0.22	0.826	0.694	0.592	0.510	0.444	0.346	0.277	0.227	0.189	0.160	0.128
0.24	0.826	0.694	0.592	0.510	0.444	0.346	0.277	0.227	0.189	0.160	0.128
0.26	0.826	0.694	0.592	0.510	0.444	0.346	0.277	0.227	0.189	0.160	0.128
0.28	0.826	0.694	0.592	0.510	0.444	0.346	0.277	0.227	0.189	0.160	0.128
0.30	0.826	0.694	0.592	0.510	0.444	0.346	0.277	0.227	0.189	0.160	0.128
0.32	0.826	0.694	0.592	0.510	0.444	0.346	0.277	0.227	0.189	0.160	0.128
0.34	0.826	0.694	0.592	0.510	0.444	0.346	0.277	0.227	0.189	0.160	0.128
0.36	0.826	0.694	0.592	0.510	0.444	0.346	0.277	0.227	0.189	0.160	0.128
0.38	0.826	0.694	0.592	0.510	0.444	0.346	0.277	0.227	0.189	0.160	0.128
0.40	0.825	0.694	0.591	0.510	0.444	0.346	0.277	0.227	0.189	0.160	0.128
0.42	0.825	0.694	0.591	0.510	0.444	0.346	0.277	0.227	0.189	0.160	0.128
0.44	0.825	0.694	0.591	0.510	0.444	0.346	0.277	0.227	0.189	0.160	0.128
0.46	0.824	0.693	0.591	0.510	0.444	0.346	0.277	0.227	0.189	0.160	0.128
0.48	0.824	0.693	0.591	0.510	0.444	0.346	0.277	0.227	0.189	0.160	0.128
0.50	0.823	0.693	0.591	0.510	0.444	0.346	0.277	0.227	0.189	0.160	0.128
0.52	0.822	0.692	0.591	0.510	0.444	0.346	0.277	0.227	0.189	0.160	0.128
0.54	0.821	0.692	0.590	0.509	0.444	0.346	0.277	0.227	0.189	0.160	0.128
0.56	0.820	0.691	0.590	0.509	0.444	0.346	0.277	0.227	0.189	0.160	0.128
0.58	0.818	0.690	0.589	0.509	0.444	0.346	0.277	0.227	0.189	0.160	0.128
0.60	0.816	0.689	0.588	0.508	0.443	0.346	0.277	0.227	0.189	0.160	0.128
0.62	0.814	0.687	0.587	0.508	0.443	0.345	0.277	0.227	0.189	0.160	0.128
0.64	0.811	0.685	0.586	0.507	0.442	0.345	0.277	0.227	0.189	0.160	0.128
0.66	0.807	0.683	0.585	0.506	0.442	0.345	0.277	0.227	0.189	0.160	0.128
0.68	0.802	0.680	0.582	0.504	0.441	0.345	0.276	0.226	0.189	0.160	0.128
0.70	0.796	0.675	0.580	0.503	0.440	0.344	0.276	0.226	0.189	0.160	0.128
0.72	0.788	0.670	0.576	0.500	0.438	0.343	0.276	0.226	0.189	0.160	0.128
0.74	0.779	0.664	0.572	0.497	0.435	0.342	0.275	0.226	0.189	0.160	0.127
0.76	0.767	0.655	0.566	0.492	0.432	0.340	0.274	0.225	0.188	0.160	0.127
0.78	0.753	0.645	0.558	0.487	0.428	0.338	0.273	0.225	0.188	0.159	0.127
0.80	0.735	0.631	0.548	0.479	0.422	0.334	0.271	0.223	0.187	0.159	0.127
0.82	0.712	0.614	0.535	0.469	0.415	0.330	0.268	0.222	0.186	0.158	0.127
0.84	0.684	0.593	0.518	0.456	0.404	0.323	0.264	0.219	0.184	0.157	0.126
0.86	0.649	0.565	0.496	0.438	0.390	0.314	0.258	0.215	0.181	0.155	0.125
0.88	0.606	0.530	0.467	0.415	0.371	0.301	0.249	0.209	0.177	0.152	0.123
0.90	0.551	0.485	0.430	0.384	0.345	0.283	0.236	0.199	0.170	0.147	0.120
0.92	0.484	0.429	0.383	0.344	0.311	0.257	0.216	0.184	0.159	0.138	0.114
0.94	0.399	0.356	0.320	0.290	0.264	0.221	0.188	0.162	0.141	0.124	0.104
0.96	0.294	0.265	0.240	0.219	0.201	0.171	0.147	0.129	0.114	0.101	0.086
0.98	0.163	0.148	0.135	0.125	0.115	0.100	0.088	0.078	0.070	0.063	0.055
1.00	0.000	0.000	0.000	0.000	0.000	0.000	0.000	0.000	0.000	0.000	0.000

(5) 双肢墙的等效刚度基本数据（表4-25～表4-27）

表4-25　倒三角形荷载 A_0（×1/10）值表

λ_1	A_0	λ_1	A_0	λ_1	A_0
1.00	7.208	2.60	2.865	4.20	1.398
1.05	7.010	2.65	2.792	4.25	1.372
1.10	6.814	2.70	2.721	4.30	1.346
1.15	6.521	2.75	2.652	4.40	1.297
1.20	6.431	2.80	2.586	4.50	1.250
1.25	6.244	2.85	2.522	4.60	1.206
1.30	6.062	2.90	2.460	4.70	1.164
1.35	5.883	2.95	2.401	4.80	1.125
1.40	5.710	3.00	2.343	4.90	1.087
1.45	5.540	3.05	2.287	5.00	1.051
1.50	5.376	3.10	2.234	5.10	1.017
1.55	5.216	3.15	2.182	5.20	0.984
1.60	5.061	3.20	2.131	5.30	0.953
1.65	4.911	3.25	2.083	5.40	0.923
1.70	4.766	3.30	2.036	5.50	0.895
1.75	4.626	3.35	1.990	5.60	0.868
1.80	4.490	3.40	1.946	5.70	0.842
1.85	4.359	3.45	1.903	5.80	0.817
1.90	4.232	3.50	1.862	5.90	0.794
1.95	4.110	3.55	1.822	6.00	0.771
2.00	3.992	3.60	1.783	6.10	0.750
2.05	3.878	3.65	1.746	6.20	0.729
2.10	3.769	3.70	1.709	6.30	0.709
2.15	3.663	3.75	1.674	6.40	0.690
2.20	3.561	3.80	1.639	6.50	0.671
2.25	3.462	3.85	1.606	6.60	0.654
2.30	3.367	3.90	1.574	6.70	0.637
2.35	3.276	3.95	1.542	6.80	0.620
2.40	3.188	4.00	1.512	6.90	0.605
2.45	3.103	4.05	1.482	7.00	0.589
2.50	3.021	4.10	1.454	7.10	0.575
2.55	2.942	4.15	1.426	7.20	0.561

（续）

λ_1	A_0	λ_1	A_0	λ_1	A_0
7.30	0.547	10.60	0.279	15.20	0.142
7.40	0.534	10.80	0.269	15.50	0.137
7.50	0.522	11.00	0.260	16.00	0.129
7.60	0.510	11.20	0.252	16.50	0.122
7.70	0.498	11.40	0.244	17.00	0.115
7.80	0.487	11.60	0.236	17.50	0.109
7.90	0.476	11.80	0.228	18.00	0.103
8.00	0.465	12.00	0.221	18.50	0.098
8.10	0.455	12.20	0.215	19.00	0.093
8.20	0.445	12.40	0.208	19.50	0.088
8.30	0.435	12.60	0.202	20.00	0.084
8.40	0.426	12.80	0.196	20.50	0.080
8.50	0.417	13.00	0.191	21.00	0.077
8.60	0.408	13.20	0.185	22.00	0.070
8.80	0.392	13.40	0.180	23.00	0.064
9.00	0.376	13.60	0.175	24.00	0.059
9.20	0.361	13.80	0.170	25.00	0.055
9.40	0.347	14.00	0.166	26.00	0.051
9.60	0.334	14.20	0.161	27.00	0.047
9.80	0.322	14.40	0.157	28.00	0.044
10.00	0.310	14.60	0.153	29.00	0.041
10.20	0.299	14.80	0.149	30.00	0.038
10.40	0.289	15.00	0.146	31.00	0.036

表4-26　水平均布荷载A_0（×1/10）值表

λ_1	A_0	λ_1	A_0	λ_1	A_0
1.00	7.228	1.35	5.912	1.70	4.801
1.05	7.031	1.40	5.739	1.75	4.661
1.10	6.837	1.45	5.571	1.80	4.526
1.15	6.644	1.50	5.407	1.85	4.396
1.20	6.456	1.55	5.249	1.90	4.270
1.25	6.270	1.60	5.095	1.95	4.148
1.30	6.089	1.65	4.945	2.00	4.031

（续）

λ_1	A_0	λ_1	A_0	λ_1	A_0
2.05	3.917	3.70	1.750	6.40	0.719
2.10	3.808	3.75	1.715	6.50	0.700
2.15	3.703	3.80	1.680	6.60	0.682
2.20	3.601	3.85	1.647	6.70	0.665
2.25	3.503	3.90	1.614	6.80	0.648
2.30	3.408	3.95	1.583	6.90	0.632
2.35	3.317	4.00	1.552	7.00	0.616
2.40	3.229	4.05	1.522	7.10	0.601
2.45	3.144	4.10	1.493	7.20	0.587
2.50	3.063	4.15	1.465	7.30	0.573
2.55	2.984	4.20	1.438	7.40	0.560
2.60	2.907	4.25	1.411	7.50	0.547
2.65	2.834	4.30	1.385	7.60	0.534
2.70	2.763	4.40	1.335	7.70	0.522
2.75	2.695	4.50	1.288	7.80	0.510
2.80	2.628	4.60	1.244	7.90	0.499
2.85	2.565	4.70	1.201	8.00	0.488
2.90	2.503	4.80	1.161	8.10	0.478
2.95	2.443	4.90	1.123	8.20	0.467
3.00	2.386	5.00	1.086	8.30	0.458
3.05	2.330	5.10	1.052	8.40	0.448
3.10	2.276	5.20	1.019	8.50	0.439
3.15	2.224	5.30	0.987	8.60	0.430
3.20	2.174	5.40	0.957	8.80	0.412
3.25	2.125	5.50	0.928	9.00	0.396
3.30	2.078	5.60	0.901	9.20	0.381
3.35	2.032	5.70	0.874	9.40	0.367
3.40	1.988	5.80	0.849	9.60	0.353
3.45	1.945	5.90	0.825	9.80	0.340
3.50	1.904	6.00	0.802	10.00	0.328
3.55	1.864	6.10	0.780	10.20	0.316
3.60	1.825	6.20	0.759	10.40	0.306
3.65	1.787	6.30	0.738	10.60	0.295

（续）

λ_1	A_0	λ_1	A_0	λ_1	A_0
10.80	0.285	13.80	0.182	19.00	0.100
11.00	0.276	14.00	0.177	19.50	0.095
11.20	0.267	14.20	0.172	20.00	0.090
11.40	0.259	14.40	0.168	20.50	0.086
11.60	0.250	14.60	0.164	21.00	0.082
11.80	0.243	14.80	0.160	22.00	0.075
12.00	0.235	15.00	0.156	23.00	0.069
12.20	0.228	15.20	0.152	24.00	0.064
12.40	0.222	15.50	0.146	25.00	0.059
12.60	0.215	16.00	0.138	26.00	0.055
12.80	0.209	16.50	0.130	27.00	0.051
13.00	0.203	17.00	0.123	28.00	0.048
13.20	0.197	17.50	0.117	29.00	0.044
13.40	0.192	18.00	0.111	30.00	0.042
13.60	0.187	18.50	0.105	31.00	0.039

表 4-27 顶部集中荷载 A_0（×1/10）值表

λ_1	A_0	λ_1	A_0	λ_1	A_0
1.00	7.152	1.75	4.526	2.50	2.906
1.05	6.950	1.80	4.389	2.55	2.826
1.10	6.751	1.85	4.256	2.60	2.750
1.15	6.554	1.90	4.128	2.65	2.676
1.20	6.360	1.95	4.004	2.70	2.605
1.25	6.170	2.00	3.885	2.75	2.536
1.30	5.985	2.05	3.770	2.80	2.470
1.35	5.803	2.10	3.659	2.85	2.406
1.40	5.627	2.15	3.552	2.90	2.345
1.45	5.455	2.20	3.449	2.95	2.285
1.50	5.228	2.25	3.350	3.00	2.228
1.55	5.125	2.30	3.254	3.05	2.172
1.60	4.968	2.35	3.162	3.10	2.119
1.65	4.816	2.40	3.074	3.15	2.067
1.70	4.669	2.45	2.988	3.20	2.017

（续）

λ_1	A_0	λ_1	A_0	λ_1	A_0
3.25	1.969	5.50	0.811	9.00	0.329
3.30	1.992	5.60	0.786	9.20	0.316
3.35	1.877	5.70	0.761	9.40	0.303
3.40	1.834	5.80	0.738	9.60	0.292
3.45	1.791	5.90	0.716	9.80	0.280
3.50	1.751	6.00	0.694	10.00	0.270
3.55	1.711	6.10	0.674	10.20	0.260
3.60	1.673	6.20	0.655	10.40	0.251
3.65	1.636	6.30	0.636	10.60	0.242
3.70	1.600	6.40	0.618	10.80	0.233
3.75	1.565	6.50	0.601	11.00	0.225
3.80	1.531	6.60	0.584	11.20	0.218
3.85	1.499	6.70	0.569	11.40	0.211
3.90	1.467	6.80	0.553	11.60	0.204
3.95	1.436	6.90	0.539	11.80	0.197
4.00	1.407	7.00	0.525	12.00	0.191
4.05	1.378	7.10	0.511	12.20	0.185
4.10	1.350	7.20	0.498	12.40	0.179
4.15	1.322	7.30	0.486	12.60	0.174
4.20	1.296	7.40	0.474	12.80	0.169
4.25	1.270	7.50	0.462	13.00	0.164
4.30	1.245	7.60	0.451	13.20	0.159
4.40	1.198	7.70	0.440	13.40	0.155
4.50	1.152	7.80	0.430	13.60	0.150
4.60	1.110	7.90	0.420	13.80	0.146
4.70	1.069	8.00	0.410	14.00	0.142
4.80	1.031	8.10	0.401	14.20	0.138
4.90	0.995	8.20	0.392	14.40	0.135
5.00	0.960	8.30	0.383	14.60	0.131
5.10	0.927	8.40	0.375	14.80	0.128
5.20	0.896	8.50	0.366	15.00	0.124
5.30	0.860	8.60	0.358	15.20	0.121
5.40	0.838	8.80	0.343	15.50	0.117

（续）

λ_1	A_0	λ_1	A_0	λ_1	A_0
16.00	0.110	19.50	0.075	25.00	0.046
16.50	0.104	20.00	0.071	26.00	0.043
17.00	0.098	20.50	0.068	27.00	0.040
17.50	0.092	21.00	0.065	28.00	0.037
18.00	0.087	22.00	0.059	29.00	0.034
18.50	0.083	23.00	0.054	30.00	0.032
19.00	0.079	24.00	0.050	31.00	0.030

3. 框架-抗震墙结构房屋的抗震设计

框架-抗震墙结构是在框架结构纵、横方向的适当位置，在柱与柱之间设置几道钢筋混凝土墙体而成的，如图 4-33 所示。

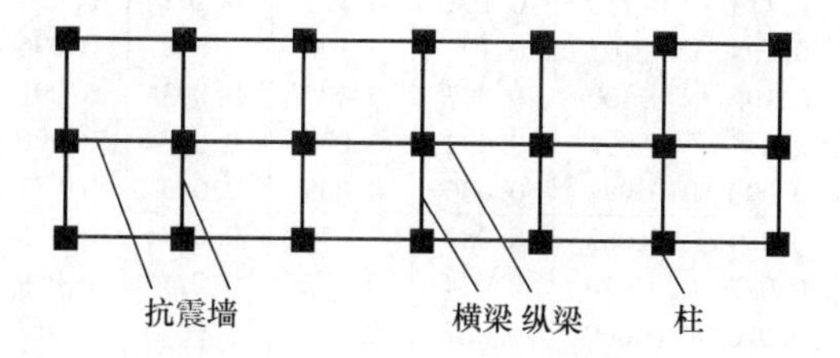

图 4-33　框架-抗震墙结构

用图表计算结构的内力和侧移见表 4-28 ~ 表 4-31。

表 4-28　连续分布倒三角形荷载（φ/ε）值表

ξ \ λ	1.00	1.05	1.10	1.15	1.20	1.25	1.30	1.35	1.40	1.45	1.50
1.00	0.171	0.166	0.160	0.155	0.150	0.144	0.139	0.134	0.130	0.125	0.120
0.98	0.171	0.166	0.160	0.155	0.150	0.144	0.139	0.134	0.130	0.125	0.120
0.96	0.171	0.166	0.160	0.155	0.150	0.144	0.139	0.135	0.130	0.125	0.121
0.94	0.171	0.166	0.160	0.155	0.150	0.145	0.140	0.135	0.130	0.125	0.121
0.92	0.172	0.166	0.161	0.155	0.150	0.145	0.140	0.135	0.130	0.126	0.121
0.90	0.172	0.166	0.161	0.156	0.150	0.145	0.140	0.135	0.130	0.126	0.121
0.88	0.172	0.166	0.161	0.156	0.151	0.145	0.140	0.136	0.131	0.126	0.122
0.86	0.172	0.167	0.161	0.156	0.151	0.146	0.141	0.136	0.131	0.127	0.122
0.84	0.172	0.167	0.161	0.156	0.151	0.146	0.141	0.136	0.131	0.127	0.122
0.82	0.172	0.167	0.162	0.156	0.151	0.146	0.141	0.136	0.132	0.127	0.123
0.80	0.172	0.167	0.162	0.156	0.151	0.146	0.141	0.137	0.132	0.128	0.123
0.78	0.172	0.167	0.162	0.156	0.151	0.146	0.142	0.137	0.132	0.128	0.124
0.76	0.172	0.167	0.161	0.156	0.151	0.147	0.142	0.137	0.133	0.128	0.124
0.74	0.172	0.166	0.161	0.156	0.151	0.147	0.142	0.137	0.133	0.128	0.124
0.72	0.171	0.166	0.161	0.156	0.151	0.146	0.142	0.137	0.133	0.128	0.124
0.70	0.171	0.166	0.161	0.156	0.151	0.146	0.142	0.137	0.133	0.128	0.124
0.68	0.170	0.165	0.160	0.155	0.151	0.146	0.141	0.137	0.133	0.128	0.124
0.66	0.169	0.164	0.159	0.155	0.150	0.145	0.141	0.137	0.132	0.128	0.124
0.64	0.168	0.163	0.159	0.154	0.149	0.145	0.140	0.136	0.132	0.128	0.124
0.62	0.167	0.162	0.158	0.153	0.149	0.144	0.140	0.136	0.131	0.127	0.124

（续）

ξ \ λ	1.00	1.05	1.10	1.15	1.20	1.25	1.30	1.35	1.40	1.45	1.50
0.60	0.166	0.161	0.157	0.152	0.148	0.143	0.139	0.135	0.131	0.127	0.123
0.58	0.164	0.160	0.155	0.151	0.147	0.142	0.138	0.134	0.130	0.126	0.122
0.56	0.163	0.158	0.154	0.149	0.145	0.141	0.137	0.133	0.129	0.125	0.122
0.54	0.161	0.156	0.152	0.148	0.144	0.140	0.136	0.132	0.128	0.124	0.121
0.52	0.159	0.154	0.150	0.146	0.142	0.138	0.134	0.130	0.127	0.123	0.120
0.50	0.156	0.152	0.148	0.144	0.140	0.136	0.132	0.129	0.125	0.122	0.118
0.48	0.154	0.150	0.146	0.142	0.138	0.134	0.131	0.127	0.123	0.120	0.117
0.46	0.151	0.147	0.143	0.139	0.136	0.132	0.128	0.125	0.122	0.118	0.115
0.44	0.148	0.144	0.140	0.137	0.133	0.130	0.126	0.123	0.119	0.116	0.113
0.42	0.144	0.141	0.137	0.134	0.130	0.127	0.123	0.120	0.117	0.114	0.111
0.40	0.141	0.137	0.134	0.130	0.127	0.124	0.121	0.117	0.114	0.111	0.109
0.38	0.137	0.133	0.130	0.127	0.124	0.121	0.118	0.115	0.112	0.109	0.106
0.36	0.133	0.129	0.126	0.123	0.120	0.117	0.114	0.111	0.108	0.106	0.103
0.34	0.128	0.125	0.122	0.119	0.116	0.113	0.111	0.108	0.105	0.103	0.100
0.32	0.123	0.120	0.118	0.115	0.112	0.109	0.107	0.104	0.101	0.099	0.097
0.30	0.118	0.115	0.113	0.110	0.108	0.105	0.102	0.100	0.098	0.095	0.093
0.28	0.113	0.110	0.108	0.105	0.103	0.100	0.098	0.096	0.093	0.091	0.089
0.26	0.107	0.105	0.102	0.100	0.098	0.095	0.093	0.091	0.089	0.087	0.085
0.24	0.101	0.099	0.096	0.094	0.092	0.090	0.088	0.086	0.084	0.082	0.080
0.22	0.094	0.092	0.090	0.088	0.086	0.085	0.083	0.081	0.079	0.077	0.075
0.20	0.088	0.086	0.084	0.082	0.080	0.079	0.077	0.075	0.074	0.072	0.070
0.18	0.081	0.079	0.077	0.076	0.074	0.072	0.071	0.069	0.068	0.066	0.065
0.16	0.073	0.072	0.070	0.069	0.067	0.066	0.064	0.063	0.062	0.060	0.059
0.14	0.065	0.064	0.063	0.061	0.060	0.059	0.058	0.056	0.055	0.054	0.053
0.12	0.057	0.056	0.055	0.054	0.053	0.052	0.050	0.049	0.048	0.047	0.046
0.10	0.049	0.048	0.047	0.046	0.045	0.044	0.043	0.042	0.041	0.040	0.040
0.08	0.040	0.039	0.038	0.037	0.037	0.036	0.035	0.034	0.034	0.033	0.032
0.06	0.030	0.030	0.029	0.029	0.028	0.027	0.027	0.026	0.026	0.025	0.025
0.04	0.021	0.020	0.020	0.019	0.019	0.019	0.018	0.018	0.018	0.017	0.017
0.02	0.010	0.010	0.010	0.010	0.010	0.010	0.009	0.009	0.009	0.009	0.009
0.00	0.000	0.000	0.000	0.000	0.000	0.000	0.000	0.000	0.000	0.000	0.000

ξ \ λ	1.55	1.60	1.65	1.70	1.75	1.80	1.85	1.90	1.95	2.00	2.05
1.00	0.116	0.112	0.108	0.104	0.100	0.096	0.093	0.089	0.086	0.083	0.080
0.98	0.116	0.112	0.108	0.104	0.100	0.096	0.093	0.089	0.086	0.083	0.080
0.96	0.116	0.112	0.108	0.104	0.100	0.096	0.093	0.089	0.086	0.083	0.080
0.94	0.116	0.112	0.108	0.104	0.100	0.097	0.093	0.090	0.086	0.083	0.080
0.92	0.117	0.112	0.108	0.104	0.101	0.097	0.093	0.090	0.087	0.084	0.081
0.90	0.117	0.113	0.109	0.105	0.101	0.097	0.094	0.091	0.087	0.084	0.081
0.88	0.117	0.113	0.109	0.105	0.101	0.098	0.094	0.091	0.088	0.085	0.082
0.86	0.118	0.114	0.110	0.106	0.102	0.098	0.095	0.092	0.088	0.085	0.082
0.84	0.118	0.114	0.110	0.106	0.102	0.099	0.095	0.092	0.089	0.086	0.083
0.82	0.119	0.115	0.111	0.107	0.103	0.099	0.096	0.093	0.089	0.086	0.083
0.80	0.119	0.115	0.111	0.107	0.103	0.100	0.096	0.093	0.090	0.087	0.084
0.78	0.119	0.115	0.111	0.108	0.104	0.100	0.097	0.094	0.091	0.088	0.085
0.76	0.120	0.116	0.112	0.108	0.104	0.101	0.098	0.094	0.091	0.088	0.085
0.74	0.120	0.116	0.112	0.108	0.105	0.101	0.098	0.095	0.092	0.089	0.086
0.72	0.120	0.116	0.112	0.109	0.105	0.102	0.098	0.095	0.092	0.089	0.086
0.70	0.120	0.116	0.113	0.109	0.105	0.102	0.099	0.096	0.093	0.090	0.087
0.68	0.120	0.116	0.113	0.109	0.106	0.102	0.099	0.096	0.093	0.090	0.087

（续）

ξ \ λ	1. 55	1. 60	1. 65	1. 70	1. 75	1. 80	1. 85	1. 90	1. 95	2. 00	2. 05
0. 66	0. 120	0. 116	0. 113	0. 109	0. 106	0. 103	0. 099	0. 096	0. 093	0. 090	0. 088
0. 64	0. 120	0. 116	0. 113	0. 109	0. 106	0. 103	0. 099	0. 096	0. 093	0. 091	0. 088
0. 62	0. 120	0. 116	0. 113	0. 109	0. 106	0. 103	0. 099	0. 096	0. 094	0. 091	0. 088
0. 60	0. 119	0. 116	0. 112	0. 109	0. 106	0. 102	0. 099	0. 096	0. 094	0. 091	0. 088
0. 58	0. 119	0. 115	0. 112	0. 109	0. 105	0. 102	0. 099	0. 096	0. 094	0. 091	0. 088
0. 56	0. 118	0. 115	0. 111	0. 108	0. 105	0. 102	0. 099	0. 096	0. 093	0. 091	0. 088
0. 54	0. 117	0. 114	0. 111	0. 107	0. 104	0. 101	0. 098	0. 096	0. 093	0. 090	0. 088
0. 52	0. 116	0. 113	0. 110	0. 107	0. 104	0. 101	0. 098	0. 095	0. 092	0. 090	0. 087
0. 50	0. 115	0. 112	0. 109	0. 106	0. 103	0. 100	0. 097	0. 094	0. 092	0. 089	0. 087
0. 48	0. 114	0. 110	0. 107	0. 104	0. 102	0. 099	0. 096	0. 093	0. 091	0. 089	0. 086
0. 46	0. 112	0. 109	0. 106	0. 103	0. 100	0. 098	0. 095	0. 092	0. 090	0. 088	0. 085
0. 44	0. 110	0. 107	0. 104	0. 101	0. 099	0. 096	0. 094	0. 091	0. 089	0. 087	0. 084
0. 42	0. 108	0. 105	0. 102	0. 100	0. 097	0. 095	0. 092	0. 090	0. 088	0. 085	0. 083
0. 40	0. 106	0. 103	0. 100	0. 098	0. 095	0. 093	0. 090	0. 088	0. 086	0. 084	0. 082
0. 38	0. 103	0. 101	0. 098	0. 096	0. 093	0. 091	0. 089	0. 086	0. 084	0. 082	0. 080
0. 36	0. 100	0. 098	0. 096	0. 093	0. 091	0. 089	0. 086	0. 084	0. 082	0. 080	0. 078
0. 34	0. 097	0. 095	0. 093	0. 090	0. 088	0. 086	0. 084	0. 082	0. 080	0. 078	0. 076
0. 32	0. 094	0. 092	0. 090	0. 088	0. 085	0. 083	0. 081	0. 080	0. 078	0. 076	0. 074
0. 30	0. 091	0. 089	0. 086	0. 084	0. 082	0. 080	0. 079	0. 077	0. 075	0. 073	0. 072
0. 28	0. 087	0. 085	0. 083	0. 081	0. 079	0. 077	0. 076	0. 074	0. 072	0. 071	0. 069
0. 26	0. 083	0. 081	0. 079	0. 077	0. 075	0. 074	0. 072	0. 071	0. 069	0. 067	0. 066
0. 24	0. 078	0. 077	0. 075	0. 073	0. 072	0. 070	0. 068	0. 067	0. 066	0. 064	0. 063
0. 22	0. 074	0. 072	0. 071	0. 069	0. 067	0. 066	0. 065	0. 063	0. 062	0. 061	0. 059
0. 20	0. 069	0. 067	0. 066	0. 064	0. 063	0. 062	0. 060	0. 059	0. 058	0. 057	0. 056
0. 18	0. 063	0. 062	0. 061	0. 059	0. 058	0. 057	0. 056	0. 055	0. 054	0. 052	0. 051
0. 16	0. 058	0. 057	0. 055	0. 054	0. 053	0. 052	0. 051	0. 050	0. 049	0. 048	0. 047
0. 14	0. 052	0. 051	0. 050	0. 049	0. 048	0. 047	0. 046	0. 045	0. 044	0. 043	0. 042
0. 12	0. 046	0. 045	0. 044	0. 043	0. 042	0. 041	0. 040	0. 040	0. 039	0. 038	0. 037
0. 10	0. 039	0. 038	0. 037	0. 037	0. 036	0. 035	0. 035	0. 034	0. 033	0. 033	0. 032
0. 08	0. 032	0. 031	0. 031	0. 030	0. 029	0. 029	0. 028	0. 028	0. 027	0. 027	0. 026
0. 06	0. 024	0. 024	0. 024	0. 023	0. 023	0. 022	0. 022	0. 021	0. 021	0. 021	0. 020
0. 04	0. 017	0. 016	0. 016	0. 016	0. 015	0. 015	0. 015	0. 015	0. 014	0. 014	0. 014
0. 02	0. 009	0. 008	0. 008	0. 008	0. 008	0. 008	0. 008	0. 008	0. 007	0. 007	0. 007
0. 00	0. 000	0. 000	0. 000	0. 000	0. 000	0. 000	0. 000	0. 000	0. 000	0. 000	0. 000

ξ \ λ	2. 10	2. 15	2. 20	2. 25	2. 30	2. 35	2. 40	2. 45	2. 50	2. 55	2. 60
1. 00	0. 077	0. 074	0. 071	0. 069	0. 066	0. 064	0. 062	0. 059	0. 057	0. 055	0. 053
0. 98	0. 077	0. 074	0. 071	0. 069	0. 066	0. 064	0. 062	0. 060	0. 057	0. 055	0. 053
0. 96	0. 077	0. 074	0. 072	0. 069	0. 067	0. 064	0. 062	0. 060	0. 058	0. 056	0. 054
0. 94	0. 077	0. 075	0. 072	0. 069	0. 067	0. 064	0. 062	0. 060	0. 058	0. 056	0. 054
0. 92	0. 078	0. 075	0. 072	0. 070	0. 067	0. 065	0. 063	0. 060	0. 058	0. 056	0. 054
0. 90	0. 078	0. 075	0. 073	0. 070	0. 068	0. 065	0. 063	0. 061	0. 059	0. 057	0. 055
0. 88	0. 079	0. 076	0. 073	0. 071	0. 068	0. 066	0. 064	0. 061	0. 059	0. 057	0. 055
0. 86	0. 079	0. 077	0. 074	0. 071	0. 069	0. 067	0. 064	0. 062	0. 060	0. 058	0. 056
0. 84	0. 080	0. 077	0. 075	0. 072	0. 070	0. 067	0. 065	0. 063	0. 061	0. 059	0. 057
0. 82	0. 081	0. 078	0. 075	0. 073	0. 070	0. 068	0. 066	0. 063	0. 061	0. 059	0. 057

（续）

λ / ξ	2. 10	2. 15	2. 20	2. 25	2. 30	2. 35	2. 40	2. 45	2. 50	2. 55	2. 60
0. 80	0. 081	0. 078	0. 076	0. 073	0. 071	0. 069	0. 066	0. 064	0. 062	0. 060	0. 058
0. 78	0. 082	0. 079	0. 076	0. 074	0. 072	0. 069	0. 067	0. 065	0. 063	0. 061	0. 059
0. 76	0. 082	0. 080	0. 077	0. 075	0. 072	0. 070	0. 068	0. 066	0. 064	0. 062	0. 060
0. 74	0. 083	0. 080	0. 078	0. 075	0. 073	0. 071	0. 068	0. 066	0. 064	0. 062	0. 060
0. 72	0. 084	0. 081	0. 078	0. 076	0. 074	0. 071	0. 069	0. 067	0. 065	0. 063	0. 061
0. 70	0. 084	0. 081	0. 079	0. 077	0. 074	0. 072	0. 070	0. 068	0. 066	0. 064	0. 062
0. 68	0. 085	0. 082	0. 079	0. 077	0. 075	0. 073	0. 070	0. 068	0. 066	0. 064	0. 063
0. 66	0. 085	0. 082	0. 080	0. 078	0. 075	0. 073	0. 071	0. 069	0. 067	0. 065	0. 063
0. 64	0. 085	0. 083	0. 080	0. 078	0. 076	0. 074	0. 071	0. 069	0. 067	0. 066	0. 064
0. 62	0. 086	0. 083	0. 081	0. 078	0. 076	0. 074	0. 072	0. 070	0. 068	0. 066	0. 064
0. 60	0. 086	0. 083	0. 081	0. 079	0. 076	0. 074	0. 072	0. 070	0. 068	0. 066	0. 065
0. 58	0. 086	0. 083	0. 081	0. 079	0. 077	0. 074	0. 072	0. 070	0. 069	0. 067	0. 065
0. 56	0. 086	0. 083	0. 081	0. 079	0. 077	0. 075	0. 073	0. 071	0. 069	0. 067	0. 065
0. 54	0. 085	0. 083	0. 081	0. 079	0. 077	0. 075	0. 073	0. 071	0. 069	0. 067	0. 065
0. 52	0. 085	0. 083	0. 081	0. 078	0. 076	0. 074	0. 073	0. 071	0. 069	0. 067	0. 065
0. 50	0. 085	0. 082	0. 080	0. 078	0. 076	0. 074	0. 072	0. 070	0. 069	0. 067	0. 065
0. 48	0. 084	0. 082	0. 080	0. 078	0. 076	0. 074	0. 072	0. 070	0. 068	0. 067	0. 065
0. 46	0. 083	0. 081	0. 079	0. 077	0. 075	0. 073	0. 071	0. 070	0. 068	0. 066	0. 065
0. 44	0. 082	0. 080	0. 078	0. 076	0. 074	0. 073	0. 071	0. 069	0. 068	0. 066	0. 064
0. 42	0. 081	0. 079	0. 077	0. 075	0. 074	0. 072	0. 070	0. 068	0. 067	0. 065	0. 064
0. 40	0. 080	0. 078	0. 076	0. 074	0. 072	0. 071	0. 069	0. 068	0. 066	0. 065	0. 063
0. 38	0. 078	0. 076	0. 075	0. 073	0. 071	0. 070	0. 068	0. 066	0. 065	0. 064	0. 062
0. 36	0. 077	0. 075	0. 073	0. 071	0. 070	0. 068	0. 067	0. 065	0. 064	0. 062	0. 061
0. 34	0. 075	0. 073	0. 071	0. 070	0. 068	0. 067	0. 065	0. 064	0. 062	0. 061	0. 060
0. 32	0. 072	0. 071	0. 069	0. 068	0. 066	0. 065	0. 063	0. 062	0. 061	0. 060	0. 058
0. 30	0. 070	0. 069	0. 067	0. 066	0. 064	0. 063	0. 061	0. 060	0. 059	0. 058	0. 057
0. 28	0. 067	0. 066	0. 065	0. 063	0. 062	0. 061	0. 059	0. 058	0. 057	0. 056	0. 055
0. 26	0. 065	0. 063	0. 062	0. 061	0. 059	0. 058	0. 057	0. 056	0. 055	0. 054	0. 053
0. 24	0. 061	0. 060	0. 059	0. 058	0. 057	0. 055	0. 054	0. 053	0. 052	0. 051	0. 050
0. 22	0. 058	0. 057	0. 056	0. 055	0. 054	0. 052	0. 051	0. 050	0. 050	0. 049	0. 048
0. 20	0. 054	0. 053	0. 052	0. 051	0. 050	0. 049	0. 048	0. 047	0. 047	0. 046	0. 045
0. 18	0. 050	0. 049	0. 048	0. 048	0. 047	0. 046	0. 045	0. 044	0. 043	0. 042	0. 042
0. 16	0. 046	0. 045	0. 044	0. 044	0. 043	0. 042	0. 041	0. 040	0. 040	0. 039	0. 038
0. 14	0. 042	0. 041	0. 040	0. 039	0. 039	0. 038	0. 037	0. 037	0. 036	0. 035	0. 035
0. 12	0. 037	0. 036	0. 035	0. 035	0. 034	0. 034	0. 033	0. 032	0. 032	0. 031	0. 031
0. 10	0. 031	0. 031	0. 030	0. 030	0. 029	0. 029	0. 028	0. 028	0. 027	0. 027	0. 026
0. 08	0. 026	0. 025	0. 025	0. 025	0. 024	0. 024	0. 023	0. 023	0. 023	0. 022	0. 022
0. 06	0. 020	0. 020	0. 019	0. 019	0. 019	0. 018	0. 018	0. 018	0. 018	0. 017	0. 017
0. 04	0. 014	0. 013	0. 013	0. 013	0. 013	0. 013	0. 012	0. 012	0. 012	0. 012	0. 012
0. 02	0. 007	0. 007	0. 007	0. 007	0. 007	0. 007	0. 006	0. 006	0. 006	0. 006	0. 006
0. 00	0. 000	0. 000	0. 000	0. 000	0. 000	0. 000	0. 000	0. 000	0. 000	0. 000	0. 000

表4-29　顶部集中荷载（φ/ε）值表

ξ \ λ	1.00	1.05	1.10	1.15	1.20	1.25	1.30	1.35	1.40	1.45	1.50
1.00	0.352	0.341	0.331	0.321	0.311	0.301	0.291	0.282	0.273	0.264	0.256
0.98	0.352	0.341	0.331	0.321	0.311	0.301	0.291	0.282	0.273	0.264	0.255
0.96	0.351	0.341	0.331	0.320	0.310	0.301	0.291	0.282	0.273	0.264	0.255
0.94	0.351	0.340	0.330	0.320	0.310	0.300	0.291	0.281	0.272	0.263	0.255
0.92	0.350	0.339	0.329	0.319	0.309	0.299	0.290	0.281	0.272	0.263	0.254
0.90	0.349	0.338	0.328	0.318	0.308	0.298	0.289	0.280	0.271	0.262	0.253
0.88	0.347	0.337	0.327	0.317	0.307	0.297	0.288	0.279	0.270	0.261	0.252
0.86	0.346	0.335	0.325	0.315	0.305	0.296	0.287	0.277	0.268	0.260	0.251
0.84	0.344	0.333	0.323	0.314	0.304	0.294	0.285	0.276	0.267	0.258	0.250
0.82	0.341	0.331	0.321	0.312	0.302	0.292	0.283	0.274	0.265	0.257	0.249
0.80	0.339	0.329	0.319	0.309	0.300	0.290	0.281	0.272	0.264	0.255	0.247
0.78	0.336	0.326	0.317	0.307	0.297	0.288	0.279	0.270	0.262	0.253	0.245
0.76	0.333	0.323	0.314	0.304	0.295	0.286	0.277	0.268	0.259	0.251	0.243
0.74	0.330	0.320	0.311	0.301	0.292	0.283	0.274	0.266	0.257	0.249	0.241
0.72	0.326	0.317	0.307	0.298	0.289	0.280	0.271	0.263	0.255	0.246	0.239
0.70	0.323	0.313	0.304	0.295	0.286	0.277	0.268	0.260	0.252	0.244	0.236
0.68	0.318	0.309	0.300	0.291	0.282	0.274	0.265	0.257	0.249	0.241	0.233
0.66	0.314	0.305	0.296	0.287	0.279	0.270	0.262	0.254	0.246	0.238	0.230
0.64	0.309	0.301	0.292	0.283	0.275	0.266	0.258	0.250	0.242	0.235	0.227
0.62	0.305	0.296	0.287	0.279	0.270	0.262	0.254	0.246	0.239	0.231	0.224
0.60	0.299	0.291	0.282	0.274	0.266	0.258	0.250	0.242	0.235	0.228	0.220
0.58	0.294	0.286	0.277	0.269	0.261	0.253	0.246	0.238	0.231	0.224	0.217
0.56	0.288	0.280	0.272	0.264	0.256	0.249	0.241	0.234	0.227	0.220	0.213
0.54	0.282	0.274	0.266	0.259	0.251	0.244	0.236	0.229	0.222	0.215	0.209
0.52	0.276	0.268	0.260	0.253	0.246	0.238	0.231	0.224	0.217	0.211	0.204
0.50	0.269	0.262	0.254	0.247	0.240	0.233	0.226	0.219	0.212	0.206	0.200
0.48	0.262	0.255	0.248	0.241	0.234	0.227	0.220	0.214	0.207	0.201	0.195
0.46	0.255	0.248	0.241	0.234	0.228	0.221	0.214	0.208	0.202	0.196	0.190
0.44	0.248	0.241	0.234	0.228	0.221	0.215	0.208	0.202	0.196	0.190	0.185
0.42	0.240	0.233	0.227	0.220	0.214	0.208	0.202	0.196	0.190	0.185	0.179
0.40	0.232	0.225	0.219	0.213	0.207	0.201	0.195	0.190	0.184	0.179	0.174
0.38	0.223	0.217	0.211	0.206	0.200	0.194	0.189	0.183	0.178	0.173	0.168
0.36	0.215	0.209	0.203	0.198	0.192	0.187	0.181	0.176	0.171	0.166	0.162
0.34	0.206	0.200	0.195	0.189	0.184	0.179	0.174	0.169	0.164	0.160	0.155
0.32	0.196	0.191	0.186	0.181	0.176	0.171	0.166	0.162	0.157	0.153	0.148
0.30	0.187	0.182	0.177	0.172	0.167	0.163	0.158	0.154	0.150	0.146	0.141
0.28	0.177	0.172	0.167	0.163	0.159	0.154	0.150	0.146	0.142	0.138	0.134
0.26	0.166	0.162	0.158	0.154	0.149	0.145	0.142	0.138	0.134	0.130	0.127
0.24	0.156	0.152	0.148	0.144	0.140	0.136	0.133	0.129	0.126	0.122	0.119
0.22	0.145	0.141	0.137	0.134	0.130	0.127	0.123	0.120	0.117	0.114	0.111
0.20	0.133	0.130	0.127	0.123	0.120	0.117	0.114	0.111	0.108	0.105	0.102
0.18	0.122	0.119	0.116	0.113	0.110	0.107	0.104	0.101	0.099	0.096	0.094
0.16	0.110	0.107	0.104	0.102	0.099	0.096	0.094	0.092	0.089	0.087	0.085
0.14	0.097	0.095	0.092	0.090	0.088	0.086	0.083	0.081	0.079	0.077	0.075
0.12	0.084	0.082	0.080	0.078	0.076	0.075	0.073	0.071	0.069	0.067	0.066
0.10	0.071	0.070	0.068	0.066	0.065	0.063	0.061	0.060	0.058	0.057	0.056
0.08	0.058	0.056	0.055	0.054	0.052	0.051	0.050	0.049	0.047	0.046	0.045
0.06	0.044	0.043	0.042	0.041	0.040	0.039	0.038	0.037	0.036	0.035	0.034
0.04	0.030	0.029	0.028	0.028	0.027	0.026	0.026	0.025	0.025	0.024	0.023
0.02	0.015	0.015	0.014	0.014	0.014	0.013	0.013	0.013	0.012	0.012	0.012
0.00	0.000	0.000	0.000	0.000	0.000	0.000	0.000	0.000	0.000	0.000	0.000

（续）

ξ \ λ	1.55	1.60	1.65	1.70	1.75	1.80	1.85	1.90	1.95	2.00	2.05
1.00	0.247	0.239	0.231	0.224	0.216	0.209	0.203	0.196	0.190	0.184	0.178
0.98	0.247	0.239	0.231	0.224	0.216	0.209	0.202	0.196	0.190	0.183	0.178
0.96	0.247	0.239	0.231	0.223	0.216	0.209	0.202	0.196	0.189	0.183	0.177
0.94	0.246	0.238	0.231	0.223	0.216	0.209	0.202	0.195	0.189	0.183	0.177
0.92	0.246	0.238	0.230	0.223	0.215	0.208	0.202	0.195	0.189	0.183	0.177
0.90	0.245	0.237	0.229	0.222	0.215	0.208	0.201	0.194	0.188	0.182	0.176
0.88	0.244	0.236	0.229	0.221	0.214	0.207	0.200	0.194	0.188	0.182	0.176
0.86	0.243	0.235	0.228	0.220	0.213	0.206	0.199	0.193	0.187	0.181	0.175
0.84	0.242	0.234	0.226	0.219	0.212	0.205	0.199	0.192	0.186	0.180	0.174
0.82	0.241	0.233	0.225	0.218	0.211	0.204	0.197	0.191	0.185	0.179	0.174
0.80	0.239	0.231	0.224	0.217	0.210	0.203	0.196	0.190	0.184	0.178	0.173
0.78	0.237	0.230	0.222	0.215	0.208	0.201	0.195	0.189	0.183	0.177	0.171
0.76	0.235	0.228	0.220	0.213	0.207	0.200	0.194	0.187	0.181	0.176	0.170
0.74	0.233	0.226	0.219	0.212	0.205	0.198	0.192	0.186	0.180	0.174	0.169
0.72	0.231	0.224	0.216	0.210	0.203	0.196	0.190	0.184	0.178	0.173	0.167
0.70	0.229	0.221	0.214	0.207	0.201	0.194	0.188	0.182	0.177	0.171	0.166
0.68	0.226	0.219	0.212	0.205	0.199	0.192	0.186	0.181	0.175	0.169	0.164
0.66	0.223	0.216	0.209	0.203	0.196	0.190	0.184	0.178	0.173	0.168	0.162
0.64	0.220	0.213	0.207	0.200	0.194	0.188	0.182	0.176	0.171	0.166	0.161
0.62	0.217	0.210	0.204	0.197	0.191	0.185	0.179	0.174	0.169	0.163	0.158
0.60	0.214	0.207	0.201	0.194	0.188	0.182	0.177	0.171	0.166	0.161	0.156
0.58	0.210	0.204	0.197	0.191	0.185	0.180	0.174	0.169	0.164	0.159	0.154
0.56	0.206	0.200	0.194	0.188	0.182	0.177	0.171	0.166	0.161	0.156	0.151
0.54	0.202	0.196	0.190	0.184	0.179	0.173	0.168	0.163	0.158	0.153	0.149
0.52	0.198	0.192	0.186	0.181	0.175	0.170	0.165	0.160	0.155	0.151	0.146
0.50	0.194	0.188	0.182	0.177	0.171	0.166	0.161	0.157	0.152	0.147	0.143
0.48	0.189	0.184	0.178	0.173	0.168	0.163	0.158	0.153	0.149	0.144	0.140
0.46	0.184	0.179	0.174	0.168	0.163	0.159	0.154	0.149	0.145	0.141	0.137
0.44	0.179	0.174	0.169	0.164	0.159	0.154	0.150	0.146	0.141	0.137	0.133
0.42	0.174	0.169	0.164	0.159	0.155	0.150	0.146	0.142	0.138	0.134	0.130
0.40	0.169	0.164	0.159	0.154	0.150	0.146	0.141	0.137	0.133	0.130	0.126
0.38	0.163	0.158	0.154	0.149	0.145	0.141	0.137	0.133	0.129	0.126	0.122
0.36	0.157	0.152	0.148	0.144	0.140	0.136	0.132	0.128	0.125	0.121	0.118
0.34	0.151	0.146	0.142	0.138	0.134	0.131	0.127	0.123	0.120	0.117	0.114
0.32	0.144	0.140	0.136	0.132	0.129	0.125	0.122	0.118	0.115	0.112	0.109
0.30	0.137	0.134	0.130	0.126	0.123	0.119	0.116	0.113	0.110	0.107	0.104
0.28	0.130	0.127	0.123	0.120	0.117	0.114	0.110	0.108	0.105	0.102	0.099
0.26	0.123	0.120	0.117	0.113	0.110	0.107	0.105	0.102	0.099	0.096	0.094
0.24	0.116	0.113	0.109	0.107	0.104	0.101	0.098	0.096	0.093	0.091	0.088
0.22	0.108	0.105	0.102	0.099	0.097	0.094	0.092	0.089	0.087	0.085	0.083
0.20	0.100	0.097	0.094	0.092	0.090	0.087	0.085	0.083	0.081	0.079	0.077
0.18	0.091	0.089	0.087	0.084	0.082	0.080	0.078	0.076	0.074	0.072	0.070
0.16	0.082	0.080	0.078	0.076	0.074	0.072	0.071	0.069	0.067	0.066	0.064
0.14	0.073	0.071	0.070	0.068	0.066	0.065	0.063	0.061	0.060	0.059	0.057
0.12	0.064	0.062	0.061	0.059	0.058	0.056	0.055	0.054	0.052	0.051	0.050
0.10	0.054	0.053	0.052	0.050	0.049	0.048	0.047	0.046	0.045	0.044	0.043
0.08	0.044	0.043	0.042	0.041	0.040	0.039	0.038	0.037	0.036	0.036	0.035
0.06	0.034	0.033	0.032	0.031	0.031	0.030	0.029	0.028	0.028	0.027	0.027
0.04	0.023	0.022	0.022	0.021	0.021	0.020	0.020	0.019	0.019	0.019	0.018
0.02	0.012	0.011	0.011	0.011	0.011	0.010	0.010	0.010	0.010	0.009	0.009
0.00	0.000	0.000	0.000	0.000	0.000	0.000	0.000	0.000	0.000	0.000	0.000

（续）

λ / ξ	2.10	2.15	2.20	2.25	2.30	2.35	2.40	2.45	2.50	2.55	2.60
1.00	0.172	0.167	0.161	0.156	0.152	0.147	0.142	0.138	0.134	0.130	0.126
0.98	0.172	0.167	0.161	0.156	0.151	0.147	0.142	0.138	0.134	0.130	0.126
0.96	0.172	0.166	0.161	0.156	0.151	0.147	0.142	0.138	0.134	0.130	0.126
0.94	0.172	0.166	0.161	0.156	0.151	0.147	0.142	0.138	0.134	0.130	0.126
0.92	0.171	0.166	0.161	0.156	0.151	0.146	0.142	0.138	0.133	0.129	0.126
0.90	0.171	0.165	0.160	0.155	0.151	0.146	0.141	0.137	0.133	0.129	0.125
0.88	0.170	0.165	0.160	0.155	0.150	0.145	0.141	0.137	0.133	0.129	0.125
0.86	0.170	0.164	0.159	0.154	0.150	0.145	0.141	0.136	0.132	0.128	0.125
0.84	0.169	0.164	0.159	0.154	0.149	0.144	0.140	0.136	0.132	0.128	0.124
0.82	0.168	0.163	0.158	0.153	0.148	0.144	0.139	0.135	0.131	0.127	0.124
0.80	0.167	0.162	0.157	0.152	0.147	0.143	0.139	0.135	0.131	0.127	0.123
0.78	0.166	0.161	0.156	0.151	0.147	0.142	0.138	0.134	0.130	0.126	0.122
0.76	0.165	0.160	0.155	0.150	0.146	0.141	0.137	0.133	0.129	0.125	0.122
0.74	0.164	0.159	0.154	0.149	0.145	0.140	0.136	0.132	0.128	0.124	0.121
0.72	0.162	0.157	0.153	0.148	0.143	0.139	0.135	0.131	0.127	0.124	0.120
0.70	0.161	0.156	0.151	0.147	0.142	0.138	0.134	0.130	0.126	0.123	0.119
0.68	0.159	0.154	0.150	0.145	0.141	0.137	0.133	0.129	0.125	0.122	0.118
0.66	0.157	0.153	0.148	0.144	0.139	0.135	0.131	0.128	0.124	0.120	0.117
0.64	0.156	0.151	0.146	0.142	0.138	0.134	0.130	0.126	0.123	0.119	0.116
0.62	0.154	0.149	0.145	0.140	0.136	0.132	0.128	0.125	0.121	0.118	0.115
0.60	0.152	0.147	0.143	0.139	0.134	0.131	0.127	0.123	0.120	0.116	0.113
0.58	0.149	0.145	0.141	0.137	0.133	0.129	0.125	0.122	0.118	0.115	0.112
0.56	0.147	0.143	0.138	0.134	0.131	0.127	0.123	0.120	0.116	0.113	0.110
0.54	0.144	0.140	0.136	0.132	0.128	0.125	0.121	0.118	0.115	0.112	0.108
0.52	0.142	0.138	0.134	0.130	0.126	0.123	0.119	0.116	0.113	0.110	0.107
0.50	0.139	0.135	0.131	0.127	0.124	0.120	0.117	0.114	0.111	0.108	0.105
0.48	0.136	0.132	0.128	0.125	0.121	0.118	0.115	0.112	0.109	0.106	0.103
0.46	0.133	0.129	0.126	0.122	0.119	0.115	0.112	0.109	0.106	0.103	0.101
0.44	0.130	0.126	0.122	0.119	0.116	0.113	0.110	0.107	0.104	0.101	0.099
0.42	0.126	0.123	0.119	0.116	0.113	0.110	0.107	0.104	0.101	0.099	0.096
0.40	0.123	0.119	0.116	0.113	0.110	0.107	0.104	0.101	0.099	0.096	0.094
0.38	0.119	0.115	0.112	0.109	0.106	0.104	0.101	0.098	0.096	0.093	0.091
0.36	0.115	0.112	0.109	0.106	0.103	0.100	0.098	0.095	0.093	0.090	0.088
0.34	0.111	0.108	0.105	0.102	0.099	0.097	0.094	0.092	0.090	0.087	0.085
0.32	0.106	0.103	0.101	0.098	0.095	0.093	0.091	0.088	0.086	0.084	0.082
0.30	0.101	0.099	0.096	0.094	0.091	0.089	0.087	0.085	0.083	0.081	0.079
0.28	0.097	0.094	0.092	0.089	0.087	0.085	0.083	0.081	0.079	0.077	0.075
0.26	0.092	0.089	0.087	0.085	0.083	0.081	0.079	0.077	0.075	0.073	0.072
0.24	0.086	0.084	0.082	0.080	0.078	0.076	0.074	0.073	0.071	0.069	0.068
0.22	0.081	0.079	0.077	0.075	0.073	0.071	0.070	0.068	0.066	0.065	0.063
0.20	0.075	0.073	0.071	0.070	0.068	0.066	0.065	0.063	0.062	0.060	0.059
0.18	0.069	0.067	0.066	0.064	0.062	0.061	0.060	0.058	0.057	0.056	0.055
0.16	0.062	0.061	0.060	0.058	0.057	0.055	0.054	0.053	0.052	0.051	0.050
0.14	0.056	0.054	0.053	0.052	0.051	0.050	0.049	0.048	0.046	0.045	0.045
0.12	0.049	0.048	0.047	0.046	0.045	0.044	0.043	0.042	0.041	0.040	0.039
0.10	0.042	0.041	0.040	0.039	0.038	0.037	0.036	0.036	0.035	0.034	0.033
0.08	0.034	0.033	0.032	0.032	0.031	0.030	0.030	0.029	0.029	0.028	0.027
0.06	0.026	0.025	0.025	0.024	0.024	0.023	0.023	0.022	0.022	0.022	0.021
0.04	0.018	0.017	0.017	0.017	0.016	0.016	0.016	0.015	0.015	0.015	0.014
0.02	0.009	0.009	0.009	0.008	0.008	0.008	0.008	0.008	0.008	0.008	0.007
0.00	0.000	0.000	0.000	0.000	0.000	0.000	0.000	0.000	0.000	0.000	0.000

表 4-30　连续分布倒三角形荷载（V_f/F_{Ek}）值表

ξ \ λ	1.00	1.05	1.10	1.15	1.20	1.25	1.30	1.35	1.40	1.45	1.50
1.00	0.171	0.183	0.194	0.205	0.215	0.226	0.235	0.245	0.254	0.263	0.271
0.98	0.171	0.183	0.194	0.205	0.215	0.226	0.235	0.245	0.254	0.263	0.271
0.96	0.171	0.183	0.194	0.205	0.216	0.226	0.236	0.245	0.254	0.263	0.271
0.94	0.171	0.183	0.194	0.205	0.216	0.226	0.236	0.245	0.255	0.263	0.272
0.92	0.172	0.183	0.194	0.205	0.216	0.226	0.236	0.246	0.255	0.264	0.272
0.90	0.172	0.183	0.195	0.206	0.216	0.227	0.237	0.246	0.256	0.265	0.273
0.88	0.172	0.184	0.195	0.206	0.217	0.227	0.237	0.247	0.256	0.265	0.274
0.86	0.172	0.184	0.195	0.206	0.217	0.228	0.238	0.248	0.257	0.266	0.275
0.84	0.172	0.184	0.195	0.206	0.217	0.228	0.238	0.248	0.258	0.267	0.276
0.82	0.172	0.184	0.195	0.207	0.218	0.228	0.239	0.249	0.258	0.268	0.276
0.80	0.172	0.184	0.195	0.207	0.218	0.229	0.239	0.249	0.259	0.268	0.277
0.78	0.172	0.184	0.195	0.207	0.218	0.229	0.239	0.250	0.259	0.269	0.278
0.76	0.172	0.184	0.195	0.207	0.218	0.229	0.240	0.250	0.260	0.269	0.279
0.74	0.172	0.183	0.195	0.207	0.218	0.229	0.240	0.250	0.260	0.270	0.279
0.72	0.171	0.183	0.195	0.206	0.218	0.229	0.240	0.250	0.260	0.270	0.280
0.70	0.171	0.183	0.194	0.206	0.217	0.228	0.239	0.250	0.260	0.270	0.280
0.68	0.170	0.182	0.194	0.205	0.217	0.228	0.239	0.250	0.260	0.270	0.280
0.66	0.169	0.181	0.193	0.205	0.216	0.227	0.238	0.249	0.259	0.270	0.279
0.64	0.168	0.180	0.192	0.204	0.215	0.226	0.237	0.248	0.259	0.269	0.279
0.62	0.167	0.179	0.191	0.203	0.214	0.225	0.236	0.247	0.258	0.268	0.278
0.60	0.166	0.178	0.189	0.201	0.213	0.224	0.235	0.246	0.256	0.267	0.277
0.58	0.164	0.176	0.188	0.200	0.211	0.222	0.233	0.244	0.255	0.265	0.276
0.56	0.163	0.174	0.186	0.198	0.209	0.220	0.231	0.242	0.253	0.264	0.274
0.54	0.161	0.172	0.184	0.196	0.207	0.218	0.229	0.240	0.251	0.261	0.272
0.52	0.159	0.170	0.182	0.193	0.204	0.216	0.227	0.238	0.248	0.259	0.269
0.50	0.156	0.168	0.179	0.190	0.202	0.213	0.224	0.235	0.245	0.256	0.266
0.48	0.154	0.165	0.176	0.188	0.199	0.210	0.221	0.231	0.242	0.252	0.263
0.46	0.151	0.162	0.173	0.184	0.195	0.206	0.217	0.228	0.238	0.249	0.259
0.44	0.148	0.159	0.170	0.181	0.192	0.202	0.213	0.224	0.234	0.244	0.254
0.42	0.144	0.155	0.166	0.177	0.187	0.198	0.209	0.219	0.229	0.240	0.250
0.40	0.141	0.151	0.162	0.172	0.183	0.193	0.204	0.214	0.224	0.234	0.244
0.38	0.137	0.147	0.157	0.168	0.178	0.188	0.199	0.209	0.219	0.229	0.238
0.36	0.133	0.143	0.153	0.163	0.173	0.183	0.193	0.203	0.213	0.222	0.232
0.34	0.128	0.138	0.148	0.157	0.167	0.177	0.187	0.196	0.206	0.216	0.225
0.32	0.123	0.133	0.142	0.152	0.161	0.171	0.180	0.190	0.199	0.208	0.217
0.30	0.118	0.127	0.136	0.146	0.155	0.164	0.173	0.182	0.191	0.200	0.209
0.28	0.113	0.121	0.130	0.139	0.148	0.157	0.166	0.174	0.183	0.192	0.200
0.26	0.107	0.115	0.124	0.132	0.141	0.149	0.157	0.166	0.174	0.182	0.191
0.24	0.101	0.109	0.117	0.125	0.133	0.141	0.149	0.157	0.165	0.173	0.181
0.22	0.094	0.102	0.109	0.117	0.124	0.132	0.140	0.147	0.155	0.162	0.170
0.20	0.088	0.095	0.102	0.109	0.116	0.123	0.130	0.137	0.144	0.151	0.158
0.18	0.081	0.087	0.093	0.100	0.107	0.113	0.120	0.126	0.133	0.139	0.146
0.16	0.073	0.079	0.085	0.091	0.097	0.103	0.109	0.115	0.121	0.127	0.133
0.14	0.065	0.071	0.076	0.081	0.087	0.092	0.097	0.103	0.108	0.114	0.119
0.12	0.057	0.062	0.066	0.071	0.076	0.081	0.085	0.090	0.095	0.100	0.105
0.10	0.049	0.052	0.056	0.060	0.065	0.069	0.073	0.077	0.081	0.085	0.089
0.08	0.040	0.043	0.046	0.049	0.053	0.056	0.059	0.063	0.066	0.070	0.073
0.06	0.030	0.033	0.035	0.038	0.040	0.043	0.046	0.048	0.051	0.053	0.056
0.04	0.021	0.022	0.024	0.026	0.027	0.029	0.031	0.033	0.035	0.036	0.038
0.02	0.010	0.011	0.012	0.013	0.014	0.015	0.016	0.017	0.018	0.019	0.020
0.00	0.000	0.000	0.000	0.000	0.000	0.000	0.000	0.000	0.000	0.000	0.000

（续）

ξ \ λ	1.55	1.60	1.65	1.70	1.75	1.80	1.85	1.90	1.95	2.00	2.05
1.00	0.317	0.322	0.327	0.331	0.335	0.279	0.286	0.293	0.300	0.306	0.312
0.98	0.317	0.322	0.327	0.331	0.335	0.279	0.286	0.293	0.300	0.306	0.312
0.96	0.318	0.323	0.328	0.332	0.336	0.279	0.286	0.294	0.300	0.306	0.312
0.94	0.319	0.324	0.329	0.333	0.337	0.280	0.287	0.294	0.301	0.307	0.313
0.92	0.320	0.325	0.330	0.335	0.339	0.280	0.288	0.295	0.302	0.308	0.314
0.90	0.321	0.327	0.332	0.336	0.341	0.281	0.289	0.296	0.303	0.309	0.316
0.88	0.323	0.328	0.334	0.338	0.343	0.282	0.290	0.297	0.304	0.311	0.317
0.86	0.325	0.330	0.336	0.341	0.345	0.283	0.291	0.298	0.306	0.312	0.319
0.84	0.326	0.332	0.338	0.343	0.348	0.284	0.292	0.300	0.307	0.314	0.320
0.82	0.328	0.334	0.340	0.345	0.350	0.285	0.293	0.301	0.308	0.315	0.322
0.80	0.330	0.336	0.342	0.348	0.353	0.286	0.294	0.302	0.310	0.317	0.324
0.78	0.332	0.338	0.344	0.350	0.356	0.287	0.295	0.303	0.311	0.318	0.325
0.76	0.334	0.340	0.347	0.352	0.358	0.288	0.296	0.304	0.312	0.320	0.327
0.74	0.335	0.342	0.349	0.355	0.361	0.288	0.297	0.305	0.313	0.321	0.328
0.72	0.337	0.344	0.350	0.357	0.363	0.289	0.298	0.306	0.314	0.322	0.330
0.70	0.338	0.345	0.352	0.359	0.365	0.289	0.298	0.307	0.315	0.323	0.331
0.68	0.339	0.346	0.353	0.360	0.367	0.289	0.298	0.307	0.315	0.324	0.332
0.66	0.340	0.347	0.355	0.362	0.368	0.289	0.298	0.307	0.316	0.324	0.332
0.64	0.340	0.348	0.355	0.363	0.369	0.289	0.298	0.307	0.316	0.324	0.332
0.62	0.340	0.348	0.356	0.363	0.370	0.288	0.297	0.306	0.315	0.324	0.332
0.60	0.340	0.348	0.356	0.363	0.371	0.287	0.296	0.306	0.315	0.323	0.332
0.58	0.340	0.348	0.356	0.363	0.371	0.285	0.295	0.304	0.314	0.323	0.331
0.56	0.338	0.347	0.355	0.363	0.370	0.284	0.293	0.303	0.312	0.321	0.330
0.54	0.337	0.345	0.353	0.361	0.369	0.282	0.291	0.301	0.310	0.319	0.328
0.52	0.335	0.343	0.352	0.360	0.368	0.279	0.289	0.298	0.308	0.317	0.326
0.50	0.332	0.341	0.349	0.357	0.365	0.276	0.286	0.296	0.305	0.314	0.323
0.48	0.329	0.338	0.346	0.354	0.362	0.273	0.283	0.292	0.302	0.311	0.320
0.46	0.325	0.334	0.342	0.351	0.359	0.269	0.279	0.288	0.298	0.307	0.316
0.44	0.321	0.329	0.338	0.346	0.355	0.264	0.274	0.284	0.293	0.303	0.312
0.42	0.315	0.324	0.333	0.341	0.350	0.260	0.269	0.279	0.288	0.297	0.307
0.40	0.310	0.318	0.327	0.335	0.344	0.254	0.264	0.273	0.283	0.292	0.301
0.38	0.303	0.312	0.320	0.329	0.337	0.248	0.258	0.267	0.276	0.285	0.294
0.36	0.296	0.304	0.313	0.321	0.330	0.241	0.251	0.260	0.269	0.278	0.287
0.34	0.288	0.296	0.305	0.313	0.321	0.234	0.243	0.253	0.261	0.270	0.279
0.32	0.279	0.287	0.295	0.304	0.312	0.226	0.235	0.244	0.253	0.262	0.270
0.30	0.269	0.277	0.285	0.293	0.301	0.218	0.227	0.235	0.244	0.252	0.261
0.28	0.258	0.266	0.274	0.282	0.290	0.209	0.217	0.226	0.234	0.242	0.250
0.26	0.247	0.255	0.262	0.270	0.277	0.199	0.207	0.215	0.223	0.231	0.239
0.24	0.234	0.242	0.249	0.257	0.264	0.188	0.196	0.204	0.212	0.219	0.227
0.22	0.221	0.228	0.235	0.242	0.249	0.177	0.185	0.192	0.199	0.207	0.214
0.20	0.207	0.213	0.220	0.227	0.233	0.165	0.172	0.179	0.186	0.193	0.200
0.18	0.191	0.197	0.204	0.210	0.216	0.152	0.159	0.165	0.172	0.178	0.185
0.16	0.175	0.180	0.186	0.192	0.198	0.139	0.145	0.151	0.157	0.163	0.169
0.14	0.157	0.162	0.168	0.173	0.178	0.125	0.130	0.135	0.141	0.146	0.152
0.12	0.138	0.143	0.148	0.152	0.157	0.109	0.114	0.119	0.124	0.129	0.133
0.10	0.118	0.122	0.126	0.131	0.135	0.093	0.098	0.102	0.106	0.110	0.114
0.08	0.097	0.101	0.104	0.107	0.111	0.077	0.080	0.083	0.087	0.090	0.094
0.06	0.075	0.077	0.080	0.083	0.085	0.059	0.061	0.064	0.067	0.069	0.072
0.04	0.051	0.053	0.055	0.057	0.059	0.040	0.042	0.044	0.046	0.047	0.049
0.02	0.026	0.027	0.028	0.029	0.030	0.021	0.021	0.022	0.023	0.024	0.025
0.00	0.000	0.000	0.000	0.000	0.000	0.000	0.000	0.000	0.000	0.000	0.000

（续）

λ / ξ	2.10	2.15	2.20	2.25	2.30	2.35	2.40	2.45	2.50	2.55	2.60
1.00	0.339	0.342	0.345	0.348	0.351	0.353	0.355	0.357	0.358	0.360	0.361
0.98	0.339	0.343	0.346	0.349	0.351	0.353	0.355	0.357	0.359	0.360	0.361
0.96	0.340	0.343	0.347	0.349	0.352	0.354	0.357	0.358	0.360	0.361	0.363
0.94	0.341	0.345	0.348	0.351	0.354	0.356	0.358	0.360	0.362	0.364	0.365
0.92	0.343	0.347	0.350	0.353	0.356	0.358	0.361	0.363	0.365	0.366	0.368
0.90	0.345	0.349	0.352	0.355	0.358	0.361	0.363	0.366	0.368	0.369	0.371
0.88	0.347	0.351	0.355	0.358	0.361	0.364	0.367	0.369	0.371	0.373	0.375
0.86	0.350	0.354	0.358	0.361	0.364	0.367	0.370	0.373	0.375	0.377	0.379
0.84	0.352	0.357	0.361	0.364	0.368	0.371	0.374	0.377	0.379	0.382	0.384
0.82	0.355	0.360	0.364	0.368	0.371	0.375	0.378	0.381	0.384	0.386	0.388
0.80	0.358	0.363	0.367	0.371	0.375	0.379	0.382	0.385	0.388	0.391	0.393
0.78	0.361	0.366	0.370	0.375	0.379	0.382	0.386	0.390	0.393	0.396	0.399
0.76	0.363	0.369	0.373	0.378	0.382	0.386	0.390	0.394	0.397	0.401	0.404
0.74	0.366	0.371	0.376	0.381	0.386	0.390	0.394	0.398	0.402	0.405	0.409
0.72	0.369	0.374	0.379	0.384	0.389	0.394	0.398	0.402	0.406	0.410	0.414
0.70	0.371	0.377	0.382	0.387	0.392	0.397	0.402	0.406	0.410	0.414	0.418
0.68	0.373	0.379	0.385	0.390	0.395	0.400	0.405	0.410	0.414	0.419	0.423
0.66	0.375	0.381	0.387	0.393	0.398	0.403	0.408	0.413	0.418	0.423	0.427
0.64	0.376	0.383	0.389	0.395	0.400	0.406	0.411	0.416	0.421	0.426	0.431
0.62	0.377	0.384	0.390	0.396	0.402	0.408	0.414	0.419	0.424	0.429	0.434
0.60	0.378	0.385	0.391	0.398	0.404	0.410	0.416	0.421	0.427	0.432	0.437
0.58	0.378	0.385	0.392	0.398	0.405	0.411	0.417	0.423	0.429	0.434	0.439
0.56	0.378	0.385	0.392	0.399	0.405	0.412	0.418	0.424	0.430	0.436	0.441
0.54	0.377	0.384	0.391	0.398	0.405	0.412	0.418	0.424	0.430	0.436	0.442
0.52	0.375	0.383	0.390	0.397	0.404	0.411	0.418	0.424	0.430	0.437	0.443
0.50	0.373	0.381	0.388	0.396	0.403	0.410	0.416	0.423	0.430	0.436	0.442
0.48	0.370	0.378	0.386	0.393	0.400	0.408	0.415	0.421	0.428	0.434	0.441
0.46	0.367	0.375	0.382	0.390	0.397	0.405	0.412	0.419	0.426	0.432	0.439
0.44	0.363	0.371	0.378	0.386	0.394	0.401	0.408	0.415	0.422	0.429	0.436
0.42	0.358	0.366	0.374	0.381	0.389	0.396	0.404	0.411	0.418	0.425	0.432
0.40	0.352	0.360	0.368	0.376	0.383	0.391	0.398	0.405	0.412	0.419	0.426
0.38	0.345	0.353	0.361	0.369	0.377	0.384	0.392	0.399	0.406	0.413	0.420
0.36	0.338	0.346	0.354	0.361	0.369	0.377	0.384	0.391	0.399	0.406	0.413
0.34	0.329	0.337	0.345	0.353	0.360	0.368	0.375	0.383	0.390	0.397	0.404
0.32	0.320	0.327	0.335	0.343	0.350	0.358	0.365	0.373	0.380	0.387	0.394
0.30	0.309	0.317	0.325	0.332	0.340	0.347	0.354	0.361	0.369	0.376	0.383
0.28	0.298	0.305	0.313	0.320	0.327	0.335	0.342	0.349	0.356	0.363	0.370
0.26	0.285	0.292	0.300	0.307	0.314	0.321	0.328	0.335	0.342	0.349	0.356
0.24	0.271	0.278	0.285	0.292	0.299	0.306	0.313	0.320	0.326	0.333	0.340
0.22	0.256	0.263	0.270	0.276	0.283	0.290	0.296	0.303	0.309	0.316	0.322
0.20	0.240	0.246	0.253	0.259	0.266	0.272	0.278	0.285	0.291	0.297	0.303
0.18	0.222	0.228	0.235	0.241	0.247	0.253	0.259	0.265	0.270	0.276	0.282
0.16	0.204	0.209	0.215	0.221	0.226	0.232	0.237	0.243	0.248	0.254	0.259
0.14	0.183	0.189	0.194	0.199	0.204	0.209	0.214	0.219	0.225	0.230	0.235
0.12	0.162	0.166	0.171	0.176	0.180	0.185	0.190	0.194	0.199	0.203	0.208
0.10	0.139	0.143	0.147	0.151	0.155	0.159	0.163	0.167	0.171	0.175	0.179
0.08	0.114	0.118	0.121	0.124	0.128	0.131	0.135	0.138	0.141	0.145	0.148
0.06	0.088	0.091	0.093	0.096	0.099	0.101	0.104	0.107	0.109	0.112	0.115
0.04	0.060	0.062	0.064	0.066	0.068	0.070	0.072	0.073	0.075	0.077	0.079
0.02	0.031	0.032	0.033	0.034	0.035	0.036	0.037	0.038	0.039	0.040	0.041
0.00	0.000	0.000	0.000	0.000	0.000	0.000	0.000	0.000	0.000	0.000	0.000

表 4-31　顶部集中荷载（V_f/F_{Ek}）值表

ξ \ λ	1.00	1.05	1.10	1.15	1.20	1.25	1.30	1.35	1.40	1.45	1.50
1.00	0.352	0.376	0.401	0.424	0.448	0.470	0.493	0.514	0.535	0.555	0.575
0.98	0.352	0.376	0.401	0.424	0.448	0.470	0.492	0.514	0.535	0.555	0.575
0.96	0.351	0.376	0.400	0.424	0.447	0.470	0.492	0.513	0.534	0.555	0.574
0.94	0.351	0.375	0.399	0.423	0.446	0.469	0.491	0.513	0.533	0.554	0.573
0.92	0.350	0.374	0.398	0.422	0.445	0.468	0.490	0.511	0.532	0.552	0.572
0.90	0.349	0.373	0.397	0.421	0.444	0.466	0.488	0.510	0.531	0.551	0.570
0.88	0.347	0.372	0.395	0.419	0.442	0.464	0.486	0.508	0.529	0.549	0.568
0.86	0.346	0.370	0.394	0.417	0.440	0.462	0.484	0.505	0.526	0.546	0.565
0.84	0.344	0.368	0.391	0.415	0.438	0.460	0.482	0.503	0.523	0.543	0.563
0.82	0.341	0.365	0.389	0.412	0.435	0.457	0.479	0.500	0.520	0.540	0.559
0.80	0.339	0.363	0.386	0.409	0.432	0.454	0.475	0.496	0.517	0.536	0.556
0.78	0.336	0.360	0.383	0.406	0.428	0.450	0.472	0.493	0.513	0.533	0.552
0.76	0.333	0.357	0.380	0.402	0.425	0.446	0.468	0.488	0.509	0.528	0.547
0.74	0.330	0.353	0.376	0.399	0.421	0.442	0.463	0.484	0.504	0.523	0.542
0.72	0.326	0.349	0.372	0.394	0.416	0.438	0.459	0.479	0.499	0.518	0.537
0.70	0.323	0.345	0.368	0.390	0.412	0.433	0.454	0.474	0.439	0.513	0.531
0.68	0.318	0.341	0.363	0.385	0.406	0.428	0.448	0.468	0.488	0.507	0.525
0.66	0.314	0.336	0.358	0.380	0.401	0.422	0.442	0.462	0.481	0.500	0.518
0.64	0.309	0.331	0.353	0.374	0.395	0.416	0.436	0.456	0.475	0.493	0.511
0.62	0.305	0.326	0.348	0.369	0.389	0.410	0.429	0.449	0.468	0.486	0.504
0.60	0.299	0.321	0.342	0.362	0.383	0.403	0.422	0.442	0.460	0.478	0.496
0.58	0.294	0.315	0.336	0.356	0.376	0.396	0.415	0.434	0.452	0.470	0.488
0.56	0.288	0.309	0.329	0.349	0.369	0.388	0.407	0.426	0.444	0.462	0.479
0.54	0.282	0.302	0.322	0.342	0.361	0.380	0.399	0.417	0.435	0.453	0.470
0.52	0.276	0.296	0.315	0.334	0.354	0.372	0.391	0.409	0.426	0.443	0.460
0.50	0.269	0.289	0.308	0.327	0.345	0.364	0.382	0.399	0.416	0.433	0.450
0.48	0.262	0.281	0.300	0.318	0.337	0.355	0.372	0.389	0.406	0.423	0.439
0.46	0.255	0.274	0.292	0.310	0.328	0.345	0.362	0.379	0.396	0.412	0.428
0.44	0.248	0.266	0.283	0.301	0.318	0.335	0.352	0.369	0.385	0.400	0.416
0.42	0.240	0.257	0.274	0.292	0.308	0.325	0.341	0.357	0.373	0.389	0.404
0.40	0.232	0.249	0.265	0.282	0.298	0.314	0.330	0.346	0.361	0.376	0.391
0.38	0.223	0.240	0.256	0.272	0.288	0.303	0.319	0.334	0.349	0.363	0.377
0.36	0.215	0.230	0.246	0.261	0.277	0.292	0.307	0.321	0.336	0.350	0.364
0.34	0.206	0.221	0.236	0.251	0.265	0.280	0.294	0.308	0.322	0.336	0.349
0.32	0.196	0.211	0.225	0.239	0.253	0.267	0.281	0.295	0.308	0.321	0.334
0.30	0.187	0.200	0.214	0.228	0.241	0.254	0.268	0.281	0.293	0.306	0.318
0.28	0.177	0.190	0.203	0.216	0.228	0.241	0.254	0.266	0.278	0.290	0.302
0.26	0.166	0.179	0.191	0.203	0.215	0.227	0.239	0.251	0.262	0.274	0.285
0.24	0.156	0.167	0.179	0.190	0.202	0.213	0.224	0.235	0.246	0.257	0.267
0.22	0.145	0.155	0.166	0.177	0.188	0.198	0.209	0.219	0.229	0.239	0.249
0.20	0.133	0.143	0.153	0.163	0.173	0.183	0.193	0.202	0.212	0.221	0.230
0.18	0.122	0.131	0.140	0.149	0.158	0.167	0.176	0.185	0.194	0.202	0.211
0.16	0.110	0.118	0.126	0.134	0.143	0.151	0.159	0.167	0.175	0.183	0.190
0.14	0.097	0.105	0.112	0.119	0.127	0.134	0.141	0.148	0.155	0.162	0.169
0.12	0.084	0.091	0.097	0.104	0.110	0.116	0.123	0.129	0.135	0.141	0.148
0.10	0.071	0.077	0.082	0.088	0.093	0.098	0.104	0.109	0.115	0.120	0.125
0.08	0.058	0.062	0.067	0.071	0.076	0.080	0.084	0.089	0.093	0.097	0.102
0.06	0.044	0.047	0.051	0.054	0.057	0.061	0.064	0.068	0.071	0.074	0.078
0.04	0.030	0.032	0.034	0.037	0.039	0.041	0.043	0.046	0.048	0.050	0.053
0.02	0.015	0.016	0.017	0.019	0.020	0.021	0.022	0.023	0.024	0.026	0.027
0.00	0.000	0.000	0.000	0.000	0.000	0.000	0.000	0.000	0.000	0.000	0.000

（续）

ξ \ λ	1.55	1.60	1.65	1.70	1.75	1.80	1.85	1.90	1.95	2.00	2.05
1.00	0.594	0.612	0.630	0.646	0.663	0.678	0.693	0.707	0.721	0.734	0.747
0.98	0.594	0.612	0.639	0.646	0.662	0.678	0.693	0.707	0.721	0.734	0.747
0.96	0.593	0.611	0.629	0.646	0.662	0.677	0.692	0.707	0.720	0.733	0.746
0.94	0.592	0.610	0.628	0.645	0.661	0.676	0.691	0.706	0.719	0.732	0.745
0.92	0.591	0.609	0.626	0.643	0.659	0.675	0.690	0.704	0.718	0.731	0.743
0.90	0.589	0.607	0.625	0.641	0.657	0.673	0.688	0.702	0.716	0.729	0.741
0.88	0.587	0.605	0.622	0.639	0.655	0.671	0.686	0.700	0.713	0.727	0.739
0.86	0.584	0.602	0.620	0.636	0.652	0.668	0.683	0.697	0.711	0.724	0.736
0.84	0.581	0.599	0.617	0.633	0.649	0.665	0.680	0.694	0.707	0.720	0.733
0.82	0.578	0.596	0.613	0.630	0.646	0.661	0.676	0.690	0.704	0.717	0.729
0.80	0.574	0.592	0.609	0.626	0.642	0.657	0.672	0.686	0.700	0.713	0.725
0.78	0.570	0.588	0.605	0.621	0.637	0.653	0.667	0.681	0.695	0.708	0.721
0.76	0.565	0.583	0.600	0.617	0.632	0.648	0.662	0.676	0.690	0.703	0.715
0.74	0.560	0.578	0.595	0.611	0.627	0.642	0.657	0.671	0.684	0.697	0.710
0.72	0.555	0.572	0.589	0.606	0.621	0.636	0.651	0.665	0.678	0.691	0.704
0.70	0.549	0.566	0.583	0.599	0.615	0.630	0.645	0.659	0.672	0.685	0.697
0.68	0.543	0.560	0.577	0.593	0.608	0.623	0.638	0.652	0.665	0.678	0.690
0.66	0.536	0.553	0.570	0.586	0.601	0.616	0.630	0.644	0.658	0.670	0.683
0.64	0.529	0.546	0.562	0.578	0.593	0.608	0.622	0.636	0.650	0.662	0.675
0.62	0.521	0.538	0.554	0.570	0.585	0.600	0.614	0.628	0.641	0.654	0.666
0.60	0.513	0.530	0.546	0.561	0.577	0.591	0.605	0.619	0.632	0.645	0.657
0.58	0.505	0.521	0.537	0.552	0.567	0.582	0.596	0.609	0.622	0.635	0.647
0.56	0.496	0.512	0.528	0.543	0.558	0.572	0.586	0.599	0.612	0.624	0.637
0.54	0.486	0.502	0.518	0.533	0.547	0.561	0.575	0.588	0.601	0.614	0.626
0.52	0.476	0.492	0.507	0.522	0.536	0.550	0.564	0.577	0.590	0.602	0.614
0.50	0.466	0.481	0.496	0.511	0.525	0.539	0.552	0.565	0.578	0.590	0.602
0.48	0.455	0.470	0.485	0.499	0.513	0.527	0.540	0.553	0.565	0.577	0.589
0.46	0.443	0.458	0.473	0.487	0.500	0.514	0.527	0.539	0.552	0.564	0.575
0.44	0.431	0.446	0.460	0.474	0.487	0.500	0.513	0.526	0.538	0.549	0.561
0.42	0.418	0.433	0.447	0.460	0.473	0.486	0.499	0.511	0.523	0.534	0.546
0.40	0.405	0.419	0.433	0.446	0.459	0.472	0.484	0.496	0.507	0.519	0.530
0.38	0.391	0.405	0.418	0.431	0.444	0.456	0.468	0.480	0.491	0.502	0.513
0.36	0.377	0.390	0.403	0.416	0.428	0.440	0.452	0.463	0.474	0.485	0.496
0.34	0.362	0.375	0.387	0.400	0.411	0.423	0.434	0.446	0.456	0.467	0.477
0.32	0.347	0.359	0.371	0.383	0.394	0.405	0.417	0.427	0.438	0.448	0.458
0.30	0.330	0.342	0.354	0.365	0.376	0.387	0.398	0.408	0.418	0.428	0.438
0.28	0.313	0.325	0.336	0.347	0.357	0.368	0.378	0.388	0.398	0.408	0.417
0.26	0.296	0.307	0.317	0.328	0.338	0.348	0.358	0.367	0.377	0.386	0.395
0.24	0.278	0.288	0.298	0.308	0.318	0.327	0.336	0.346	0.354	0.363	0.372
0.22	0.259	0.269	0.278	0.287	0.296	0.305	0.314	0.323	0.331	0.340	0.348
0.20	0.239	0.248	0.257	0.266	0.274	0.283	0.291	0.299	0.307	0.315	0.323
0.18	0.219	0.227	0.236	0.244	0.251	0.259	0.267	0.274	0.282	0.289	0.296
0.16	0.198	0.206	0.213	0.220	0.228	0.235	0.242	0.249	0.255	0.262	0.269
0.14	0.176	0.183	0.190	0.196	0.203	0.209	0.216	0.222	0.228	0.234	0.240
0.12	0.154	0.160	0.165	0.171	0.177	0.183	0.188	0.194	0.199	0.205	0.210
0.10	0.130	0.135	0.140	0.145	0.150	0.155	0.160	0.165	0.169	0.174	0.179
0.08	0.106	0.110	0.114	0.118	0.122	0.126	0.130	0.134	0.138	0.142	0.146
0.06	0.081	0.084	0.087	0.090	0.094	0.097	0.100	0.103	0.106	0.109	0.112
0.04	0.055	0.057	0.059	0.061	0.063	0.066	0.068	0.070	0.072	0.074	0.076
0.02	0.028	0.029	0.030	0.031	0.032	0.033	0.035	0.036	0.037	0.038	0.039
0.00	0.000	0.000	0.000	0.000	0.000	0.000	0.000	0.000	0.000	0.000	0.000

（续）

ξ \ λ	2.10	2.15	2.20	2.25	2.30	2.35	2.40	2.45	2.50	2.55	2.60
1.00	0.759	0.770	0.781	0.792	0.801	0.811	0.820	0.829	0.837	0.845	0.852
0.98	0.758	0.770	0.781	0.791	0.801	0.811	0.820	0.828	0.837	0.845	0.852
0.96	0.758	0.769	0.780	0.791	0.801	0.810	0.819	0.828	0.836	0.844	0.851
0.94	0.757	0.768	0.779	0.790	0.800	0.809	0.818	0.827	0.835	0.843	0.850
0.92	0.755	0.767	0.778	0.788	0.798	0.808	0.817	0.825	0.834	0.842	0.849
0.90	0.753	0.765	0.776	0.786	0.796	0.806	0.815	0.824	0.832	0.840	0.847
0.88	0.751	0.762	0.773	0.784	0.794	0.803	0.813	0.821	0.830	0.837	0.845
0.86	0.748	0.760	0.771	0.781	0.791	0.801	0.810	0.819	0.827	0.835	0.842
0.84	0.745	0.756	0.767	0.778	0.788	0.797	0.807	0.815	0.824	0.832	0.839
0.82	0.741	0.753	0.764	0.774	0.784	0.794	0.803	0.812	0.820	0.828	0.836
0.80	0.737	0.749	0.760	0.770	0.780	0.790	0.799	0.808	0.816	0.824	0.832
0.78	0.732	0.744	0.755	0.765	0.776	0.785	0.794	0.803	0.812	0.820	0.827
0.76	0.727	0.739	0.750	0.760	0.770	0.780	0.789	0.798	0.807	0.815	0.823
0.74	0.722	0.733	0.744	0.755	0.765	0.775	0.784	0.793	0.801	0.809	0.817
0.72	0.716	0.727	0.738	0.749	0.759	0.769	0.778	0.787	0.795	0.804	0.811
0.70	0.709	0.721	0.732	0.742	0.752	0.762	0.771	0.780	0.789	0.797	0.805
0.68	0.702	0.714	0.725	0.735	0.745	0.755	0.764	0.773	0.782	0.790	0.798
0.66	0.695	0.706	0.717	0.727	0.738	0.747	0.757	0.766	0.774	0.783	0.791
0.64	0.686	0.698	0.709	0.719	0.729	0.739	0.749	0.758	0.766	0.775	0.783
0.62	0.678	0.689	0.700	0.711	0.721	0.730	0.740	0.749	0.758	0.766	0.774
0.60	0.668	0.680	0.691	0.701	0.711	0.721	0.731	0.740	0.748	0.757	0.765
0.58	0.659	0.670	0.681	0.691	0.701	0.711	0.721	0.730	0.738	0.747	0.755
0.56	0.648	0.659	0.670	0.681	0.691	0.701	0.710	0.719	0.728	0.736	0.745
0.54	0.637	0.648	0.659	0.670	0.680	0.689	0.699	0.708	0.717	0.725	0.733
0.52	0.625	0.636	0.647	0.658	0.668	0.677	0.687	0.696	0.705	0.713	0.721
0.50	0.613	0.624	0.635	0.645	0.655	0.665	0.674	0.683	0.692	0.701	0.709
0.48	0.600	0.611	0.622	0.632	0.642	0.651	0.661	0.670	0.679	0.687	0.695
0.46	0.586	0.597	0.608	0.618	0.628	0.637	0.647	0.656	0.664	0.673	0.681
0.44	0.572	0.582	0.593	0.603	0.613	0.622	0.632	0.641	0.649	0.658	0.666
0.42	0.556	0.567	0.577	0.587	0.597	0.606	0.616	0.625	0.633	0.642	0.650
0.40	0.540	0.551	0.561	0.571	0.580	0.590	0.599	0.608	0.616	0.625	0.633
0.38	0.524	0.534	0.544	0.554	0.563	0.572	0.581	0.590	0.599	0.607	0.615
0.36	0.506	0.516	0.526	0.535	0.545	0.554	0.563	0.571	0.580	0.588	0.596
0.34	0.487	0.497	0.507	0.516	0.525	0.534	0.543	0.551	0.560	0.568	0.576
0.32	0.468	0.478	0.487	0.496	0.505	0.514	0.522	0.531	0.539	0.547	0.555
0.30	0.448	0.457	0.466	0.475	0.484	0.492	0.500	0.509	0.517	0.524	0.532
0.28	0.426	0.435	0.444	0.453	0.461	0.469	0.477	0.485	0.493	0.501	0.508
0.26	0.404	0.412	0.421	0.429	0.437	0.445	0.453	0.461	0.469	0.476	0.483
0.24	0.380	0.389	0.397	0.405	0.413	0.420	0.428	0.435	0.443	0.450	0.457
0.22	0.356	0.364	0.371	0.379	0.387	0.394	0.401	0.408	0.415	0.422	0.429
0.20	0.330	0.338	0.345	0.352	0.359	0.366	0.373	0.380	0.386	0.393	0.400
0.18	0.303	0.310	0.317	0.324	0.331	0.337	0.344	0.350	0.356	0.362	0.368
0.16	0.275	0.282	0.288	0.294	0.300	0.306	0.312	0.318	0.324	0.330	0.336
0.14	0.246	0.252	0.257	0.263	0.269	0.274	0.280	0.285	0.291	0.296	0.301
0.12	0.215	0.220	0.226	0.231	0.236	0.241	0.245	0.250	0.255	0.260	0.265
0.10	0.183	0.188	0.192	0.196	0.201	0.205	0.209	0.214	0.218	0.222	0.226
0.08	0.150	0.153	0.157	0.161	0.164	0.168	0.172	0.175	0.179	0.182	0.185
0.06	0.115	0.118	0.120	0.123	0.126	0.129	0.132	0.135	0.137	0.140	0.143
0.04	0.078	0.080	0.082	0.084	0.086	0.088	0.090	0.092	0.094	0.096	0.098
0.02	0.040	0.041	0.042	0.043	0.044	0.045	0.046	0.047	0.048	0.049	0.050
0.00	0.000	0.000	0.000	0.000	0.000	0.000	0.000	0.000	0.000	0.000	0.000

5　多层砌体房屋和底部框架砌体房屋

砌体结构房屋的墙体是由块体和砂浆砌筑而成的，块体和砂浆具有脆性性质，抗拉、抗弯及抗剪能力都很低，因此砌体结构房屋的抗震性能相对较差，不及钢结构和钢筋混凝土结构房屋，在国内外历次强震中的破坏率都很高。砌体结构房屋在我国的建筑工程中使用很广泛，在我国建筑业中的比例占到约 60% ~70%，尤其在住宅建筑中，使用比例高达 80%。因此，对地震区的砌体结构房屋进行抗震设计是很有必要的。表 5-1 为我国 20 世纪 60 年代至 90 年代中期多层砖房的震害程度统计表。

表 5-1　多层砖房震害程度统计表　（单位:%）

地震烈度 震害程度	6 度	7 度	8 度	9 度	10 度
基本完好	45.9	40.8	37.2	5.8	0.8
轻微破坏	42.3	37.7	19.5	9.1	2.5
中等破坏	11.2	12.2	24.8	24.7	5.6
严重破坏	0.6	8.8	18.2	53.9	13.0
倒塌	—	0.5	0.3	6.5	78.1
总计	100	100	100	100	100

5.1　震害及其分析

1. 房屋倒塌

房屋倒塌是最严重的破坏形式。房屋倒塌分整体倒塌和局部倒塌两种形式，当房屋墙体特别是底层墙体整体抗震强度不足时，易造成房屋整体倒塌，如图 5-1 所示；当房屋局部或上层墙体抗震强度不足时，易发生局部倒塌，如图 5-2 所示。另外，当个别部位构件间连接强度不足时，易造成局部倒塌。

图 5-1　楼房整体倒塌

图 5-2 局部倒塌

2. 墙角破坏

墙角处于纵横两个方向地震作用的交汇处，应力状态复杂，因而破坏形态多样，通常有受剪斜裂缝、受压竖向裂缝、块材被压碎或墙角脱落，如图 5-3 所示。

图 5-3 墙角破坏

3. 墙体破坏

墙体破坏的部位和形式往往与布置、砌体强度和房屋构造等因素有密切关系。墙体的破坏形式主要有：斜裂缝、交叉裂缝、水平裂缝和竖向裂缝，如图 5-4 所示。

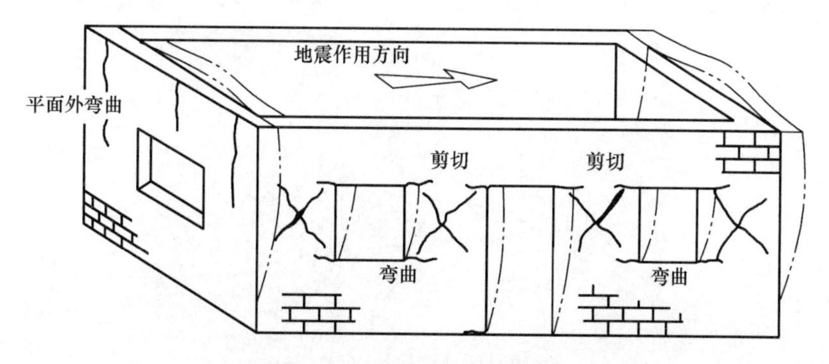

图 5-4 结构变形与典型破坏

图 5-5 所示为 X 形状裂缝房屋。

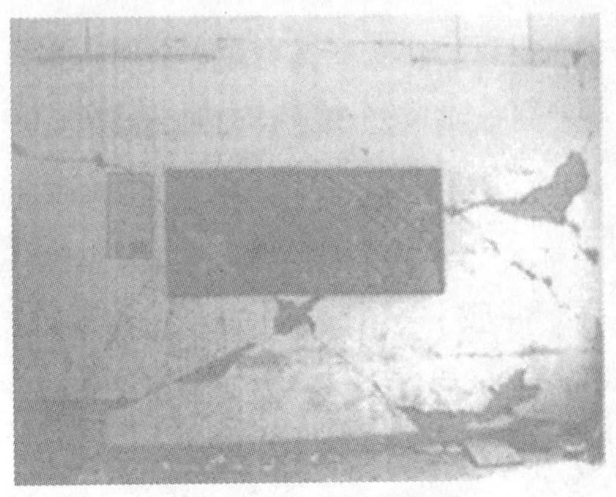

图 5-5　X 形状裂缝房屋

4. 楼板和屋盖塌落

主要是由于楼板支承长度不足，引起局部倒塌，或是其下部的支承墙体破坏倒塌，引起楼、屋盖倒塌，如图 5-6 所示。

图 5-6　屋盖破坏

5. 纵横墙连接的破坏

一般是因为施工时纵横墙没有很好地咬槎、连接槎，加之地震时两个方面的地震作用，使连接处受力复杂、应力集中，这种破坏将导致整片纵墙外闪甚至倒塌，如图 5-7 所示。

图 5-7　纵横墙连接破坏

6. 楼梯间的破坏

主要是墙体破坏，而楼梯本身很少破坏。这是因为楼梯在水平方向刚度大，不易破坏，而墙体在高度方向缺乏有力支撑，空间刚度差，且高厚比较大，稳定性差，容易造成破坏，如图5-8所示。

图5-8　楼梯间破坏

7. 附属构件的破坏

主要是由于这些构件与建筑物本身连接较差等原因，在地震时造成大量破坏。如突出屋面的小烟囱、女儿墙、门脸或附墙烟囱的倒塌，隔墙等非结构构件、室内外装饰等开裂、倒塌，如图5-9所示。

图5-9　附属构件的破坏

5.2　一般要求

1）多层房屋的层数和高度应符合下列要求：

① 一般情况下，房屋的层数和总高度不应超过表5-1的规定。

② 横墙较少的多层砌体房屋，总高度应比表5-1的规定降低3m，层数相应减少一层；各层横墙很少的多层砌体房屋，还应再减少一层。

注：横墙较少是指同一楼层内开间大于4.2m的房间占该层总面积的40%以上；其中，开间不大于4.2m的房间占该层总面积不到20%，且开间大于4.8m的房间占该层总面积的50%以上为横墙很少。

③ 6 度、7 度时，横墙较少的丙类多层砌体房屋，当按规定采取加强措施并满足抗震承载力要求时，其高度和层数应允许仍按表 5-2 的规定采用。

④ 采用蒸压灰砂砖和蒸压粉煤灰砖的砌体的房屋，当砌体的抗剪强度仅达到普通黏土砖砌体的 70% 时，房屋的层数应比普通砖房减少一层，总高度应减少 3m；当砌体的抗剪强度达到普通黏土砖砌体的取值时，房屋层数和总高度的要求同普通砖房屋。

表 5-2　房屋的层数和总高度限值　　（单位：m）

房屋类型		最小抗震墙厚度/mm	烈度和设计基本地震加速度											
			6		7				8				9	
			0.05g		0.10g		0.15g		0.20g		0.30g		0.40g	
			高度	层数	高度	层数	高度	层数	高度	层数	高度	层数	高度	层数
多层砌体房屋	普通砖	240	21	7	21	7	21	7	18	6	15	5	12	4
	多孔砖	240	21	7	21	7	18	6	18	6	15	5	9	3
	多孔砖	190	21	7	18	6	15	5	15	5	12	4	—	—
	小砌块	190	21	7	21	7	18	6	18	6	15	5	9	3
底部框架-抗震墙房屋	普通砖、多孔砖	240	22	7	22	7	19	6	16	5	—	—	—	—
	多孔砖	190	22	7	19	6	16	5	13	4	—	—	—	—
	小砌块	190	22	7	22	7	19	6	16	5	—	—	—	—

注：1. 房屋的总高度指室外地面到主要屋面板板顶或檐口的高度，半地下室从地下室室内地面算起，全地下室和嵌固条件好的半地下室应允许从室外地面算起；对带阁楼的坡屋面应算到山尖墙的 1/2 高度处。
2. 室内外高差大于 0.6m 时，房屋总高度应允许比表中的数据适当增加，但增加量应少于 1.0m。
3. 乙类的多层砌体房屋仍按本地区设防烈度查表，其层数应减少一层且总高度应降低 3m；不应采用底部框架-抗震墙砌体房屋。
4. 本表小砌块砌体房屋不包括配筋混凝土小型空心砌块砌体房屋。

2）多层砌体房屋总高度与总宽度的最大比值，宜符合表 5-3 的要求。

表 5-3　房屋最大高宽比

烈　度	6	7	8	9
最大高宽比	2.5	2.5	2	1.5

注：1. 单面走廊房屋的总宽度不包括走廊宽度。
2. 建筑平面接近正方形时，其高宽比宜适当减小。

3）房屋抗震横墙的间距，不应超过表 5-4 的要求：

表 5-4　房屋抗震横墙的间距　　（单位：m）

房屋类别		烈　度			
		6	7	8	9
多层砌体房屋	现浇或装配整体式钢筋混凝土楼、屋盖	15	15	11	7
	装配式钢筋混凝土楼、屋盖	11	11	9	4
	木屋盖	9	9	4	—

（续）

房屋类别		烈度			
		6	7	8	9
底部框架-抗震墙房屋	上部各层	同多层砌体房屋			—
	底层或底部两层	18	15	11	—

注：1. 多层砌体房屋的顶层，除木屋盖外的最大横墙间距应允许适当放宽，但应采取相应加强措施。
2. 多孔砖抗震横墙厚度为190mm时，最大横墙间距应比表中数值减少3m。

4）多层砌体房屋中砌体墙段的局部尺寸限值，宜符合表5-5的要求：

表5-5　房屋的局部尺寸限值　（单位：m）

部　　位	6度	7度	8度	9度
承重窗间墙最小宽度	1.0	1.0	1.2	1.5
承重外墙尽端至门窗洞边的最小距离	1.0	1.0	1.2	1.5
非承重外墙尽端至门窗洞边的最小距离	1.0	1.0	1.0	1.0
内墙阳角至门窗洞边的最小距离	1.0	1.0	1.5	2.0
无锚固女儿墙（非出入口处）的最大高度	0.5	0.5	0.5	0.0

注：1. 局部尺寸不足时，应采取局部加强措施弥补，且最小宽度不宜小于1/4层高和表列数据的80%。
2. 出入口处的女儿墙应有锚固。

5.3　抗震计算

1. 计算简图

当多层砌体结构房屋按上节要求进行结构布置后，可认为在其水平地震作用下的变形以层间剪切变形为主。因此，可采用图5-10所示的计算简图。

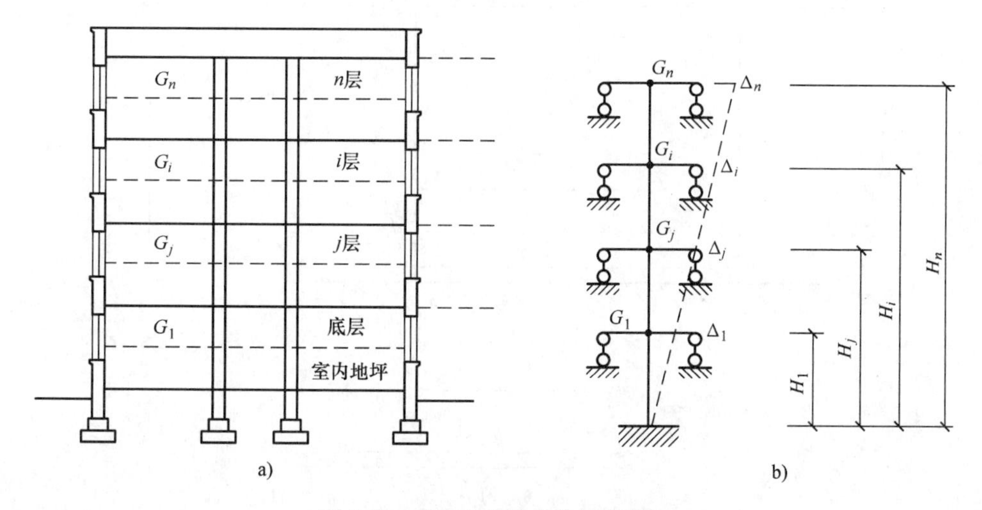

图5-10　多层砌体结构的计算简图
a）多层砌体结构房屋　b）计算简图

2. 楼层地震剪力在各墙体间的分配

(1) 墙体的等效侧向刚度

1) 无洞墙体的层间等效侧向刚度

如图 5-11 所示，视墙体为下端固定、上端嵌固的竖向构件，其层间侧向柔度包括剪切变形 δ_s 和弯曲变形 δ_b。其中

$$\delta_s = \frac{\xi h}{AG} \tag{5-1}$$

$$\delta_b = \frac{h^3}{12EI} \tag{5-2}$$

总变形

$$\delta = \delta_s + \delta_b = \frac{\xi h}{AG} + \frac{h^3}{12EI} = \frac{\frac{h}{b}\left[\left(\frac{h}{b}\right)^2 + 3\right]}{Et} \tag{5-3}$$

式中　h——墙体高度；

A——墙体的水平截面积，$A = bt$；

b、t——墙体的宽度和厚度；

I——墙体的水平截面惯性矩，$I = \frac{1}{12}b^3 t$；

E——砌体弹性模量；

G——砌体剪切模量，一般取 $G = 0.4E$；

ξ——截面剪应力不均匀系数，对矩形截面取 $\xi = 1.2$。

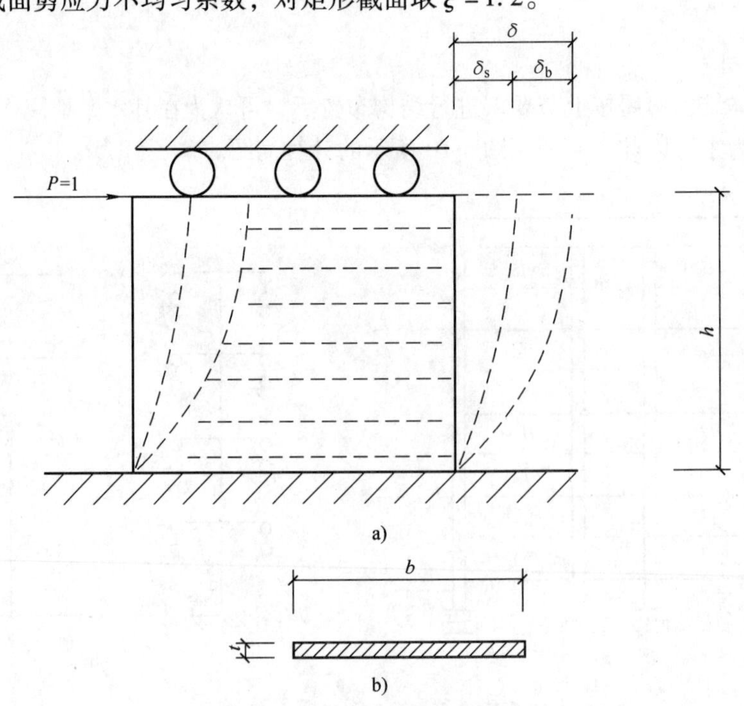

图 5-11　层间墙体的变形

图 5-12 反映了不同高宽比墙体中剪切变形 δ_s、弯曲变形 δ_b 和总变形 δ 的数量关系。可以看出：当 $h/b<1$ 时，弯曲变形不足总变形的 10%，墙体以剪切变形为主；当 $1\leqslant h/b\leqslant 4$ 时，随着 h/b 的增加，弯曲变形所占的比例也在增大。因此，在确定墙体层间等效侧向刚度中，当 $h/b<1$ 时，可只考虑剪切变形，弯曲变形的影响可予以忽略，则

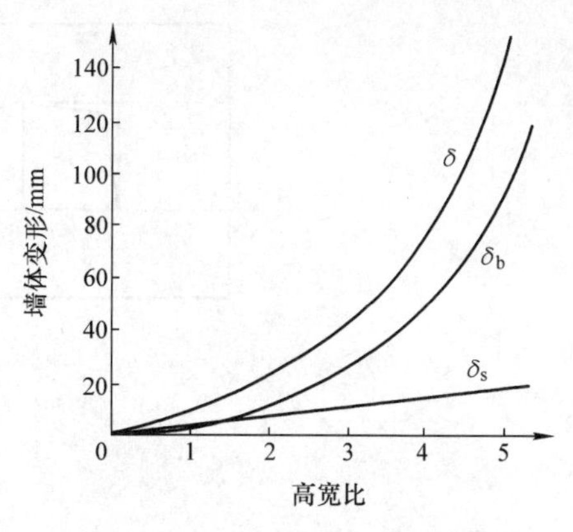

图 5-12　高宽比对墙体变形的影响

$$K=\frac{1}{\delta}=\frac{Ebt}{3h} \tag{5-4}$$

当 $1\leqslant h/b\leqslant 4$ 时，应同时考虑剪切变形和弯曲变形的影响。由式（5-3）得

$$K=\frac{1}{\delta}=\frac{Et}{\frac{h}{b}\left[\left(\frac{h}{b}\right)^2+3\right]} \tag{5-5}$$

当 $h/b>4$ 时，由于墙体的侧向刚度很小，故不考虑此墙体的侧向刚度，即取 $K=0$。

2）开洞墙体的层间等效侧向刚度

如图 5-13 所示，在墙顶施加水平方向单位力，可认为墙顶的侧移 δ 为 $\delta=\delta_1+\delta_2$，而 $\delta_1=1/K_1$，$\delta_2=1/K_2$，则

$$K=\frac{1}{\delta}=\frac{1}{\frac{1}{K_1}+\frac{1}{K_2}} \tag{5-6}$$

其中 $K_2=\sum_{l=1}^{r}K_{2l}$，于是

$$K=\frac{1}{\frac{1}{K_1}+\frac{1}{\sum_{l=1}^{r}K_{2l}}} \tag{5-7}$$

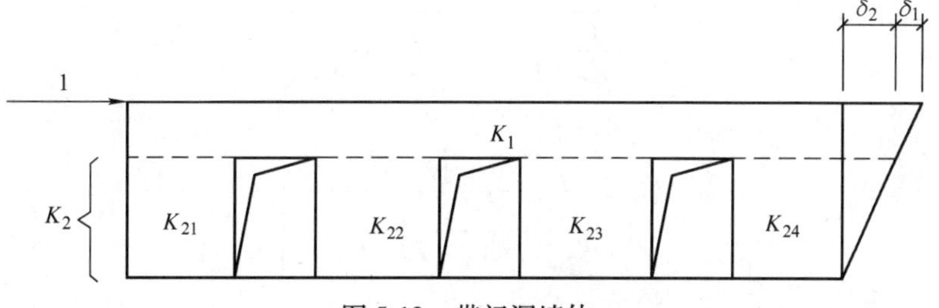

图 5-13　带门洞墙体

K_{2l}可按式（5-4）或式（5-5）计算。以图 5-13 所示情况为基础可求得高宽比在常用范围内开洞较为复杂的墙体的层间等效侧向刚度。如对于图 5-14 所示墙体，可将其在 $A-A$ 处划分为两个部分。

则 $K=\frac{1}{\frac{1}{K_1}+\frac{1}{K_2}}$，由式（5-7）有，$K_1=\frac{1}{\frac{1}{K_{10}}+\frac{1}{1\sum_{l=2}^{r}K_{1l}}}$，于是

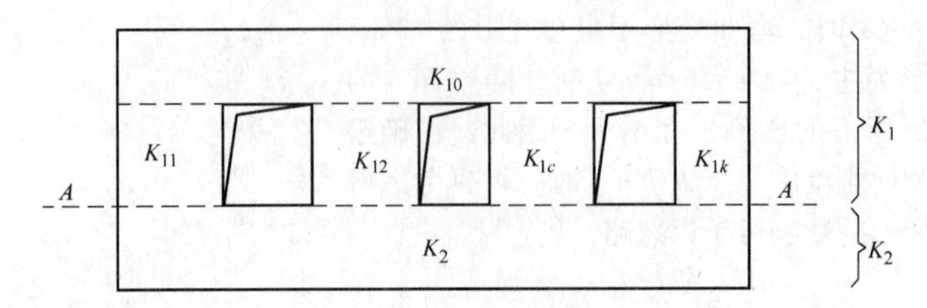

图 5-14　带窗洞墙体

$$K = \frac{1}{\frac{1}{K_{10}} + \frac{1}{1\sum_{l=2}^{r} K_{1l}} + \frac{1}{K_2}} \tag{5-8}$$

对于图 5-15 所示墙体，也可将其在 $A-A$ 处划分为两个部分。

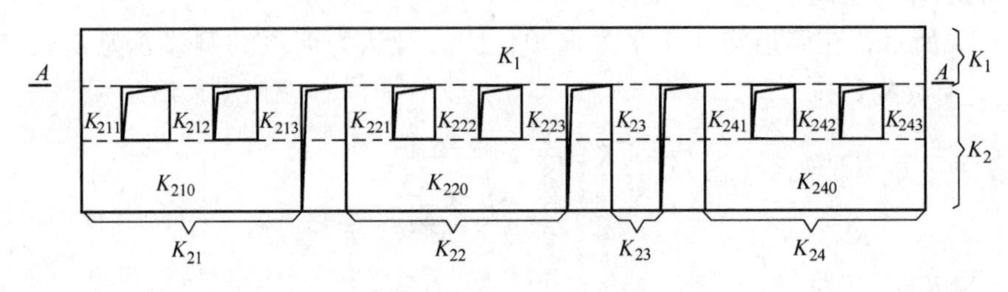

图 5-15　带门窗洞墙体

则 $K=\frac{1}{\frac{1}{K_1}+\frac{1}{K_2}}$，而 $K_2=K_{21}+K_{22}+K_{23}+K_{24}$，于是

$$K = \frac{1}{\frac{1}{K_1} + \frac{1}{K_{21}+K_{22}+K_{23}+K_{24}}} \tag{5-9}$$

其中

$$\left.\begin{aligned} k_{21} &= \frac{1}{\frac{1}{K_{210}} + \frac{1}{K_{211}+K_{212}+K_{213}}} \\ k_{22} &= \frac{1}{\frac{1}{K_{220}} + \frac{1}{K_{221}+K_{222}+K_{223}}} \\ k_{23} &= \frac{1}{\frac{1}{K_{230}} + \frac{1}{K_{231}+K_{232}+K_{233}}} \end{aligned}\right\} \tag{5-10}$$

3）小开口墙体层间等效侧向刚度的计算

对于小开口墙体，为了使计算简单，可按不开洞的墙体毛面积计算其等效侧向刚度，然后根据开洞率乘以表 5-6 的墙段洞口影响系数：

表 5-6　墙段洞口影响系数

开洞率	0.10	0.20	0.50
影响系数	0.98	0.94	0.88

注：1. 开洞率为洞口水平截面面积与墙段水平毛截面面积之比，相邻洞口之间净宽小于500mm的墙段视为洞口。
2. 洞口中线偏离墙段中线大于墙段长度的1/4时，表中影响系数值折减0.9；门洞的洞顶高度大于层高80%时，表中数据不适用；窗洞高度大于50%层高时，按门洞对待。

(2) 横向楼层地震剪力的分配

横向楼层地震剪力的分配要考虑楼盖的刚度，下面分刚性楼盖、柔性楼盖和中等刚性楼盖3种情况讨论。

1) 刚性楼盖

刚性楼盖是指现浇或装配整体式钢筋混凝土楼盖。刚性楼盖认为楼盖在平面内刚度为无穷大，在自身平面内无变形。忽略扭转效应时，楼盖在水平地震剪力作用下做平动，各点的变形均一致。将楼盖视为其在平面内为绝对刚性的连续梁，而将各横墙看成是该梁的弹性支座，各支座反力即为各横墙所承受的地震剪力，而且各横墙的侧移均相等，如图5-16所示。

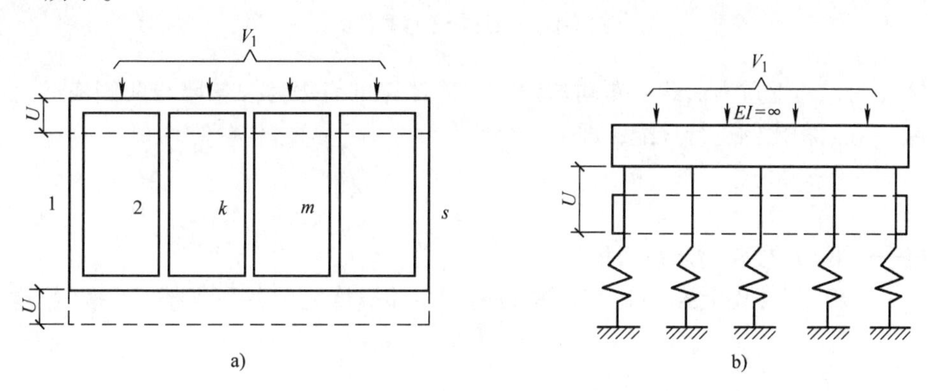

图 5-16　刚性楼盖计算简图

对于刚性楼盖，各道横墙所承担的地震剪力可按照各道横墙的侧移刚度比例来分配，即

$$V_{im}=K_{im}u=K_{im}\frac{V_i}{\sum_{k=1}^{s}K_{ik}}=\frac{K_{im}}{\sum_{k=1}^{s}K_{ik}}V_i \tag{5-11}$$

式中　V_{im}——第 i 层第 m 道横墙所分配的地震剪力标准值；

V_i——第 i 层的横向水平地震剪力标准值；

K_{ik}、K_{im}——分别为第 i 层第 k、第 m 道横墙的等效侧向刚度。

2) 柔性楼盖

柔性楼盖包括木结构楼盖。由于楼盖在其自身平面内的水平刚度很小，在横向水平地震作用下，楼盖变形除平移外还有弯曲变形，在各横墙处的变形不相同，变形曲线不连续，因而可近似地视整个楼盖为分段简支于各片横墙的多跨简支梁，如图5-17所示，各片横墙可独立地变形。各横墙所承担的地震作用为该墙两侧横墙之间各一半楼（屋）盖面积的重力荷载所产生的地震作用。因此，各横墙所承担的地震作用即可按各墙所承担的上述重力荷载

代表值的比例进行分配，即

$$V_{im}=\frac{G_{im}}{G_i}V_i \tag{5-12}$$

式中 G_i——第 i 层楼（屋）盖上所承担的总重力荷载代表值；

G_{im}——第 i 层楼（屋）盖上，第 m 道墙与左右两侧相邻横墙之间各一半楼（屋）盖面积上所承担的重力荷载代表值之和。

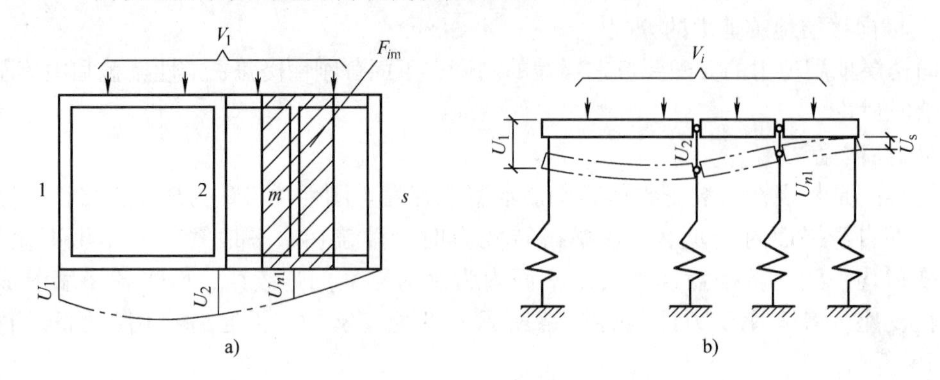

图 5-17 柔性楼盖计算简图

当楼（屋）盖上重力荷载分布均匀时，上述计算可简化为按各墙与两侧横墙之间各一半楼（屋）盖面积比例进行分配，即

$$V_{im}=\frac{F_{im}}{F_i}V_i \tag{5-13}$$

式中 F_i——第 i 层楼盖的建筑面积；

F_{im}——第 i 层楼盖上第 m 道墙与左右两侧相邻横墙之间各一半楼（屋）盖建筑面积之和。

3）中等刚性楼盖

装配式钢筋混凝土楼盖属于中等刚度楼盖，其楼（屋）盖的刚度介于刚性与柔性楼（屋）盖之间，既不能把它假定为绝对刚性水平连续梁，也不能假定为多跨简支梁。在横向水平地震作用下，楼盖的变形状态不同于刚性楼盖和柔性楼盖，在各片横墙间将产生一定的相对水平变形，各片横墙产生的位移并不相等，因而，各片横墙所承担的地震剪力，不仅与横墙抗侧力等效刚度有关，而且与楼盖的水平变形有关。在一般多层砌体的设计中，对于中等刚性楼盖房屋。第 i 层第 m 片横墙所承担的地震剪力，可取刚性楼盖和柔性楼盖房屋两种计算结构的平均值，即

$$V_{im}=\frac{1}{2}\left(\frac{K_{im}}{\sum\limits_{k=1}^{s}K_{ik}}+\frac{G_{im}}{G_i}\right)V_i \tag{5-14}$$

或

$$V_{im}=\frac{1}{2}\left(\frac{K_{im}}{\sum\limits_{k=1}^{s}K_{ik}}+\frac{F_{im}}{F_i}\right)V_i \tag{5-15}$$

（3）纵向楼层地震剪力的分配

一般房屋往往宽度小而长度大，无论何种类型楼盖，其纵向水平刚度都大，在纵向地震作用下，楼盖的变形小，可认为在其自身平面内无变形，因而，在纵向地震作用下，纵墙所承担的地震剪力，均可按刚性楼盖考虑，即纵向地震剪力可按纵墙的刚度比例进行分配，即按式（5-11）计算。

3. 墙体抗震承载力验算

1）各类砌体沿阶梯形截面破坏的抗震抗剪强度设计值，应按下式确定：

$$f_{vE}=\zeta_N f_v \tag{5-16}$$

式中　f_{vE}——砌体沿阶梯形截面破坏的抗震抗剪强度设计值；

f_v——非抗震设计的砌体抗剪强度设计值；

ζ_N——砌体抗震抗剪强度的正应力影响系数，应按表5-7采用。

表5-7　砌体强度的正应力影响系数

砌体类别	σ_0/f_v							
	0.0	1.0	3.0	5.0	7.0	10.0	12.0	≥16.0
普通砖，多孔砖	0.80	0.99	1.25	1.47	1.65	1.90	2.05	—
小砌块	—	1.23	1.69	2.15	2.57	3.02	3.32	3.92

注：σ_0为对应于重力荷载代表值的砌体截面平均压应力。

2）普通砖、多孔砖墙体的截面抗震受剪承载力，应按下列规定验算：

① 一般情况下，应按下式验算：

$$V\leqslant f_{vE}A/\gamma_{RE} \tag{5-17}$$

式中　V——墙体剪力设计值；

f_{vE}——砖砌体沿阶梯形截面破坏的抗震抗剪强度设计值；

A——墙体横截面面积，多孔砖取毛截面面积；

γ_{RE}——承载力抗震调整系数，承重墙按本规范表5.4.2采用，自承重墙按0.75采用。

② 采用水平配筋的墙体，应按下式验算：

$$V\leqslant\frac{1}{\gamma_{RE}}(f_{vE}A+\zeta_s f_{yh}A_{sh}) \tag{5-18}$$

式中　f_{yh}——水平钢筋抗拉强度设计值；

A_{sh}——层间墙体竖向截面的总水平钢筋面积，其配筋率应不小于0.07%且不大于0.17%；

ζ_s——钢筋参与工作系数，可按表5-8采用。

表5-8　钢筋参与工作系数

墙体高厚比	0.4	0.6	0.8	1.0	1.2
ζ_s	0.10	0.12	0.14	0.15	0.12

③ 当按式（5-17）、式（5-18）验算不满足要求时，可计入基本均匀设置于墙段中部、截面不小于240mm×240mm（墙厚190mm时为240mm×190mm）且间距不大于4m的构造柱对受剪承载力的提高作用，按下列简化方法验算：

$$V\leqslant\frac{1}{\gamma_{RE}}[\eta_c f_{vE}(A-A_c)+\zeta_c f_t A_c+0.08f_{yc}A_{sc}+\zeta_s f_{yh}A_{sh}] \tag{5-19}$$

式中　A_c——中部构造柱的横截面总面积（对横墙和内纵墙，$A_c>0.15A$ 时，取 $0.15A$；对外纵墙，$A_c>0.25A$ 时，取 $0.25A$）；

f_t——中部构造柱的混凝土轴心抗拉强度设计值；

A_{sc}——中部构造柱的纵向钢筋截面总面积（配筋率不小于 0.6%，大于 1.4% 时取 1.4%）；

f_{yh}、f_{yc}——分别为墙体水平钢筋、构造柱钢筋抗拉强度设计值；

ζ_c——中部构造柱参与工作系数；居中设一根时，取 0.5，多于一根时，取 0.4；

η_c——墙体约束修正系数；一般情况取 1.0，构造柱间距不大于 3.0m 时，取 1.1；

A_{sh}——层间墙体竖向截面的总水平钢筋面积，无水平钢筋时取 0.0。

3）小砌块墙体的截面抗震受剪承载力，应按下式验算：

$$V \leqslant \frac{1}{\gamma_{RE}}[f_{vE}A + (0.3f_tA_c + 0.05f_yA_s)\zeta_c] \tag{5-20}$$

式中　f_t——芯柱混凝土轴心抗拉强度设计值；

A_c——芯柱截面总面积；

A_s——芯柱钢筋截面总面积；

f_y——芯柱钢筋抗拉强度设计值；

ζ_c——芯柱参与工作系数，可按表 5-9 采用。

注：当同时设置芯柱和构造柱时，构造柱截面可作为芯柱截面，构造柱钢筋可作为芯柱钢筋。

表 5-9　芯柱参与工作系数

填孔率 ρ	$\rho<0.15$	$0.15\leqslant\rho<0.25$	$0.25\leqslant\rho<0.5$	$\rho\geqslant0.5$
ζ_c	0.0	1.0	1.10	1.15

注：填孔率指芯柱根数（含构造柱和填实孔洞数量）与孔洞总数之比。

5.4　抗震构造措施

震害经验表明，凡是未经过合理抗震设计的多层砌体结构房屋，抗震性能较差，特别是在强烈地震下极易倒塌，因此，防倒塌是多层砌体结构房屋抗震设计的重要问题。多层砌体结构房屋的抗倒塌，主要通过必要的抗震构造措施来实现。

1. 多层砖房构造措施

（1）构造柱设置

构造柱的设置对墙体的初裂荷载并无明显提高；对砖砌体的抗剪承载力只能提高 10%～30%，其提高的幅度与墙体高宽比、竖向压力和开洞情况有关；构造柱的主要作用是对砌体起约束作用，使之有较高的变形能力，是一种有效的抗倒塌措施；构造柱应当设置在震害较重、连接构造比较薄弱和易于应力集中的部位，如图 5-18 所示。

1）构造柱的设置要求

各类多层砖砌体房屋，应按下列要求设置现浇钢筋混凝土构造柱（以下简称构造柱）：

① 构造柱设置部位，一般情况下应符合表 5-10 的要求。

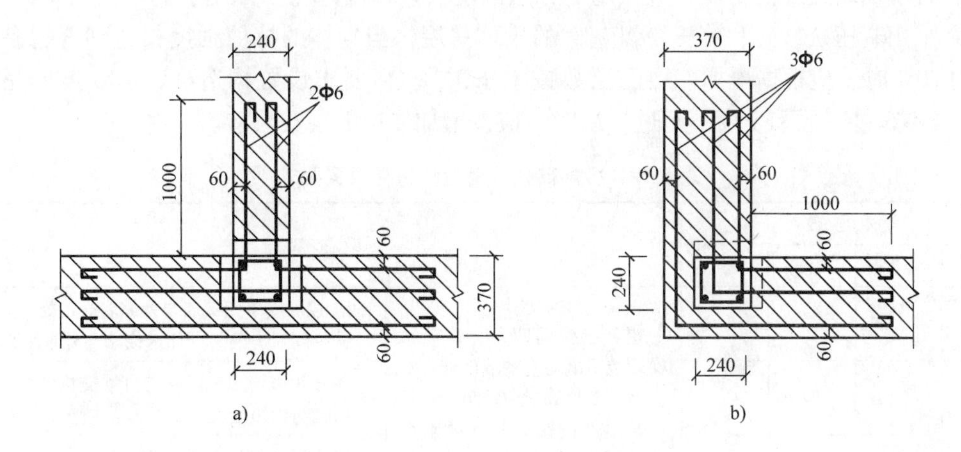

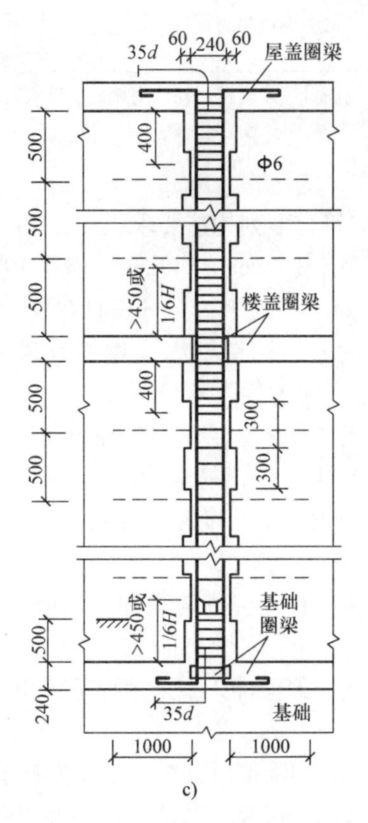

图 5-18 构造柱

a）丁字墙与构造柱的拉结连接 b）转角墙与构造柱的拉结连接 c）圈梁与构造柱的连接

② 外廊式和单面走廊式的多层房屋，应根据房屋增加一层的层数，按表 5-10 的要求设置构造柱，且单面走廊两侧的纵墙均应按外墙处理。

③ 横墙较少的房屋，应根据房屋增加一层的层数，按表 5-10 的要求设置构造柱。当横墙较少的房屋为外廊式或单面走廊式时，应按本条② 要求设置构造柱；但 6 度不超过四层、7 度不超过三层和 8 度不超过二层时，应按增加二层的层数对待。

④ 各层横墙很少的房屋，应按增加二层的层数设置构造柱。

⑤ 采用蒸压灰砂砖和蒸压粉煤灰砖的砌体房屋，当砌体的抗剪强度仅达到普通黏土砖砌体的70%时，应根据增加一层的层数按本条① ~④ 要求设置构造柱；但6度不超过四层、7度不超过三层和8度不超过二层时，应按增加二层的层数对待。

表5-10　多层砖砌体房屋构造柱设置要求

<table>
<tr><th colspan="4">房屋层数</th><th colspan="2" rowspan="2">设置部位</th></tr>
<tr><th>6度</th><th>7度</th><th>8度</th><th>9度</th></tr>
<tr><td>四、五</td><td>三、四</td><td>二、三</td><td></td><td rowspan="3">楼、电梯间四角、楼梯斜梯段上下端对应的墙体处
外墙四角和对应转角
错层部位横墙与外纵墙交接处
较大洞口两侧</td><td>隔12m或单元横墙与外纵墙交接处
楼梯间对应的另一侧内横墙与外纵墙交接处</td></tr>
<tr><td>六</td><td>五</td><td>四</td><td>二</td><td>隔开间横墙（轴线）与外墙交接处
山墙与内纵墙交接处</td></tr>
<tr><td>七</td><td>≥六</td><td>≥五</td><td>≥三</td><td>内墙（轴线）与外墙交接处
内横墙的局部较小墙垛处
内纵墙与横墙（轴线）交接处</td></tr>
</table>

注：较大洞口，内墙指不小于2.1m的洞口；外墙在内外墙交接处已设置构造柱时应允许适当放宽，但洞侧墙体应加强。

2）构造柱的构造要求

多层砖砌体房屋的构造柱应符合下列构造要求：

① 构造柱最小截面尺寸可采用180mm×240mm（墙厚190mm时，为180mm×190mm），纵向钢筋宜采用4Φ12，箍筋间距不宜大于250mm，且在柱上下端应适当加密；6、7度时超过六层、8度时超过五层和9度时，构造柱纵向钢筋宜采用4Φ14，箍筋间距不应大于200mm；房屋四角的构造柱应适当加大截面及配筋。

② 构造柱与墙连接处应砌成马牙槎，沿墙高每隔500mm设2Φ6水平钢筋和Φ4分布短筋平面内点焊组成的拉结网片或Φ4点焊钢筋网片，每边伸入墙内不宜小于1m。6度、7度时底部1/3楼层，8度时底部1/2楼层，9度时全部楼层，上述拉结钢筋网片应沿墙体水平通长设置。

③ 构造柱与圈梁连接处，构造柱的纵筋应在圈梁纵筋内侧穿过，保证构造柱纵筋上下贯通。

④ 构造柱可不单独设置基础，但应伸入室外地面下500mm，或与埋深小于500mm的基础圈梁相连。

⑤ 房屋高度和层数接近表5-2的限值时，纵、横墙内构造柱间距尚应符合下列要求：

a. 横墙内的构造柱间距不宜大于层高的两倍；下部1/3楼层的构造柱间距适当减小。

b. 当外纵墙开间大于3.9m时，应另设加强措施。内纵墙的构造柱间距不宜大于4.2m。

（2）现浇钢筋混凝土圈梁的设置

1）圈梁的作用

现浇钢筋混凝土圈梁是增加墙体的连接，提高楼盖、屋盖刚度，抵抗地基不均匀沉降，限制墙体裂缝开展，保证房屋整体性，提高房屋抗震能力的有效措施，而且是减小构造柱计算长度（图5-19），充分发挥抗震作用不可缺少的连接构件。因此，钢筋混凝土圈梁在砌体房屋中获得了广泛采用。

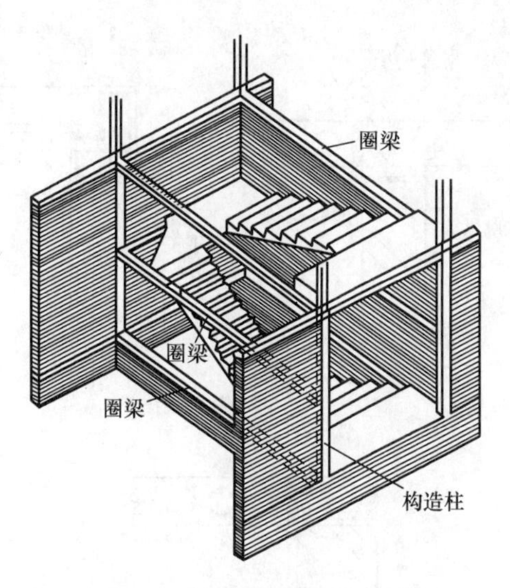

图 5-19 构造柱与圈梁的连接

2）圈梁的设置要求

多层砖砌体房屋的现浇钢筋混凝土圈梁设置应符合下列要求：

① 装配式钢筋混凝土楼、屋盖或木屋盖的砖房，应按表 5-11 的要求设置圈梁；纵墙承重时，抗震横墙上的圈梁间距应比表内要求适当加密。

② 现浇或装配整体式钢筋混凝土楼、屋盖与墙体有可靠连接的房屋，应允许不另设圈梁，但楼板沿抗震墙体周边均应加强配筋并应与相应的构造柱钢筋可靠连接。

表 5-11 多层砖砌体房屋现浇钢筋混凝土圈梁设置要求

墙 类	烈 度		
	6、7	8	9
外墙和内纵墙	屋盖处及每层楼盖处	屋盖处及每层楼盖处	屋盖处及每层楼盖处
内横墙	同上 屋盖处间距不应大于 4.5m 楼盖处间距不应大于 7.2m 构造柱对应部位	同上 各层所有横墙，且间距不应大于 4.5m 构造柱对应部位	同上 各层所有横墙

3）圈梁的构造要求

多层砖砌体房屋现浇混凝土圈梁的构造应符合下列要求：

① 圈梁应闭合，遇有洞口圈梁应上下搭接。圈梁宜与预制板设在同一标高处或紧靠板底（图 5-20）。

② 圈梁在设置要求的间距内无横墙时，应利用梁或板缝中配筋替代圈梁（图 5-21）。

③ 圈梁的截面高度不应小于 120mm，配筋应符合表 5-12 的要求；但在软弱黏性土、液化土、新近填土或严重不均匀土层上的砌体房屋的基础圈梁，截面高度不应小于 180mm，配筋不应少于 4φ12。

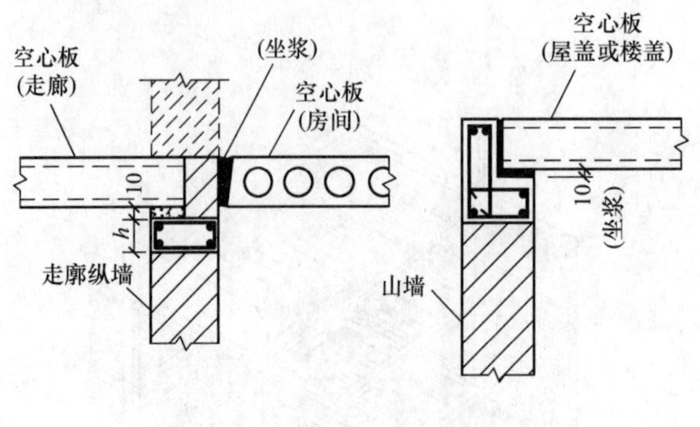

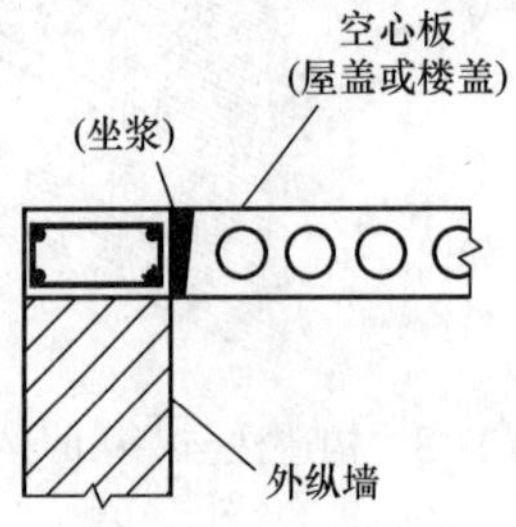

图 5-20　圈梁示意图

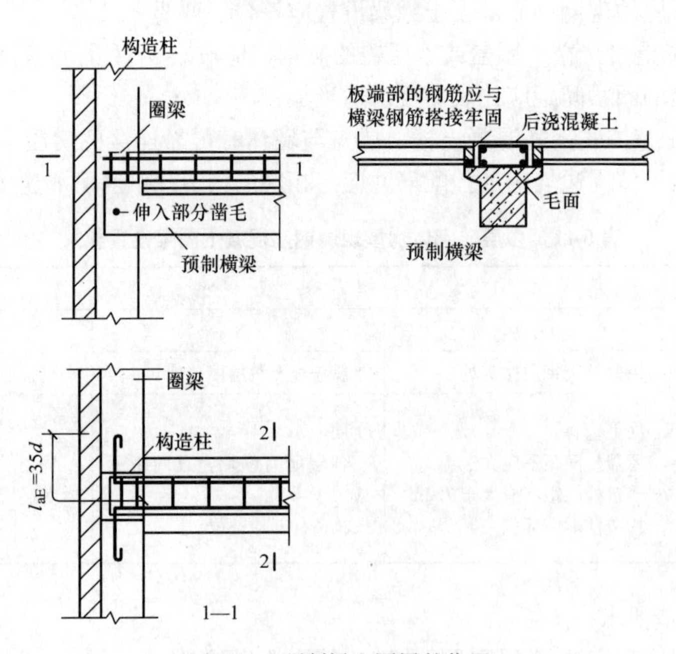

图 5-21　预制梁上圈梁的位置

表 5-12　多层砖砌体房屋圈梁配筋要求

配　筋	烈　度		
	6、7	8	9
最小纵筋	4Φ10	4Φ12	4Φ14
箍筋最大间距/mm	250	200	150

（3）楼、屋盖的抗震构造要求

1）多层砖砌体房屋的楼、屋盖应符合下列要求：

① 现浇钢筋混凝土楼板或屋面板伸进纵、横墙内的长度，均不应小于120mm。

② 装配式钢筋混凝土楼板或屋面板，当圈梁未设在板的同一标高时，板端伸进外墙的长度不应小于120mm，伸进内墙的长度不应小于100mm或采用硬架支模连接，在梁上不应小于80mm或采用硬架支模连接。

③ 当板的跨度大于4.8m并与外墙平行时，靠外墙的预制板侧边应与墙或圈梁拉结（图5-22、图5-23）。

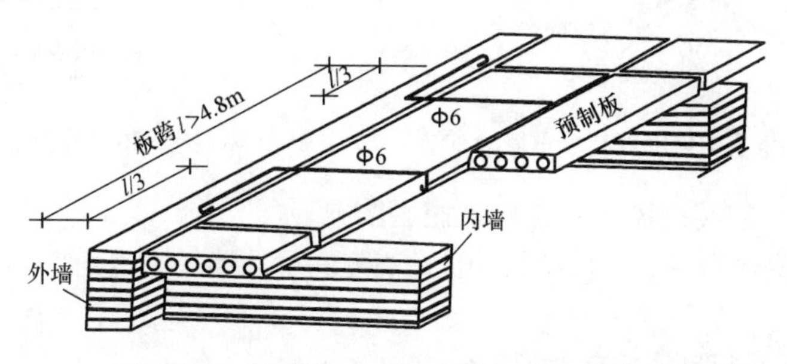

图5-22　板跨大于4.8m时墙与预制板拉结

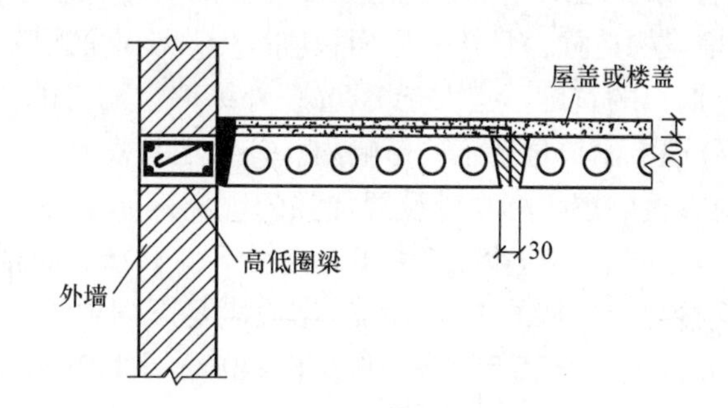

图5-23　预制板与圈梁的拉结

④ 房屋端部大房间的楼盖，6度时房屋的屋盖和7～9度时房屋的楼、屋盖，当圈梁设在板底时，钢筋混凝土预制板应相互拉结，并应与梁、墙或圈梁拉结。

2）楼、屋盖的钢筋混凝土梁或屋架应与墙、柱（包括构造柱）或圈梁可靠连接；不得采用独立砖柱。跨度不小于6m大梁的支承构件应采用组合砌体等加强措施，并满足承载力要求。

（4）墙体间的连接

对7度时长度大于7.2m的大房间，8度和9度时在外墙转角及内外墙交接处，如未设构造柱，应沿墙高每隔500mm配置2ф6mm拉结钢筋，并每边伸入墙内不宜小于1m（图5-24）。

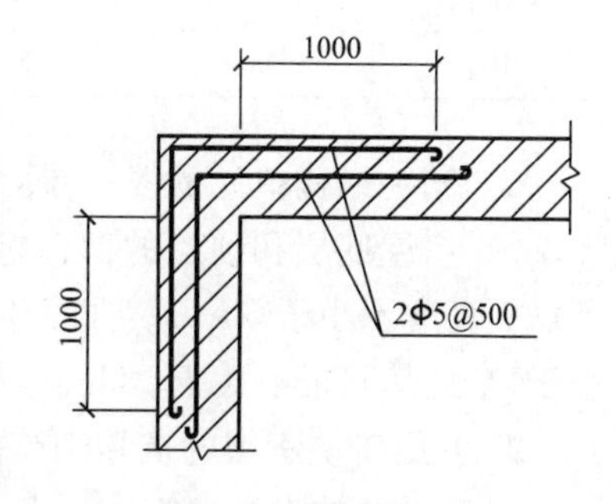

图5-24　墙体间的连接

对后砌的非承重隔墙，应沿墙高每隔500mm配置2ф6mm拉结钢筋与承重墙或柱拉结，每边伸入墙内不应小于500mm（图5-25）；8度和9度时，长度大于5m的后砌隔墙的墙顶尚应与楼板或梁拉结（图 5-26）。

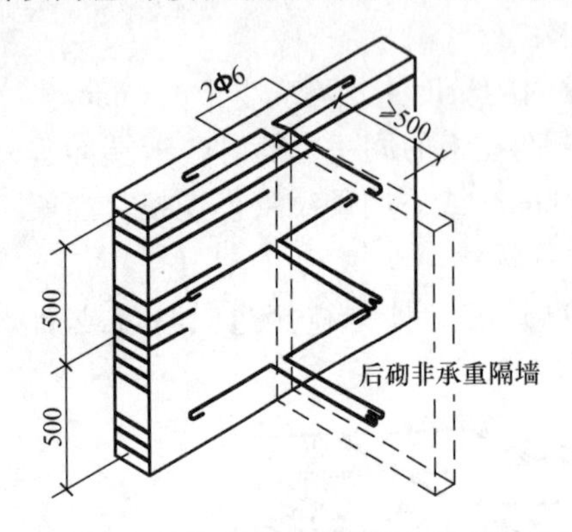

图 5-25 后砌的非承重砌体隔墙与承重墙的拉结

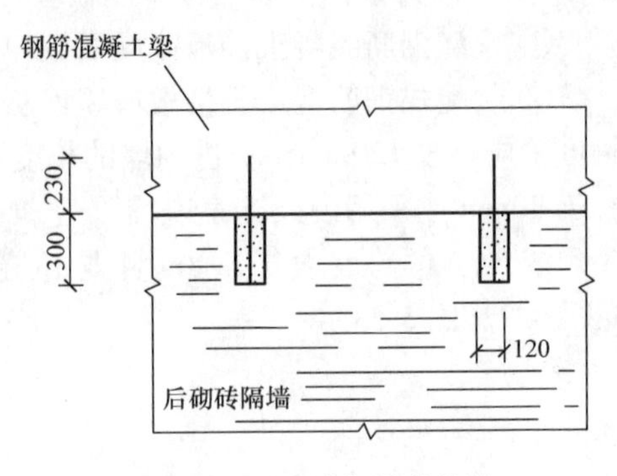

图 5-26 后砌墙与梁的拉结

（5）横墙较少多层砖砌体房屋的抗震加强措施

丙类的多层砖砌体房屋，当横墙较少且总高度和层数接近或达到表 5-2 规定限值时，应采取下列加强措施：

1）房屋的最大开间尺寸不宜大于 6.6m。

2）同一结构单元内横墙错位数量不宜超过横墙总数的 1/3，且连续错位不宜多于两道；错位的墙体交接处均应增设构造柱，且楼、屋面板应采用现浇钢筋混凝土板。

3）横墙和内纵墙上洞口的宽度不宜大于 1.5m；外纵墙上洞口的宽度不宜大于 2.1m 或开间尺寸的一半；且内外墙上洞口位置不应影响内、外纵墙与横墙的整体连接。

4）所有纵横墙均应在楼、屋盖标高处设置加强的现浇钢筋混凝土圈梁：圈梁的截面高度不宜小于 150mm，上下纵筋各不应少于 3Φ10，箍筋不小于Φ6，间距不大于 300mm。

5）所有纵、横墙交接处及横墙的中部，均应增设满足下列要求的构造柱：在纵、横墙内的柱距不宜大于 3.0m，最小截面尺寸不宜小于 240mm × 240mm（墙厚 190mm 时，为 240mm × 190mm），配筋宜符合表 5-13 的要求。

表 5-13 增设构造柱的纵筋和箍筋设置要求

位置	纵向钢筋			箍筋		
	最大配筋率（%）	最小配筋率（%）	最小直径/mm	加密区范围/mm	加密区间距/mm	最小直径/mm
角柱	1.8	0.8	14	全高	100	6
边柱			14	上端 700 下端 500		
中柱	1.4	0.6	12			

6）同一结构单元的楼、屋面板应设置在同一标高处。

7）房屋底层和顶层的窗台标高处，宜设置沿纵、横墙通长的水平现浇钢筋混凝土带；其截面高度不小于 60mm，宽度不小于墙厚，纵向钢筋不少于 2Φ10，横向分布筋的直径不小于Φ6 且其间距不大于 200mm。

2. 多层砌块房屋的抗震构造措施

（1）芯柱的设置要求

多层小砌块房屋应按表5-14的要求设置钢筋混凝土芯柱。对外廊式和单面走廊式的多层房屋、横墙较少的房屋、各层横墙很少的房屋，应根据房屋增加一层后的层数按表5-14的要求设置芯柱。

表5-14　多层小砌块房屋芯柱设置要求

房屋层数				设置部位	设置数量
6度	7度	8度	9度		
四、五	三、四	二、三		外墙转角，楼、电梯间四角、楼梯斜梯段上下端对应的墙体处 大房间内外墙交接处 错层部位横墙与外纵墙交接处 隔12m或单元横墙与外纵墙交接处	外墙转角，灌实3个孔 内外墙交接处，灌实4个孔 楼梯斜梯段上下端对应的墙体处，灌实2个孔
六	五	四		同上 隔开间横墙（轴线）与外纵墙交接处	
七	六	五	二	同上 各内墙（轴线）与外纵墙交接处 内纵墙与横墙（轴线）交接处和洞口两侧	外墙转角，灌实5个孔 内外墙交接处，灌实4个孔 内墙交接处，灌实2个孔 洞口两侧各灌实1个孔
	七	≥六	≥三	同上 横墙内芯柱间距不大于2m	外墙转角，灌实7个孔 内外墙交接处，灌实5个孔 内墙交接处，灌实4~5个孔 洞口两侧各灌实1个孔

注：外墙转角、内、外墙交接处、楼、电梯间四角等部位，应允许采用钢筋混凝土构造柱替代部分芯柱。

（2）芯柱的构造要求

多层小砌块房屋的芯柱，应符合下列构造要求：

1）小砌块房屋芯柱截面尺寸不宜小于120mm×120mm。

2）芯柱混凝土强度等级，不应低于Cb20。

3）芯柱的竖向插筋应贯通墙身且与圈梁连接；插筋不应小于1Φ12，6度、7度时超过五层、8度时超过四层和9度时，插筋不应小于1Φ14。

4）芯柱应伸入室外地面下500mm或与埋深小于500mm的基础圈梁相连。

5）为提高墙体抗震受剪承载力而设置的芯柱，宜在墙体内均匀布置，最大净距不宜大于2.0m。

6）多层小砌块房屋墙体交接处或芯柱与墙体连接处应设置拉结钢筋网片，网片可采用直径4mm的钢筋点焊而成，沿墙高间距不大于600mm，并应沿墙体水平通长设置。6度、7度时底部1/3楼层，8度时底部1/2楼层，9度时全部楼层，上述拉结钢筋网片沿墙高间距不大于400mm。

6 多层和高层钢结构房屋

钢结构具有优越的强度、韧性或延性、强度重力比，总体上看抗震性能好、抗震能力强。在地震作用下，钢结构房屋由于钢材的材质均匀，强度易于保证，因而结构的可靠性大；轻质高强的特点，使钢结构房屋的自重轻，从而结构所受的地震作用减小；良好的延性性能，使钢结构具有很大的变形能力，即使在很大的变形下仍不至于倒塌，从而保证结构的抗震安全性。

6.1 震害及其分析

由于焊接、连接、冷加工等工艺技术以及腐蚀环境的影响，钢材材性的优点受到影响。如果在设计、施工、维护等方面出现问题，就会造成损害或者破坏。历次地震表明，在同等场地、地震烈度条件下，钢结构房屋的震害要较钢筋混凝土结构房屋的震害小得多。表6-1和表6-2分别给出了1985年墨西哥城大地震和1976年唐山大地震钢结构和钢筋混凝土结构破坏情况对比。

表6-1　1985年墨西哥城地震钢结构和钢筋混凝土结构破坏情况

建造年份	钢结构		钢筋混凝土结构	
	倒塌	严重破坏	倒塌	严重破坏
1957年以前	7	1	27	16
1957~1976年	3	1	51	23
1976年以后	0	0	4	6

表6-2　1976年唐山地震唐山钢铁厂结构破坏情况

结构形式	总建筑面积/万 m²	倒塌和严重破坏比例（%）	中等破坏比例（%）
钢结构	3.67	0	9.3
钢筋混凝土结构	4.06	23.2	47.9
砌体结构	3.09	41.2	20.9

钢结构的震害主要有三种形式，即节点连接的破坏、构件的破坏以及结构的整体倒塌。

1. 节点连接的破坏

节点破坏是地震中发生最多的一种破坏形式。刚性连接的结构构件一般采用铆接或焊接形式连接。如果在节点的设计和施工中，构造及焊缝存在缺陷，节点区就可能出现应力集中、受力不均的现象，在地震中很容易出现连接破坏。1994年美国诺斯里奇地震和1995年日本阪神地震均造成了很多梁柱刚性节点的破坏。

诺斯里奇地震时，H 形截面的梁柱节点的典型破坏形式如图 6-1 所示。焊缝连接处的多种失效模式如图 6-2 所示。

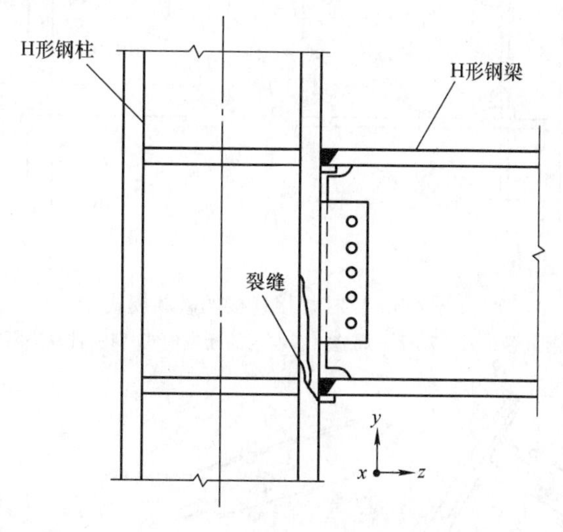

图 6-1 梁柱节点破坏

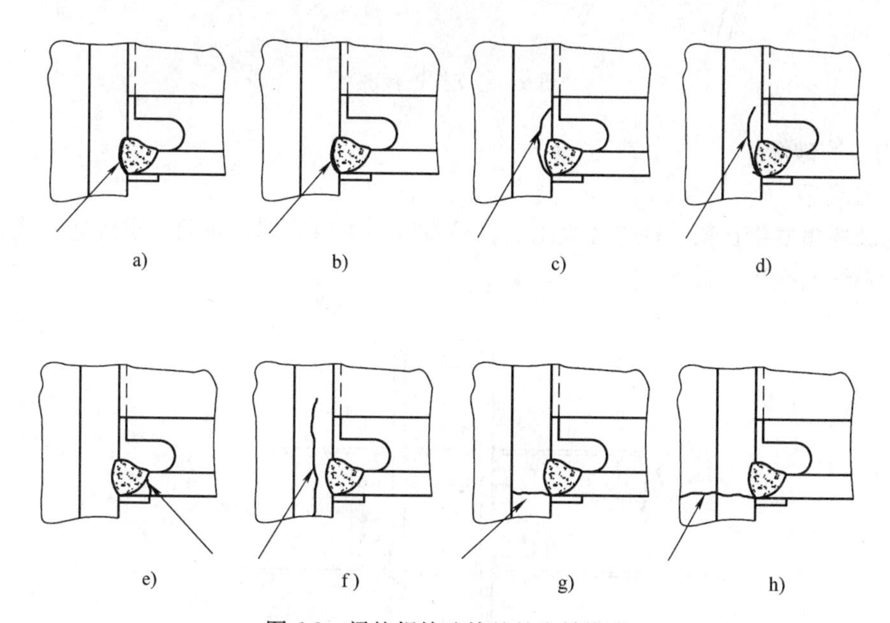

图 6-2 梁柱焊接连接处的失效模式

a）焊缝—柱交界处完全断开 b）焊缝—柱交界处部分断开

c）沿柱翼缘向上扩展，完全断开 d）沿柱翼缘向上扩展，部分断开

e）焊趾处梁翼缘裂通 f）柱翼缘层状撕裂

g）柱翼缘裂通（水平方向或倾斜方向） h）裂缝穿过柱翼缘和部分腹板

阪神地震中梁柱焊接连接的破坏模式如图 6-3 所示。

采用螺栓连接的支撑破坏形式如图 6-4 所示，包括支撑截面削弱处的断裂、节点板端部剪切滑移破坏以及支撑杆件螺孔间剪切滑移破坏。

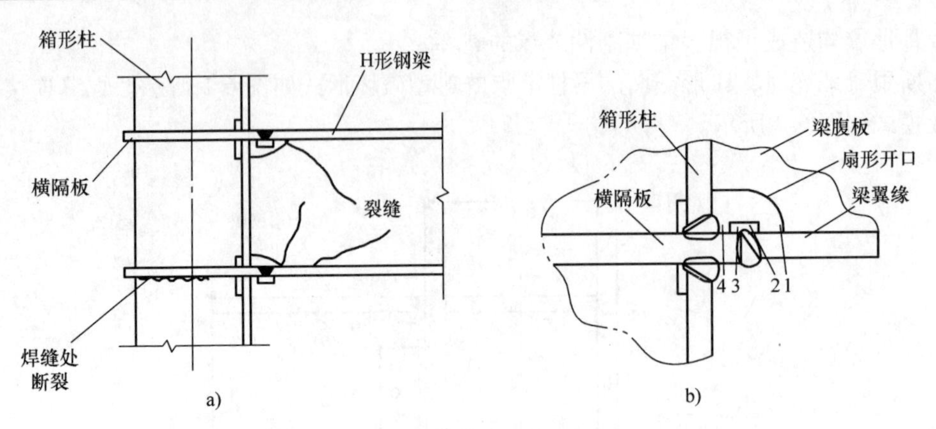

图 6-3 梁柱焊接连接的破坏模式

1—梁翼缘断裂模式 2、3—焊缝热影响区的断裂模式 4—柱横隔板断裂模式

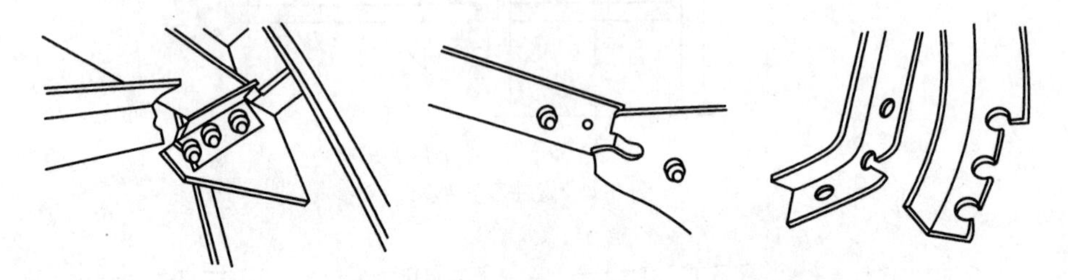

图 6-4 支撑连接破坏

2. 构件的破坏

（1）柱震害

柱的破坏多发生在梁、柱连接处附近，柱身破坏主要有翼缘屈曲、拼接处裂缝、翼缘层状撕裂和脆性断裂等（图 6-5）。

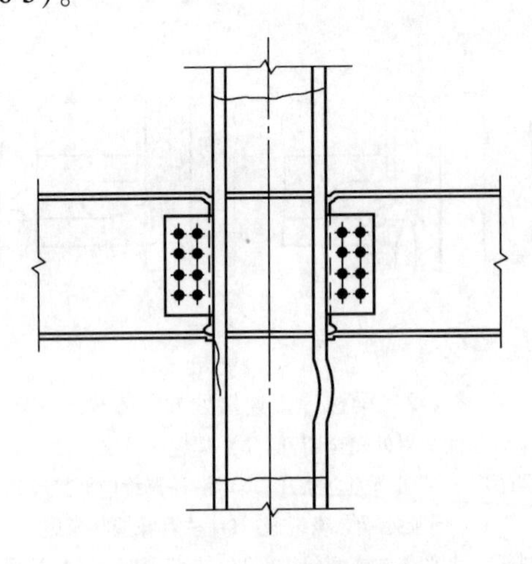

图 6-5 柱主要破坏形式

（2）梁破坏

框架梁主要破坏形式有翼缘屈曲、腹板屈曲、腹板裂缝和截面扭转屈曲（图 6-6）。

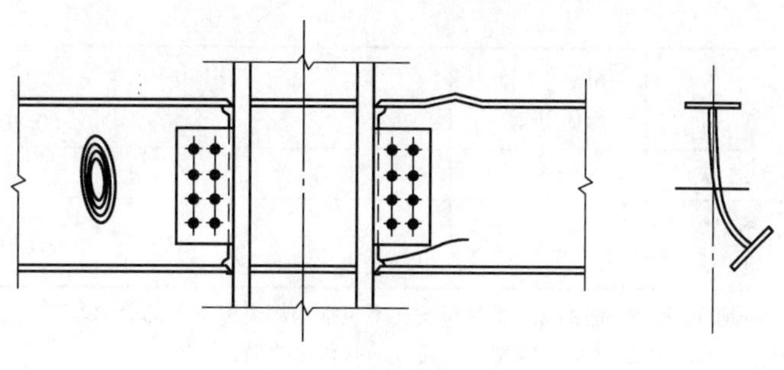

图 6-6　梁主要破坏形式

3. 结构的整体倒塌

1985 年墨西哥大地震中，墨西哥市综合大楼的 3 个 22 层的钢结构塔楼之一倒塌，其余两栋也发生了严重破坏，其中一栋已接近倒塌。这三栋塔楼的结构体系均为框架-支撑结构，细部构造也相同，其结构的平面布置如图 6-7 所示。

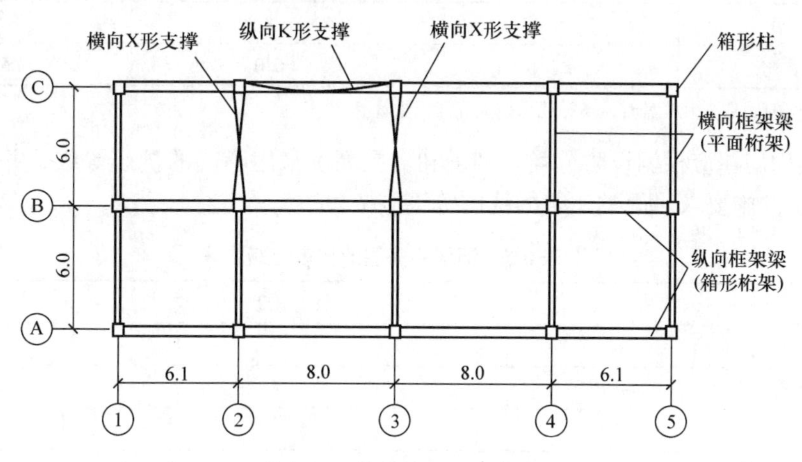

图 6-7　塔楼结构平面布置

6.2　一般要求

1. 结构尺度与抗震等级

1）结构类型的选择关系到结构的安全性、实用性和经济性。可根据结构总体高度和抗震设防烈度确定结构类型和最大使用高度。GB 50011—2010《建筑抗震设计规范》规定的多层钢结构民用房屋适用的最大高度见表 6-3。

表 6-3　钢结构房屋适用的最大高度　（单位：m）

结构类型	6 度、7 度 (0.10g)	7 度 (0.15g)	8 度 (0.20g)	8 度 (0.30g)	9 度 (0.40g)
框架	110	90	90	70	50
框架 - 中心支撑	220	200	180	150	120

（续）

结构类型	6度、7度 (0.10g)	7度 (0.15g)	8度		9度 (0.40g)
			(0.20g)	(0.30g)	
框架-偏心支撑（延性墙板）	240	220	200	180	160
筒体（框筒，筒中筒，桁架筒，束筒）和巨型框架	300	280	260	240	180

注：1. 房屋高度指室外地面到主要屋面板板顶的高度（不包括局部突出屋顶部分）。
2. 超过表内高度的房屋，应进行专门研究和论证，采取有效的加强措施。
3. 表内的筒体不包括混凝土筒。

2）影响结构宏观性能的另一个尺度是结构高宽比，即房屋总高度与结构平面最小宽度的比值，这一参数对结构刚度、侧移、振动模态有直接影响。GB 50011—2010《建筑抗震设计规范》规定，钢结构民用房屋的最大高宽比不宜超过表6-4的规定。

表6-4　钢结构民用房屋适用的最大高宽比

烈　度	6、7	8	9
最大高宽比	6.5	6.0	5.5

注：塔形建筑的底部有大底盘时，高宽比可按大底盘以上计算。

3）钢结构房屋应根据设防分类、烈度和房屋高度采用不同的抗震等级，并应符合相应的计算和构造措施要求。丙类建筑的抗震等级应按表6-5确定。

表6-5　钢结构房屋的抗震等级

房屋高度	烈度			
	6	7	8	9
≤50m		四	三	二
>50m	四	三	二	一

注：1. 高度接近或等于高度分界时，应允许结合房屋不规则程度和场地、地基条件确定抗震等级。
2. 一般情况，构件的抗震等级应与结构相同；当某个部位各构件的承载力均满足2倍地震作用组合下的内力要求时，7~9度的构件抗震等级应允许按降低一度确定。

4）钢结构房屋的楼板主要有在压型钢板上现浇混凝土形成的组合楼板（图6-8）和非组合楼板、装配整体式钢筋混凝土楼板、装配式楼板等。

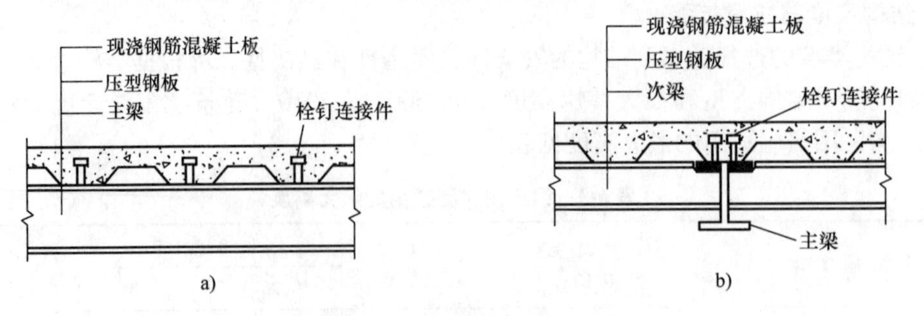

图6-8　压型钢板组合楼板
a）板肋垂直于主梁　b）板肋平行于主梁

2. 多高层钢结构体系

1）中心支撑是指斜杆与横梁及柱汇交于一点，或两根斜杆与横杆汇交于一点，也可与柱子汇交于一点，但汇交时均无偏心距。根据斜杆的不同布置形式，可形成X形支撑、单斜支撑、人字形支撑、K形支撑及V形支撑等类型，如图6-9所示。

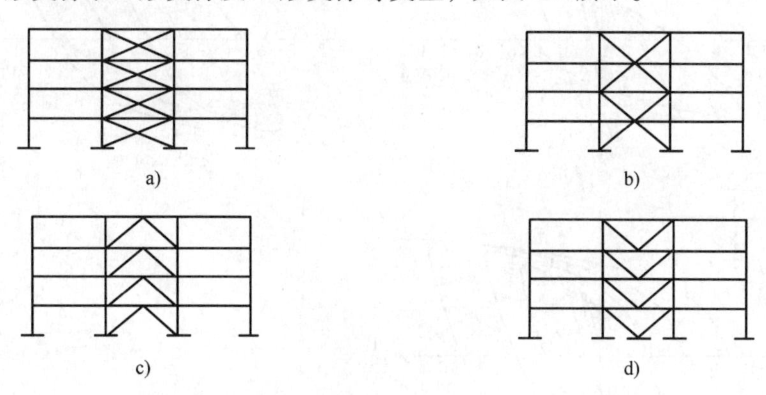

图6-9　中心支撑类型

a）X形支撑1　b）X形支撑2　c）人字形支撑　d）V形支撑

2）偏心支撑是指支撑斜杆的两端，至少有一端与梁相交（不在柱节点处），另一端可在梁与柱交点处连接，或偏离另一根支撑斜杆一段长度与梁连接，并在支撑斜杆杆端与柱子之间构成一消能梁段，或在两根支撑斜杆之间构成一消能梁段的支撑。常用的偏心支撑形式如图6-10所示。

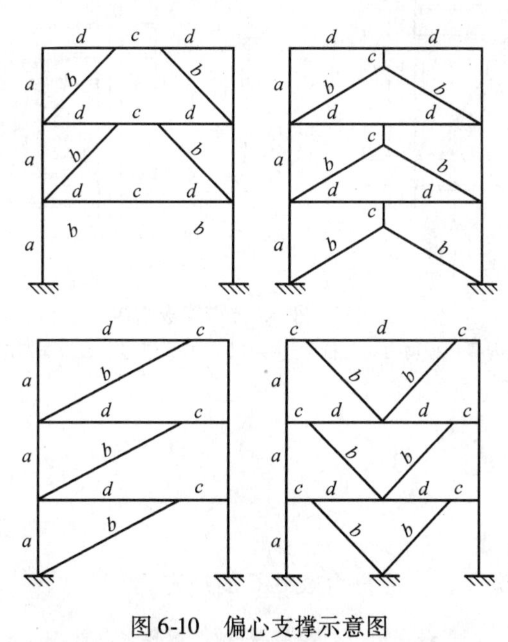

图6-10　偏心支撑示意图

a—柱　*b*—支撑　*c*—消能梁段　*d*—其他梁段

3）中心支撑框架和偏心支撑框架在往复水平荷载作用下的滞回性能试验曲线如图6-11所示。

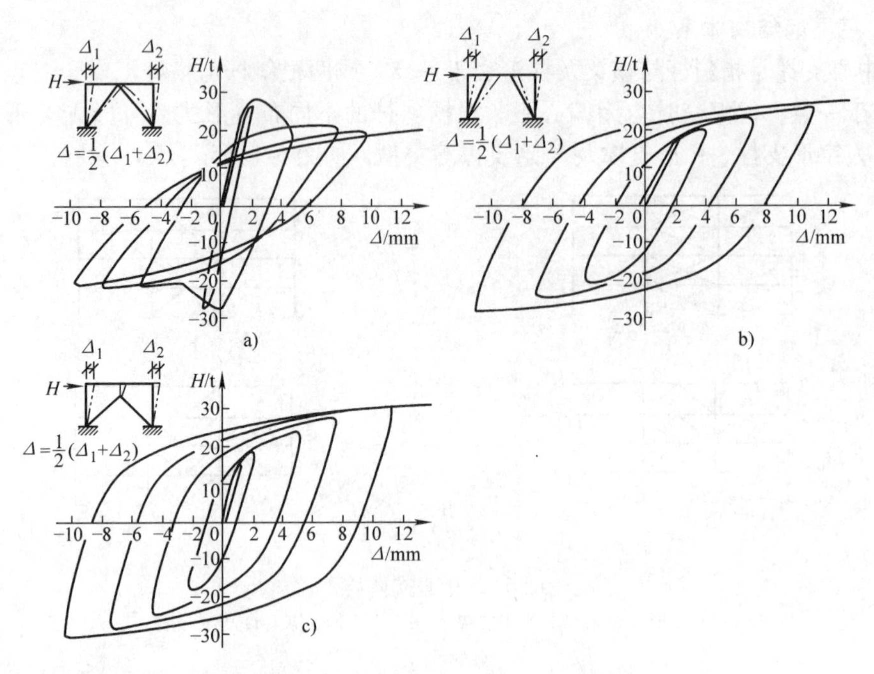

图 6-11　各种支撑框架的滞回性能

4）框架-抗震墙板结构如图 6-12 所示。

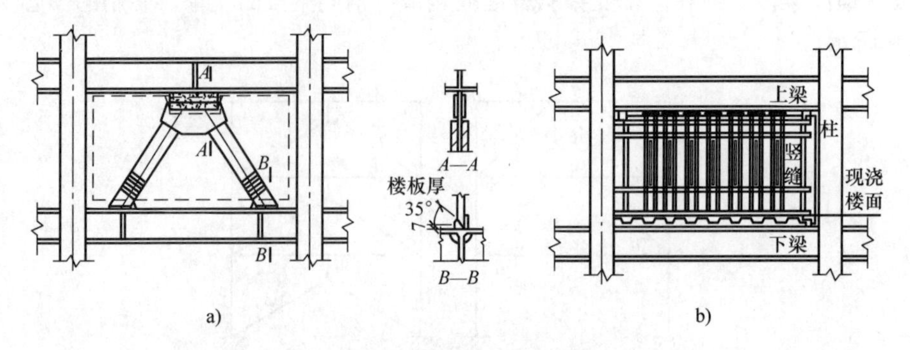

图 6-12　框架-抗震墙板结构

a）内藏钢板剪力墙与框架连接　b）带竖缝剪力墙与框架连接

6.3　抗震构造措施

1. 钢框架结构抗震构造

1）框架梁、柱板件宽厚比，应符合表 6-6 的规定。

表 6-6　框架梁、柱板件宽厚比限值

板件名称		一　级	二　级	三　级	四　级
柱	工字形截面翼缘外伸部分	10	11	12	13
	工字形截面腹板	43	45	48	52
	箱形截面壁板	33	36	38	40

（续）

板件名称		一　级	二　级	三　级	四　级
梁	工字形截面和箱形截面翼缘外伸部分	9	9	10	11
	箱形截面翼缘在两腹板之间部分	30	30	32	36
	工字形截面和箱形截面腹板	$72-120N_b/(Af)$ ≤60	$72-100N_b/(Af)$ ≤65	$80-110N_b/(Af)$ ≤70	$85-120N_b/(Af)$ ≤75

注：1. 表列数值适用于 Q235 钢，采用其他牌号钢材时，应乘以 $\sqrt{235/f_{ay}}$。
　　2. $N_b/(Af)$ 为梁轴压比。

2）梁与柱的连接构造应符合下列要求：

① 梁与柱的连接宜采用柱贯通型。

② 柱在两个互相垂直的方向都与梁刚接时宜采用箱形截面，并在梁翼缘连接处设置隔板；隔板采用电渣焊时，柱壁板厚度不宜小于 16mm，小于 16mm 时可改用工字形柱或采用贯通式隔板。当柱仅在一个方向与梁刚接时，宜采用工字形截面，并将柱腹板置于刚接框架平面内。

③ 工字形柱（绕强轴）和箱形柱与梁刚接时（图 6-13），应符合下列要求：

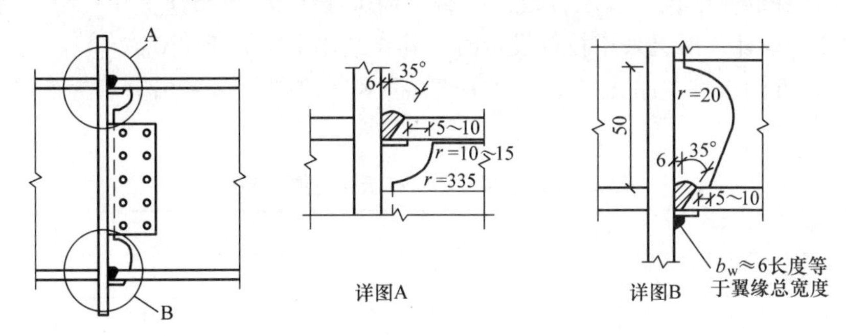

图 6-13　框架梁与柱的现场连接

a. 梁翼缘与柱翼缘间应采用全熔透坡口焊缝；一、二级时，应检验焊缝的 V 形切口冲击韧性，其夏比冲击韧性在 -20℃时不低于 27J。

b. 柱在梁翼缘对应位置应设置横向加劲肋（隔板），加劲肋（隔板）厚度不应小于梁翼缘厚度，强度与梁翼缘相同。

c. 梁腹板宜采用摩擦型高强度螺栓与柱连接板连接（经工艺试验合格能确保现场焊接质量时，可用气体保护焊进行焊接）；腹板角部应设置焊接孔，孔形应使其端部与梁翼缘和柱翼缘间的全熔透坡口焊缝完全隔开。

d. 腹板连接板与柱的焊接，当板厚不大于 16mm 时，应采用双面角焊缝，焊缝有效厚度应满足等强度要求，且不小于 5mm；板厚大于 16mm 时，采用 K 形坡口对接焊缝。该焊缝宜采用气体保护焊，且板端应绕焊。

e. 一级和二级时，宜采用能将塑性铰自梁端外移的端部扩大形连接、梁端加盖板或骨形连接。

④ 框架梁采用悬臂梁段与柱刚性连接时（图 6-14），悬臂梁段与柱应采用全焊接连接，

此时上下翼缘焊接孔的形式宜相同；梁的现场拼接可采用翼缘焊接腹板螺栓连接或全部螺栓连接。

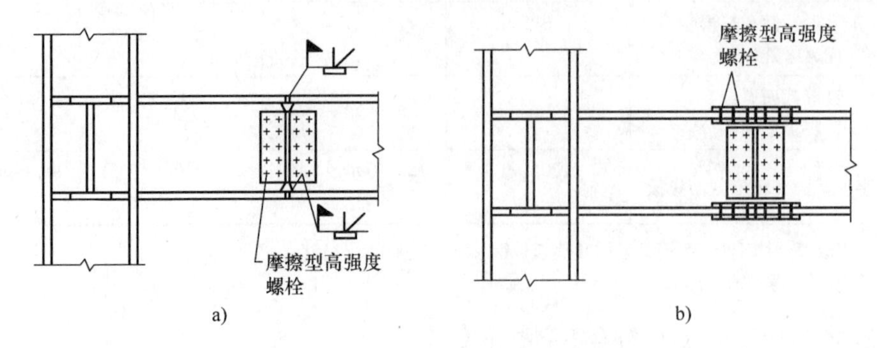

图 6-14　框架柱与梁悬臂段的连接

⑤ 箱形柱在与梁翼缘对应位置设置的隔板，应采用全熔透对接焊缝与壁板相连。工字形柱的横向加劲肋与柱翼缘，应采用全熔透对接焊缝连接，与腹板可采用角焊缝连接。

2. 钢框架-中心支撑框架结构的抗震构造

中心支撑的杆件长细比和板件宽厚比限值应符合下列规定：

1）支撑杆件的长细比，按压杆设计时，不应大于 120 $\sqrt{235/f_{ay}}$；一、二、三级中心支撑不得采用拉杆设计，四级采用拉杆设计时，其长细比不应大于 180。

2）支撑杆件的板件宽厚比，不应大于表 6-7 规定的限值。采用节点板连接时，应注意节点板的强度和稳定。

表 6-7　钢结构中心支撑板件宽厚比限值

板件名称	一　级	二　级	三　级	四　级
翼缘外伸部分	8	9	10	13
工字形截面腹板	25	26	27	33
箱形截面壁板	18	20	25	30
圆管外径与壁厚比	38	40	40	42

注：表列数值适用于 Q235 钢，采用其他牌号钢材应乘以 $\sqrt{235/f_{ay}}$，圆管应乘以 $235/f_{ay}$。

3. 钢框架-偏心支撑框架结构的抗震构造

偏心支撑框架消能梁段的钢材屈服强度不应大于 345MPa。消能梁段及与消能梁段同一跨内的非消能梁段，其板件的宽厚比不应大于表 6-8 规定的限值。

表 6-8　偏心支撑框架梁的板件宽厚比限值

板件名称		宽厚比限值
翼缘外伸部分		8
腹板	当 $N/(Af)$ ≤0.14 时	90 [$1-1.65N/(Af)$]
	当 $N/(Af)$ >0.14 时	33 [$2.3-N/(Af)$]

注：表列数值适用于 Q235 钢，当材料为其他钢号时应乘以 $\sqrt{235/f_{ay}}$，$N/(Af)$ 为梁轴压比。

7 单层工业厂房

单层厂房在工业建筑中应用广泛，按其主要承重构件材料的不同，单层厂房可分为钢筋混凝土柱厂房、钢结构厂房和砖柱厂房等。我国的单层工业厂房和类似的工业生产用房，大多数为装配式钢筋混凝土柱厂房。仅跨度在12～15m、高度在4～5m且无桥式吊车的中、小型车间和仓库采用砖柱（墙垛）承重的结构；跨度在36m以上且有重型吊车的厂房常采用钢结构。

7.1 震害及其分析

1. 屋盖体系

（1）屋架

主要震害发生在屋架与柱的连接部位、屋架与屋面板的焊接处出现混凝土开裂，如图7-1所示，预埋件拔出等；主要原因是屋盖纵向水平地震力经由屋架向柱头传递时，该处的地震剪力最为集中。而当屋架与柱的连接破坏时，有可能导致屋架从柱顶塌落。

图7-1 柱头及其屋架连结的破坏

（2）支撑失稳弯曲

进而造成屋面的破坏或屋面倒塌（图7-2）。在支撑系统震害中，尤以天窗架垂直支撑最为严重，其次是屋盖垂直支撑和柱间支撑。地震时杆件压曲、焊缝撕开、锚件拉脱、钢筋拉断、杆件拉断等现象，致使支撑部分失效或完全失效，从而造成主体结构错位或倾倒。

2. 钢筋混凝土柱

一般情况下，钢筋混凝土柱作为主要受力构件，具有一定的抗震能力，但它的局部震害是普遍的，有时甚至是严重的。钢筋混凝土柱在7度区基本完好；在8度、9度区一般破坏较轻，个别发现有上柱根部折断；在10度、11度区有部分厂房发生倾倒。

图 7-2　Π形天窗架与屋架连接点的破坏

钢筋混凝土柱的破坏主要发生在：

（1）柱肩竖向拉裂（图 7-3）

图 7-3　柱肩竖向拉裂

（2）上柱柱身变截面处开裂或折断（图 7-4）

（3）下柱震害（图 7-5）

3. 围护墙体震害

单层钢筋混凝土柱厂房的围护墙（纵墙和山墙）是出现震害较多的部位，墙体的震害，因材料和部位的不同而异。随着地震烈度的增加，将出现外闪、开裂直至倒塌的现象，出现这些震害的主要原因是墙体本身的抗震能力低，墙体与主体结构缺乏牢固拉结，高大墙体的稳定性也较差等（图 7-6）。震害调查表明，砌体围护墙，尤其是山墙，凡与柱没形成牢固拉结或山墙抗风柱不到顶的，在 6 度时就可能外倾或倒塌；封檐墙和山墙的山尖部位由于鞭梢效应的影响，动力反应大，在地震中往往破坏较早也较重；对采用钢筋混凝土大型墙板与柱柔性连接，或采用轻质墙板围护墙的厂房结构，在 8 度、9 度时也基本完好，显示出良好的抗震性能。

图 7-4 上柱柱身变截面处开裂或折断

图 7-5 下柱震害

图 7-6 围护墙开裂外闪、局部或大面积倒塌

7.2 抗震设计的基本要求

1. 单层钢筋混凝土柱厂房

1）单层钢筋混凝土柱厂房屋盖的结构形式分为有檩体系和无檩体系，设计屋盖支撑系统时，应按照屋盖的结构形式合理设置，保证屋盖系统的整体刚度。有檩屋盖的支撑布置应符合表7-1的要求；无檩屋盖的支撑布置应符合表7-2的要求；有中间井式天窗时应符合表7-3的要求。

表7-1 有檩屋盖的支撑布置

<table>
<tr><th colspan="2" rowspan="2">支撑名称</th><th colspan="3">烈 度</th></tr>
<tr><th>6、7</th><th>8</th><th>9</th></tr>
<tr><td rowspan="4">屋架支撑</td><td>上弦横向支撑</td><td>单元端开间各设一道</td><td>单元端开间及单元长度大于66m的柱间支撑开间各设一道
天窗开洞范围的两端各增设局部的支撑一道</td><td rowspan="3">单元端开间及单元长度大于42m的柱间支撑开间各设一道
天窗开洞范围的两端各增设局部的上弦横向支撑一道</td></tr>
<tr><td>下弦横向支撑</td><td colspan="2" rowspan="2">同非抗震设计</td></tr>
<tr><td>跨中竖向支撑</td></tr>
<tr><td>端部竖向支撑</td><td colspan="3">屋架端部高度大于900mm时，单元端开间及柱间支撑开间各设一道</td></tr>
<tr><td rowspan="2">天窗架支撑</td><td>上弦横向支撑</td><td>单元天窗端开间各设一道</td><td rowspan="2">单元天窗端开间及每隔30m各设一道</td><td rowspan="2">单元天窗端开间及每隔18m各设一道</td></tr>
<tr><td>两侧竖向支撑</td><td>单元天窗端开间及每隔36m各设一道</td></tr>
</table>

表7-2 无檩屋盖的支撑布置

<table>
<tr><th colspan="3" rowspan="2">支撑名称</th><th colspan="3">烈 度</th></tr>
<tr><th>6、7</th><th>8</th><th>9</th></tr>
<tr><td rowspan="6">屋架支撑</td><td colspan="2">上弦横向支撑</td><td>屋架跨度小于18m时，同非抗震设计；跨度不小于18m时，在厂房单元端开间各设一道</td><td colspan="2">单元端开间及柱间支撑开间各设一道，天窗开洞范围的两端各增设局部的支撑一道</td></tr>
<tr><td colspan="2">上弦通长水平系杆</td><td rowspan="4">同非抗震设计</td><td>沿屋架跨度不大于15m设一道，但装配整体式屋面可仅在天窗开洞范围内设置
围护墙在屋架上弦高度有现浇圈梁时，其端部处可不另设</td><td>沿屋架跨度不大于12m设一道，但装配整体式屋面可仅在天窗开洞范围内设置
围护墙在屋架上弦高度有现浇圈梁时，其端部处可不另设</td></tr>
<tr><td colspan="2">下弦横向支撑</td><td rowspan="2">同非抗震设计</td><td rowspan="2">同上弦横向支撑</td></tr>
<tr><td colspan="2">跨中竖向支撑</td></tr>
<tr><td rowspan="2">两端竖向支撑</td><td>屋架端部高度≤900mm</td><td>单元端开间各设一道</td><td>单元端开间及每隔48m各设一道</td></tr>
<tr><td>屋架端部高度>900mm</td><td>单元端开间各设一道</td><td>单元端开间及柱间支撑开间各设一道</td><td>单元端开间、柱间支撑开间及每隔30m各设一道</td></tr>
</table>

（续）

支撑名称		烈度		
		6、7	8	9
天窗架支撑	天窗两侧竖向支撑	厂房单元天窗端开间及每隔30m各设一道	厂房单元天窗端开间及每隔24m各设一道	厂房单元天窗端开间及每隔18m各设一道
	上弦横向支撑	同非抗震设计	天窗跨度≥9m时，单元天窗端开间及柱间支撑开间各设一道	单元端开间及柱间支撑开间各设一道

表7-3 中间井式天窗无檩屋盖支撑布置

支撑名称		6度、7度	8度	9度
上弦横向支撑 下弦横向支撑		厂房单元端开间各设一道	厂房单元端开间及柱间支撑开间各设一道	
上弦通长水平系杆		天窗范围内屋架跨中上弦节点处设置		
下弦通长水平系杆		天窗两侧及天窗范围内屋架下弦节点处设置		
跨中竖向支撑		有上弦横向支撑开间设置，位置与下弦通长系杆相对应		
两端竖向支撑	屋架端部高度≤900mm	同非抗震设计		有上弦横向支撑开间，且间距不大于48m
	屋架端部高度>900mm	厂房单元端开间各设一道	有上弦横向支撑开间，且间距不大于48m	有上弦横向支撑开间，且间距不大于30m

2）加密区箍筋间距不应大于100mm，箍筋肢距和最小直径应符合表7-4的规定。

表7-4 柱加密区箍筋最大肢距和最小箍筋直径

烈度和场地类别		6度和7度Ⅰ、Ⅱ类场地	7度Ⅲ、Ⅳ类场地和8度Ⅰ、Ⅱ类场地	8度Ⅲ、Ⅳ类场地和9度
箍筋最大肢距/mm		300	250	200
箍筋最小直径	一般柱头和柱根	φ6	φ8	φ8（φ10）
	角柱柱头	φ8	φ10	φ10
	上柱牛腿和有支撑的柱根	φ8	φ8	φ10
	有支撑的柱头和柱变位受约束部位	φ8	φ10	φ12

注：括号内数值用于柱根。

3）支撑杆件的长细比，不宜超过表7-5的规定。

表7-5 交叉支撑斜杆的最大长细比

位置	烈度			
	6度和7度Ⅰ、Ⅱ类场地	7度Ⅲ、Ⅳ类场地和8度Ⅰ、Ⅱ类场地	8度Ⅲ、Ⅳ类场地和9度Ⅰ、Ⅱ类场地	9度Ⅲ、Ⅳ类场地
上柱支撑	250	250	200	150
下柱支撑	200	150	120	120

2. 单层钢结构厂房

单层钢结构厂房按规定应设置完整的屋盖支撑系统，屋盖支撑系统（包括系杆）的布置和构造应满足的主要功能是：保证屋盖的整体性（主要指屋盖各构件之间不错位），屋盖横梁平面外的稳定性，保证屋盖和山墙水平地震作用传递路线的合理、简捷，且不中断。

单层钢结构厂房结构形式分有檩体系和无檩体系。有檩屋盖主要是指彩色涂层压形钢板、硬质金属面夹芯板等轻型板材和屋面檩条组成的屋盖。对于有檩屋盖，宜将主要横向支撑设置在上弦平面，水平地震作用通过上弦平面传递，相应的，屋架亦应采用端斜杆上承式，其横向支撑、竖向支撑、纵向天窗架支撑的布置，宜符合表7-6的要求。

表7-6　有檩屋盖的支撑系统布置

支撑名称		烈度		
		6、7	8	9
屋架支撑	上弦横向支撑	厂房单元端开间及每隔60m各设一道	厂房单元端开间及上柱柱间支撑开间各设一道	同8度，且天窗开洞范围的两端各增设局部上弦横向支撑一道
屋架支撑	下弦横向支撑	同非抗震设计；当屋架端部支承在屋架下弦时，同上弦横向支撑		
屋架支撑	跨中竖向支撑	同非抗震设计		屋架跨度大于等于30m时，跨中增设一道
屋架支撑	两侧竖向支撑	屋架端部高度大于900mm时，厂房单元端开间及柱间支撑开间各设一道		
屋架支撑	下弦通长水平系杆	同非抗震设计	屋架两端和屋架竖向支撑处设置；与柱刚接时，屋架端节间处按控制下弦平面外长细比不大于150设置	
纵向天窗架支撑	上弦横向支撑	天窗架单元两端开间各设一道	天窗架单元两端开间及每隔54m各设一道	天窗架单元两端开间及每隔48m各设一道
纵向天窗架支撑	两侧竖向支撑	天窗架单元端开间及每隔42m各设一道	天窗架单元端开间及每隔36m各设一道	天窗架单元端开间及每隔24m各设一道

无檩屋盖是指通用的1.5m×6.0m预制大型屋面板，大型屋面板与屋架的连接需保证3个角点牢固焊接，才能起到上弦水平支撑作用。屋架的主要横向支撑应设置在传递厂房框架支座反力的平面内，其横向支撑、竖向支撑、纵向天窗架支撑的布置，宜符合表7-7的要求。

表7-7　无檩屋盖的支撑系统布置

支撑名称		烈度		
		6、7	8	9
屋架支撑	上、下弦横向支撑	屋架跨度小于18m时同非抗震设计；屋架跨度不小于18m时，在厂房单元端开间各设一道	厂房单元端开间及上柱支撑开间各设一道；天窗开洞范围的两端各增设局部上弦支撑一道；当屋架端部支承在屋架上弦时，其下弦横向支撑同非抗震设计	

（续）

<table>
<tr><th colspan="3" rowspan="2">支撑名称</th><th colspan="3">烈　度</th></tr>
<tr><th>6、7</th><th>8</th><th>9</th></tr>
<tr><td rowspan="4">屋架支撑</td><td colspan="2">上弦通长水平系杆</td><td rowspan="4">同非抗震设计</td><td colspan="2">在屋脊处、天窗架竖向支撑处、横向支撑节点处和屋架两端处设置</td></tr>
<tr><td colspan="2">下弦通长水平系杆</td><td colspan="2">屋架竖向支撑节点处设置；当屋架与柱刚接时，在屋架端节间处按控制下弦平面外长细比不大于150设置</td></tr>
<tr><td rowspan="2">竖向支撑</td><td>屋架跨度小于30m</td><td>厂房单元两端开间及上柱支撑各开间屋架端部各设一道</td><td>同8度，且每隔42m在屋架端部设置</td></tr>
<tr><td>屋架跨度大于等于30m</td><td>厂房单元的端开间，屋架1/3跨度处和上柱支撑开间内的屋架端部设置，并与上、下弦横向支撑相对应</td><td>同8度，且每隔36m在屋架端部设置</td></tr>
<tr><td rowspan="3">纵向天窗架支撑</td><td colspan="2">上弦横向支撑</td><td>天窗架单元两端开间各设一道</td><td colspan="2">天窗架单元端开间及柱间支撑开间各设一道</td></tr>
<tr><td rowspan="2">竖向支撑</td><td>跨中</td><td>跨度不小于12m时设置，其道数与两侧相同</td><td colspan="2">跨度不小于9m时设置，其道数与两侧相同</td></tr>
<tr><td>两侧</td><td>天窗架单元端开间及每隔36m设置</td><td>天窗架单元端开间及每隔30m设置</td><td>天窗架单元端开间及每隔24m设置</td></tr>
</table>

3. 单层砖柱厂房

木屋盖的支撑布置宜符合表7-8的要求。

表7-8　木屋盖的支撑布置

<table>
<tr><th colspan="2" rowspan="3">支撑名称</th><th colspan="3">烈　度</th></tr>
<tr><th>6、7</th><th colspan="2">8</th></tr>
<tr><th>各类屋盖</th><th>满铺望板</th><th>稀铺望板或无望板</th></tr>
<tr><td rowspan="3">屋架支撑</td><td>上弦横向支撑</td><td colspan="2">同非抗震设计</td><td>屋架跨度大于6m时，房屋单元两端第二开间及每隔20m设一道</td></tr>
<tr><td>下弦横向支撑</td><td colspan="3">同非抗震设计</td></tr>
<tr><td>跨中竖向支撑</td><td colspan="3">同非抗震设计</td></tr>
<tr><td rowspan="2">天窗架支撑</td><td>天窗两侧竖向支撑</td><td rowspan="2">同非抗震设计</td><td colspan="2" rowspan="2">不宜设置天窗</td></tr>
<tr><td>上弦横向支撑</td></tr>
</table>

7.3　抗震验算

1. 横向抗震验算

（1）计算简图

进行单层厂房横向计算时，取一榀排架作为计算单元，它的动力分析计算简图，可根据厂房类型的不同，取为质量集中在不同标高屋盖处的下端固定于基础顶面的弹性竖直杆。这样，对于单跨和多跨等高厂房，可简化为单质点体系，如图7-7a所示；两跨不等高厂房，可简化为二质点体系，如图 7-7b 所示；三跨不对称升高中跨厂房，可简化为三质点体系，如图 7-7c 所示。

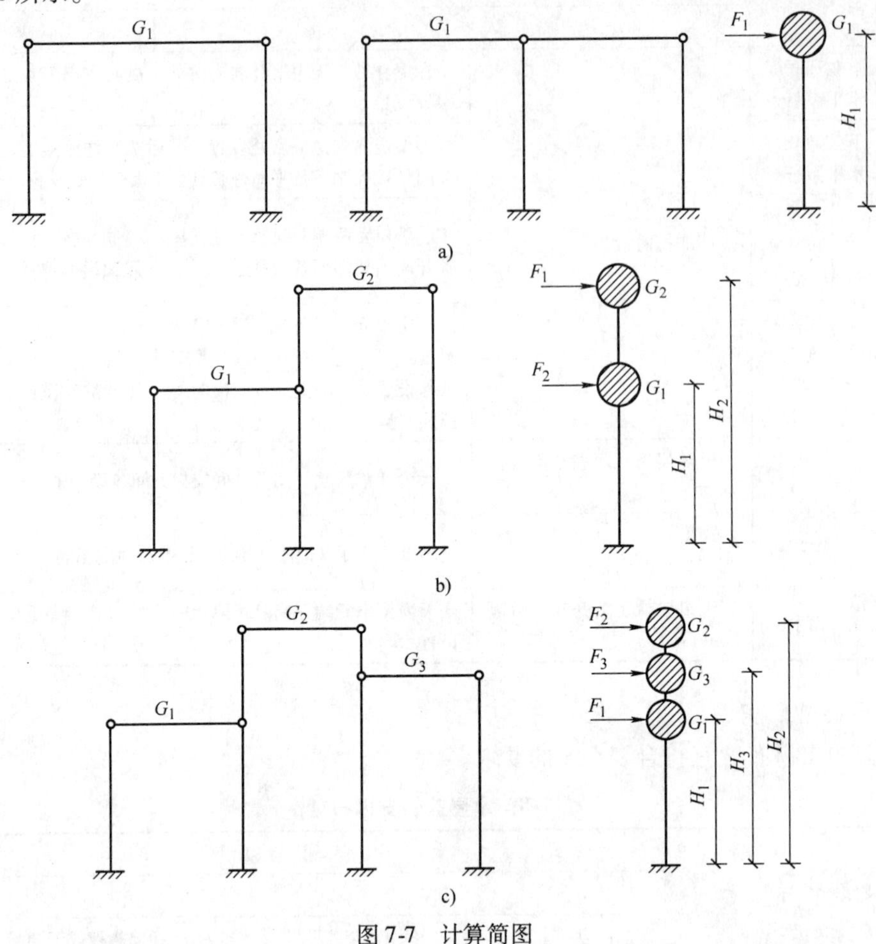

图 7-7　计算简图

a) 单跨和多跨等高厂房排架　b) 两跨不等高厂房排架　c) 三跨不对称升高中跨厂房排架

1）计算自振周期时的质量集中

在计算自振周期时，各集中质量的重量计算如下：

① 等高厂房

图 7-7a 中等高厂房 G_1的计算式为

$$G_1 = 1.0G_{屋盖} + 0.5G_{吊车梁} + 0.25G_{柱} + 0.25G_{纵墙} \tag{7-1}$$

② 不等高厂房

图 7-7b 中不等高厂房 G_1的计算式为

$$G_1 = 1.0G_{低跨屋盖} + 0.5G_{低跨吊车梁} + 0.25G_{低跨边柱} + 0.25G_{低跨纵墙} + 1.0G_{高跨吊车梁(中柱)} + 0.25G_{中柱下柱} + 0.5G_{中柱上柱} + 0.5G_{高跨封墙} \tag{7-2}$$

图 7-7b 中不等高厂房 G_2的计算式为

$$G_1 = 1.0G_{高跨屋盖} + 0.5G_{高跨吊车梁(边跨)} + 0.25G_{高跨边柱} + 0.25G_{高跨外纵墙} + 0.5G_{中柱上柱} + 0.5G_{高跨封墙} \tag{7-3}$$

2）计算地震作用时的质量集中

在计算地震作用时，各集中质量的重量计算如下：

① 等高厂房

图 7-7a 中等高厂房 G_1的计算式为

$$G_1 = 1.0G_{屋盖} + 0.75G_{吊车梁} + 0.5G_{柱} + 0.5G_{纵墙} \tag{7-4}$$

② 不等高厂房

图 7-7b 中不等高厂房 G_1的计算式为

$$G_1 = 1.0G_{低跨屋盖} + 0.75G_{低跨吊车梁} + 0.5G_{低跨边柱} + 0.5G_{低跨纵墙} \tag{7-5}$$

图 7-7b 中不等高厂房 G_2的计算式为

$$G_1 = 1.0G_{高跨屋盖} + 0.75G_{高跨吊车梁(边跨)} + 0.5G_{高跨边柱} + 0.5G_{高跨外纵墙} + 0.5G_{中柱上柱} + 0.5G_{高跨封墙} \tag{7-6}$$

确定厂房的地震作用时，对等高有桥式吊车的厂房，除将厂房重力荷载按弯矩等效原则集中于屋盖标高处外，还应考虑吊车桥架的重力荷载；如系硬钩吊车，尚应考虑最大吊重的30%。一般是把某跨吊车桥架的重力荷载集中于该跨任一柱吊车梁的顶面标高处。如两跨不等高厂房均设有吊车，则在确定厂房地震作用时可按 4 个集中质点考虑，如图 7-8 所示。

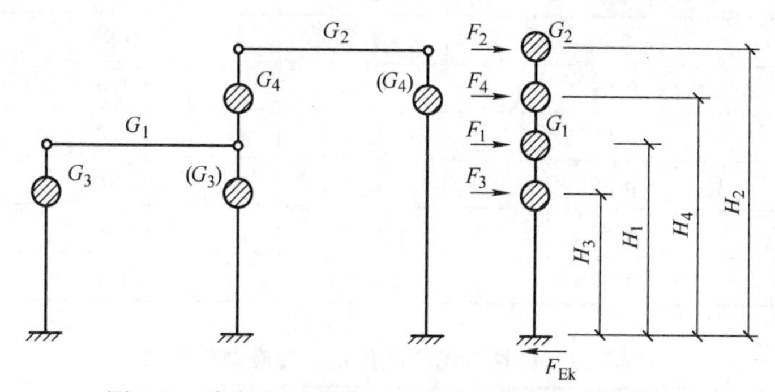

图 7-8　确定有桥式吊车厂房地震作用的计算简图

应当指出，按动能等效所求得的换算重力荷载代表值，确定地震作用在构件内产生的内力，与原来的重力荷载代表值产生的内力并不等效。但是，考虑到影响地震作用的因素很多，为了简化计算，确定单层钢筋混凝土柱厂房排架的地震作用仍可采用动能等效换算系数计算。计算结果表明，这样处理计算误差不大，并不影响抗震计算所要求的精确度。

为了便于应用，现将动能等效换算系数汇总表表 7-9，供查阅。

表 7-9　动能等效换算系数 ξ

换算集中到柱顶的各部分结构重力荷载	ξ
1. 位于柱顶以上的结构（屋盖、檐墙等）	1.0
2. 柱及与柱等高的纵墙墙体	0.25
3. 单跨和等高多跨厂房的吊车梁以及不等高厂房边柱的吊车梁	0.5
4. 不等高厂房高低跨交接处的中柱：	
（1）中柱的下柱，集中到低跨柱顶	0.25
（2）中柱的上柱，分别集中到高跨和低跨柱顶	0.5
5. 不等高厂房高低跨交接处中柱的吊车梁	
（1）靠近低跨屋盖，集中到低跨柱顶	1.0
（2）位于高跨及低跨柱顶之间，分别集中到高跨和低跨柱顶	0.5

(2) 空间作用和扭转的影响

GB 50011—2010《建筑抗震设计规范》考虑厂房空间作用和扭转影响，是通过对平面排架地震效应（弯矩、剪力）的折减来体现的。为了方便应用，将质量折算系数汇总于表7-10、表7-11。

表7-10　钢筋混凝土柱（高低跨交接处上柱除外）考虑空间作用和扭转影响的效应调整系数

屋盖		钢筋混凝土无檩楼盖			钢筋混凝土有檩楼盖		
山墙		两端山墙		一端山墙	两端山墙		一端山墙
		等高厂房	不等高厂房		等高厂房	不等高厂房	
屋盖长度/m	≤30	—		1.05	—		—
	36	—		1.15	—		—
	42	0.75		1.2	0.8		0.85
	48	0.75		1.25	0.85		0.9
	54	0.75		1.3	0.9		0.95
	60	0.8		1.3	0.95		1.0
	66	0.8		1.3	0.95		1.0
	72	0.85		1.3	1.0		1.05
	78	0.85		1.35	1.0		1.05
	84	0.85		1.35	1.05		1.1
	90	0.85		1.35	1.05		1.1
	96	0.9		1.35	1.1		1.15

表7-11　砖柱考虑空间作用的效应调整系数

屋盖类型		钢筋混凝土无檩楼盖	钢筋混凝土有檩楼盖或密铺望板瓦木屋盖
山墙或承重（抗震）横墙间距/m	≤12	0.60	0.65
	18	0.65	0.70
	24	0.70	0.75
	30	0.75	0.80
	36	0.80	0.90
	42	0.85	0.95
	48	0.85	0.95
	54	0.90	1.00
	60	0.95	1.05
	66	0.95	1.05
	72	1.0	1.10

(3) 内力调整

1) 高低跨交接处钢筋混凝土柱的地震作用效应调整

在排架高低跨交接处的钢筋混凝土柱支承低跨屋盖牛腿以上各截面，按底部剪力法求出的地震剪力和弯矩，应乘以增大系数，其值按下式计算：

$$\eta=\zeta\left(1+1.7\frac{n_{b}}{n_{0}}\cdot\frac{G_{EL}}{G_{Eh}}\right)\tag{7-7}$$

式中　ζ——不等高厂房高低跨交接处的空间工作影响系数，可按表 7-12 采用；

n_b——高跨的跨数；

n_0——计算跨数，仅一侧有低跨时应取总跨数，两侧均有低跨时应取总跨数与高跨跨数之和；

G_{EL}——集中于交接处一侧各低跨屋盖标高处的总重力荷载代表值；

G_{Eh}——集中于高跨柱顶标高处的总重力荷载代表值。

表 7-12　高低跨交接处钢筋混凝土上柱空间工作影响系数

<table>
<tr><td colspan="2">屋　盖</td><td colspan="2">钢筋混凝土无檩楼盖</td><td colspan="2">钢筋混凝土有檩楼盖</td></tr>
<tr><td colspan="2">山　墙</td><td>两端山墙</td><td>一端山墙</td><td>两端山墙</td><td>一端山墙</td></tr>
<tr><td rowspan="11">屋盖长度/m</td><td>≤36</td><td>—</td><td rowspan="11">1.25</td><td>—</td><td rowspan="11">1.05</td></tr>
<tr><td>42</td><td>0.7</td><td>0.9</td></tr>
<tr><td>48</td><td>0.76</td><td>1.0</td></tr>
<tr><td>54</td><td>0.82</td><td>1.05</td></tr>
<tr><td>60</td><td>0.88</td><td>1.1</td></tr>
<tr><td>66</td><td>0.94</td><td>1.1</td></tr>
<tr><td>72</td><td>1.0</td><td>1.15</td></tr>
<tr><td>78</td><td>1.06</td><td>1.15</td></tr>
<tr><td>84</td><td>1.06</td><td>1.15</td></tr>
<tr><td>90</td><td>1.06</td><td>1.2</td></tr>
<tr><td>96</td><td>1.06</td><td>1.2</td></tr>
</table>

2）吊车桥架对排架柱局部地震作用效应的修正

钢筋混凝土柱单层厂房的吊车梁顶标高处的上柱截面，由吊车桥架引起的地震剪力和弯矩，应乘以表 7-13 的增大系数。

表 7-13　桥架引起的地震剪力和弯矩增大系数

屋　盖	钢筋混凝土无檩楼盖		钢筋混凝土有檩楼盖	
山　墙	两端山墙	一端山墙	两端山墙	一端山墙
边柱	2.0	1.5	1.5	1.5
高低跨柱	2.5	2.0	2.0	2.0
其他中柱	3.0	2.5	2.5	2.0

2. 纵向抗震验算

（1）钢筋混凝土柱厂房纵向抗震计算的修正刚度法

1）基本周期

厂房纵向自振周期计算简图如图 7-9 所示。

2）柱列地震作用

① 等高多跨钢筋混凝土屋盖的厂房，各纵向柱列的柱顶标高处的地震作用标准值，可按下列公式确定：

$$F_i = \alpha_1 G_{eq} \frac{K_{ai}}{\sum K_{ai}} \tag{7-8}$$

$$K_{ai} = \psi_3 \psi_4 K_i \tag{7-9}$$

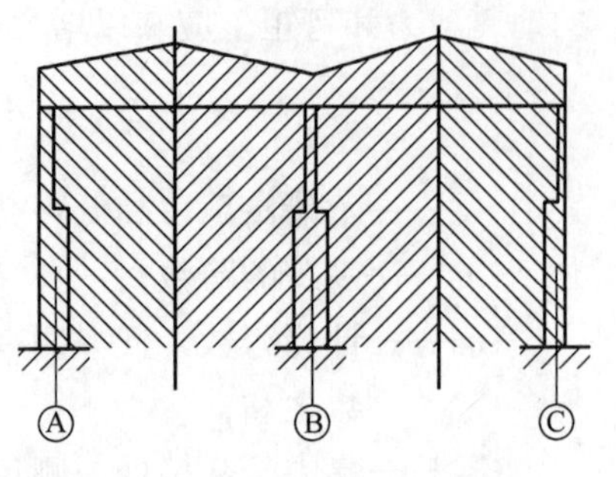

图 7-9　厂房纵向周期计算简图

式中　F_i——i 柱列柱顶标高处的纵向地震作用标准值；

α_1——相应于厂房纵向基本自振周期的水平地震影响系数；

G_{eq}——厂房单元柱列总等效重力荷载代表值；

K_i——i 柱列柱顶的总侧移刚度，应包括 i 柱列内柱子和上、下柱间支撑的侧移刚度及纵墙的折减侧移刚度的总和，贴砌的砖围护墙侧移刚度的折减系数，可根据柱列侧移值的大小，采用0.2～0.6；

K_{ai}——i 柱列柱顶的调整侧移刚度；

ψ_3——柱列侧移刚度的围护墙影响系数，可按表 7-14 采用；有纵向砖围护墙的四跨或五跨厂房，由边柱列数起的第三柱列，可按表内相应数值的 1.15 倍采用；

ψ_4——柱列侧移刚度的柱间支撑影响系数，纵向为砖围护墙时，边柱列可采用 1.0，中柱列可按表 7-15 采用。

表 7-14　围护墙影响系数

围护墙类别和烈度		柱列和屋盖类别				
		边柱列	中柱列			
			无檩屋盖		有檩屋盖	
240 砖墙	370 砖墙		边跨无天窗	边跨有天窗	边跨无天窗	边跨有天窗
	7 度	0.85	1.7	1.8	1.8	1.9
7 度	8 度	0.85	1.5	1.6	1.6	1.7
8 度	9 度	0.85	1.3	1.4	1.4	1.5
9 度		0.85	1.2	1.3	1.3	1.4
无墙、石棉瓦或挂板		0.90	1.1	1.1	1.2	1.2

表 7-15　纵向采用砖围护墙的中柱列柱间支撑影响系数

厂房单元内设置下柱支撑的柱间数	中柱列下柱支撑斜杆的长细比					中柱列无支撑
	≤40	41～80	81～120	121～150	>150	
一柱间	0.9	0.95	1.0	1.1	1.25	1.4
二柱间	—	—	0.9	0.95	1.0	

② 等高多跨钢筋混凝土屋盖厂房，柱列各吊车梁顶标高处的纵向地震作用标准值，可按下式确定：

$$F_{ci} = \alpha_1 G_{ci} \frac{H_{ci}}{H_i} \tag{7-10}$$

式中 F_{ci}——i 柱列在吊车梁顶标高处的纵向地震作用标准值；

G_{ci}——集中于 i 柱列吊车梁顶标高处的等效重力荷载代表值；

H_{ci}——i 柱列吊车梁顶高度；

H_i——i 柱列柱顶高度。

(2) 钢筋混凝土柱厂房纵向抗震计算的柱列法

沿厂房纵向第 s 柱列上端的水平地震作用可按下式计算：

$$F_s = \frac{\psi_s K_s}{\sum \psi_s K_s} F_{\mathrm{Ek}} \tag{7-11}$$

式中 ψ_s——反映屋盖水平变形影响的柱列刚度调整系数，根据屋盖类型和各柱列的纵墙设置情况，按表 7-16 采用。

表 7-16 柱列刚度调整系数

纵墙设置情况		屋盖类型			
		钢筋混凝土无檩屋盖		钢筋混凝土有檩屋盖	
		边柱列	中柱列	边柱列	中柱列
砖柱敞棚		0.95	1.1	0.9	1.6
各柱列均为带壁柱砖墙		0.95	1.1	0.9	1.2
边柱列为带壁柱砖墙	中柱列的纵墙不少于 4 开间	0.7	1.4	0.75	1.5
	中柱列的纵墙少于 4 开间	0.6	1.8	0.65	1.9

(3) 砖柱厂房纵向抗震计算的修正刚度法

单层砖柱厂房的纵向基本自振周期可按下式计算：

$$T_1 = 2\psi_{\mathrm{T}} \sqrt{\frac{\sum G_s}{\sum K_s}} \tag{7-12}$$

式中 ψ_{T}——周期修正系数，按表 7-17 采用；

G_s——第 s 柱列的集中重力荷载，包括柱列左右各半跨的屋盖和山墙重力荷载，及按动能等效原则换算集中到柱顶或墙顶处的墙、柱重力荷载；

K_s——第 s 柱列的侧移刚度。

表 7-17 厂房纵向基本自振周期修正系数

屋盖类型	钢筋混凝土无檩屋盖		钢筋混凝土有檩屋盖	
	边跨无天窗	边跨有天窗	边跨无天窗	边跨有天窗
周期修正系数	1.3	1.35	1.4	1.45

8　土、木、石结构房屋

8.1　生土房屋

生土房屋的抗震要求见表8-1。

表8-1　生土房屋的抗震要求

项　　目	内　　容
适用范围	1）适用于6度、7度（0.10g）未经焙烧的土坯、灰土和夯土承重墙体的房屋及土窑洞、土拱房 2）灰土墙指掺石灰（或其他粘结材料）的土筑墙和掺石灰土坯墙 3）土窑洞指未经扰动的原土中开挖而成的崖窑
高度和承重横墙间距	1）生土房屋宜建单层，灰土墙房屋可建二层，但总高度不应超过6m 2）单层生土房屋的檐口高度不宜大于2.5m 3）单层生土房屋的承重横墙间距不宜大于3.2m 4）窑洞净跨不宜大于2.5m
屋盖要求	1）应采用轻屋面材料 2）硬山搁檩房屋宜采用双坡屋面或弧形屋面，檩条支承处应设垫木；端檩应出檐，内墙上檩条应满搭或采用夹板对接和燕尾榫加扒钉连接 3）木屋盖各构件应采用圆钉、扒钉、钢丝等相互连接 4）木屋架、木梁在外墙上宜满搭，支承处应设置木圈梁或木垫板；木垫板的长度、宽度和厚度分别不宜小于500mm、370mm和60mm；木垫板下应铺设砂浆垫层或粘土石灰浆垫层
承重墙体	1）承重墙体门窗洞口的宽度，6度、7度时不应大于1.5m 2）门窗洞口宜采用木过梁；当过梁由多根木杆组成时，宜采用木板、扒钉、铅丝等将各根木杆连接成整体 3）内外墙体应同时分层交错夯筑或咬砌。外墙四角和内外墙交接处，应沿墙高每隔500mm左右放置一层竹筋、木条、荆条等编织的拉结网片，每边伸入墙体应不小于1000mm或至门窗洞边，拉结网片在相交处应绑扎；或采取其他加强整体性的措施
地基要求	各类生土房屋的地基应夯实，应采用毛石、片石、凿开的卵石或普通砖基础，基础墙应采用混合砂浆或水泥砂浆砌筑。外墙宜做墙裙防潮处理（墙脚宜设防潮层）
土坯	土坯宜采用黏性土湿法成型并宜掺入草苇等拉结材料；土坯应卧砌并宜采用黏土浆或黏土石灰浆砌筑
灰土墙房屋	灰土墙房屋应每层设置圈梁，并在横墙上拉通；内纵墙顶面宜在山尖墙两侧增砌踏步式墙垛
土拱房	土拱房应多跨连接布置，各拱脚均应支承在稳固的崖体上或支承在人工土墙上；拱圈厚度宜为300mm～400mm，应支模砌筑，不应后倾贴砌；外侧支承墙和拱圈上不应布置门窗
土窑洞	土窑洞应避开易产生滑坡、山崩的地段；开挖窑洞的崖体应土质密实、土体稳定、坡度较平缓、无明显的竖向节理；崖窑前不宜接砌土坯或其他材料的前脸；不宜开挖层窑，否则应保持足够的间距，且上、下不宜对齐

8.2　木结构房屋

木结构房屋的抗震要求见表8-2。

表8-2　木结构房屋的抗震要求

项　目	内　容
适用范围	适用于6～9度的穿斗木构架、木柱木屋架和木柱木梁等房屋
高度	1）木柱木屋架和穿斗木构架房屋，6～8度时不宜超过二层，总高度不宜超过6m；9度时宜建单层，高度不应超过3.3m 2）木柱木梁房屋宜建单层，高度不宜超过3m
结构选型与布置	1）木结构房屋不应采用木柱与砖柱或砖墙等混合承重；山墙应设置端屋架（木梁），不得采用硬山搁檩 2）礼堂、剧院、粮仓等较大跨度的空旷房屋，宜采用四柱落地的三跨木排架 3）木屋架屋盖的支撑布置，应符合单层砖柱厂房的有关规定的要求，但房屋两端的屋架支撑，应设置在端开间
木柱要求	1）木柱木屋架和木柱木梁房屋应在木柱与屋架（或梁）间设置斜撑；横隔墙较多的居住房屋应在非抗震隔墙内设斜撑；斜撑宜采用木夹板，并应通到屋架的上弦 2）穿斗木构架房屋的横向和纵向均应在木柱的上、下柱端和楼层下部设置穿枋，并应在每一纵向柱列间设置1～2道剪刀撑或斜撑
构件连接	1）柱顶应有暗榫插入屋架下弦，并用U形铁件连接；8度、9度时，柱脚应采用铁件或其他措施与基础锚固。柱础埋入地面以下的深度不应小于200mm 2）斜撑和屋盖支撑结构，均应采用螺栓与主体构件相连接；除穿斗木构件外，其他木构件宜采用螺栓连接 3）椽与檩的搭接处应满钉，以增强屋盖的整体性。木构架中，宜在柱檐口以上沿房屋纵向设置竖向剪刀撑等措施，以增强纵向稳定性
木构件	1）木柱的梢径不宜小于150mm；应避免在柱的同一高度处纵横向同时开槽，且在柱的同一截面开槽面积不应超过截面总面积的1/2 2）柱子不能有接头 3）穿枋应贯通木构架各柱
围护墙	1）围护墙与木柱的拉结应符合下列要求： ① 沿墙高每隔500mm左右，应采用8号钢丝将墙体内的水平拉结筋或拉结网片与木柱拉结 ② 配筋砖圈梁、配筋砂浆带与木柱应采用Φ6钢筋或8号钢丝拉结 2）土坯砌筑的围护墙，洞口宽度应符合生土房屋的要求。砖等砌筑的围护墙，横墙和内纵墙上的洞口宽度不宜大于1.5m，外纵墙上的洞口宽度不宜大于1.8m或开间尺寸的一半 3）土坯、砖等砌筑的围护墙不应将木柱完全包裹，应贴砌在木柱外侧

8.3　石结构房屋

石结构房屋的抗震要求见表8-3。

表 8-3　石结构房屋的抗震要求

项　目	内　容
适用范围	适用于 6 ~ 8 度，砂浆砌筑的料石砌体（包括有垫片或无垫片）承重的房屋
房屋的总高度和层数	1）多层石砌体房屋的总高度和层数不应超过表 8-4 的规定 2）多层石砌体房屋的层高不宜超过 3m
房屋的抗震横墙间距	多层石砌体房屋的抗震横墙间距，不应超过表 8-5 的规定
楼、屋盖	多层石砌体房屋，宜采用现浇或装配整体式钢筋混凝土楼、屋盖
构造柱设置要求	多层石砌体房屋应在外墙四角、楼梯间四角和每开间的内外墙交接处设置钢筋混凝土构造柱
抗震墙洞口要求	抗震横墙洞口的水平截面面积，不应大于全截面面积的 1/3
圈梁设置要求	每层的纵、横墙均应设置圈梁，其截面高度不应小于 120mm，宽度宜与墙厚相同，纵向钢筋不应小于 4Φ10，箍筋间距不宜大于 200mm
纵横墙交接构造	无构造柱的纵、横墙交接处，应采用条石无垫片砌筑，且应沿墙高每隔 500mm 设置拉结钢筋网片，每边每侧伸入墙内不宜小于 1m
承重构件	不应采用石板作为承重构件
其他构造要求	其他有关抗震构造措施要求，参照多层砌体房屋和底部框架砌体房屋的相关规定

表 8-4　多层石砌体房屋总高度（m）和层数限值

墙体类别	烈度					
	6		7		8	
	高度	层数	高度	层数	高度	层数
细、半细料石砌体（无垫片）	18	五	13	四	10	三
粗料石及毛料石砌体（有垫片）	13	四	10	三	7	二

注：1. 房屋总高度的计算同表 5-2 注。
2. 横墙较少的房屋，房屋总高度应降低 3m，层数相应减少一层。

表 8-5　多层石砌体房屋的抗震横墙间距　　（单位：m）

楼、屋盖类型	烈度		
	6	7	8
现浇及装配整体式钢筋混凝土	10	10	7
装配式钢筋混凝土	7	7	4

9　隔震和消能减震设计

9.1　概述

结构减震控制根据是否需要外部能源输入分为被动控制、主动控制、半主动控制和混合控制，如图9-1所示。

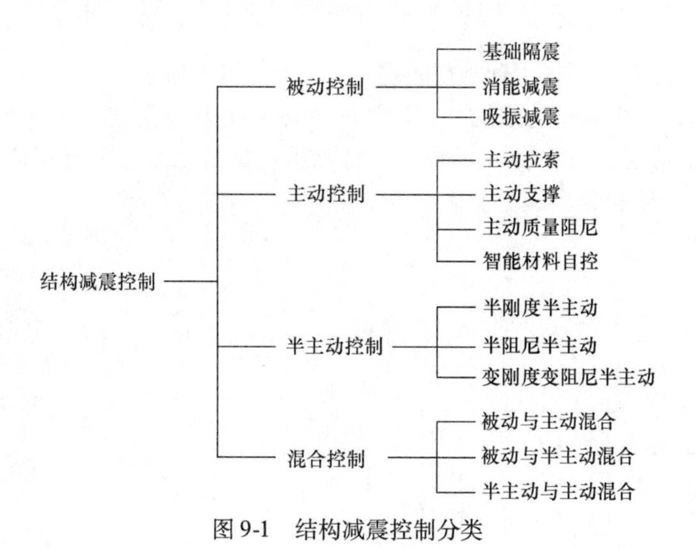

图9-1　结构减震控制分类

9.2　房屋隔震设计

1. 隔震结构与传统抗震结构的区别

1）隔震设计和传统抗震房屋设计理念对比见表9-1。

表9-1　隔震设计和传统抗震房屋设计理念对比

	传统抗震房屋	隔 震 房 屋
结构体系	加强上部结构与基础的连接	削弱上部结构与基础的连接
设计思想	提高结构自身的抗震能力	隔离地震能量的输入
方法措施	强化结构刚度和延性	滤波

2）隔震结构与传统抗震结构的区别如图9-2所示。

2. 隔震原理

1）隔震设计指在房屋基础、底部或下部结构与上部结构之间设置由橡胶隔震支座和阻尼装置等部件组成，具有整体复位功能的隔震层，以延长整个结构体系的自振周期，减少输

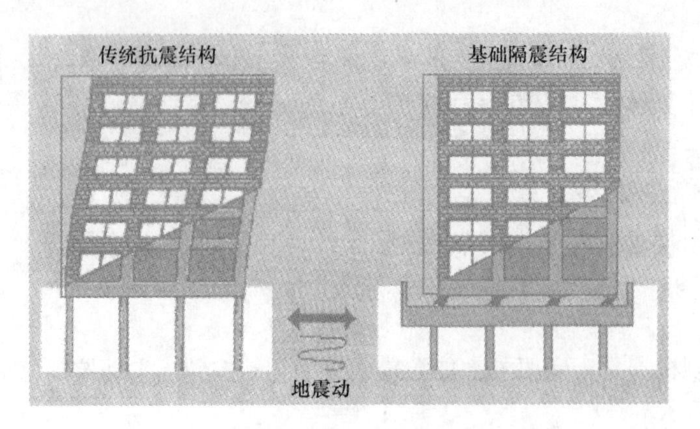

图 9-2　隔震结构与传统抗震结构的区别

入上部结构的水平地震作用，达到预期防震要求，如图 9-3 所示。

2）对变形特征为剪切型的结构，其计算简图可采用剪切模型，如图 9-4 所示，并基于以下假定：基础底部视为一质量 m_0的质点，将隔震装置简化为一个与其具有相同阻尼比 ζ_{eq} 和刚度 K_h的滑动摩擦部件。

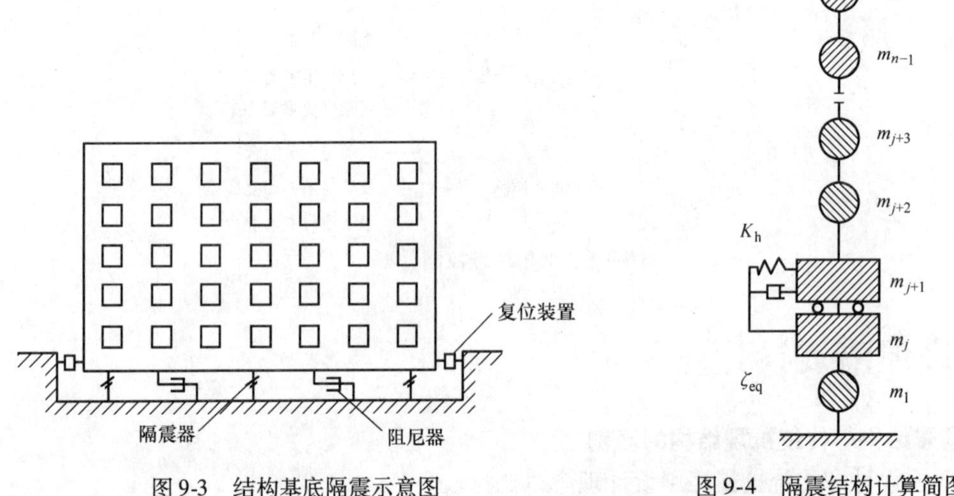

图 9-3　结构基底隔震示意图　　图 9-4　隔震结构计算简图

3）隔震层通常具有较大的阻尼，从而使结构所受地震作用较非隔震结构有较大的衰减。其次，隔震层具有很小的侧移刚度，从而大大延长了结构物的周期，因此，结构加速度反应得到进一步降低（图 9-5a）。与此同时，结构位移反应在一定程度上增加（图 9-5b）。

3. 隔震装置

目前隔震装置主要有橡胶隔震支座、滑移隔震、滚动隔震、钟摆式支座和短柱隔震等。

（1）橡胶隔震支座

橡胶隔震支座竖向承载力高、刚度及阻尼特性稳定并具有良好的弹性复位特性。常用的橡胶隔震支座有天然橡胶隔震支座、高阻尼橡胶隔震支座、铅芯橡胶隔震支座和内包阻尼体橡胶隔震支座等。

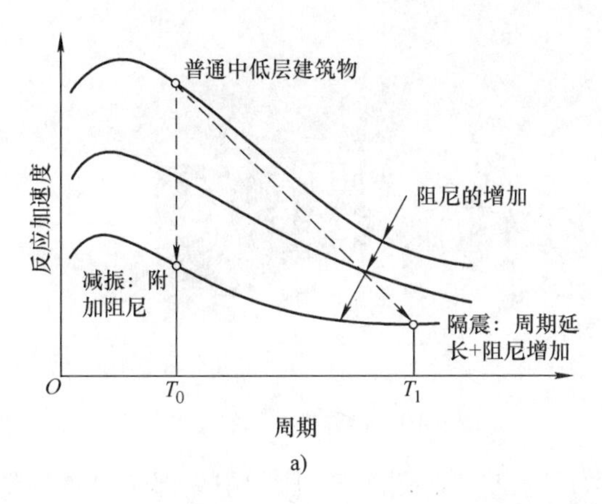

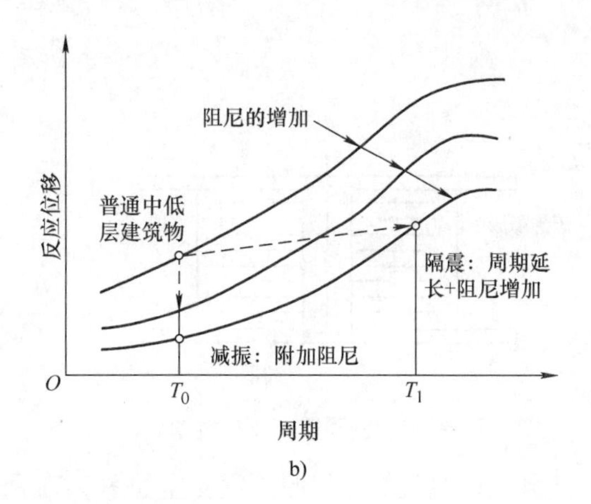

图 9-5　隔震结构与传统抗震结构地震反应谱

a）加速度反应谱　b）位移反应谱

1）天然橡胶隔震支座如图 9-6 所示，由薄橡胶片和薄钢板经硫化交替叠合粘结而成，薄钢板可限制橡胶片的横向变形，但对橡胶片的剪切变形影响很小，因此，橡胶隔震支座的竖向刚度很大，而水平刚度却很小。它只具有弹性性质，本身并无显著的阻尼性能，因此它通常总是和阻尼器一起并行使用。

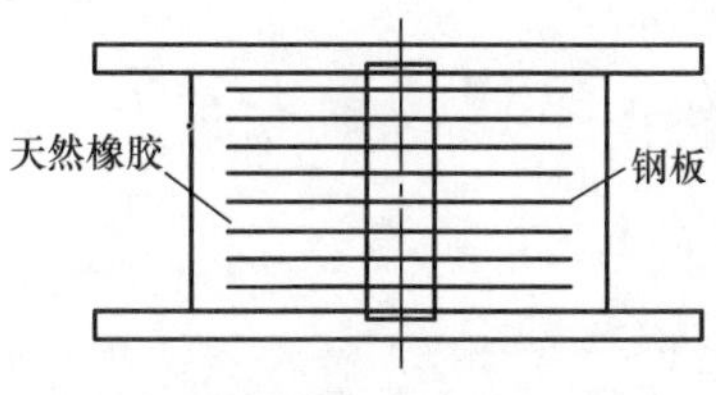

图 9-6　天然橡胶隔震支座构造图

2）高阻尼橡胶隔震支座如图 9-7 和图 9-8 所示，由高阻尼橡胶材料制成，高阻尼材料可通过在天然橡胶中掺入石墨得到，根据石墨的掺入量可调节材料的阻尼特性，也可由高分子合成制得，这种人工合成橡胶不仅性能好，抗劣化性能也极佳，该支座阻尼较大，变形时耗能大。

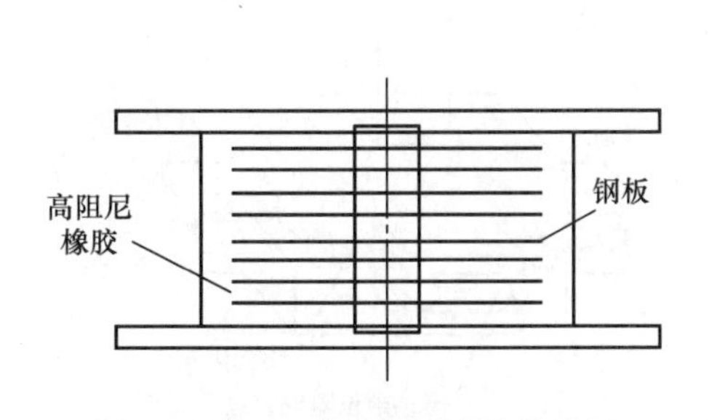

图 9-7　高阻尼橡胶隔震支座构造图

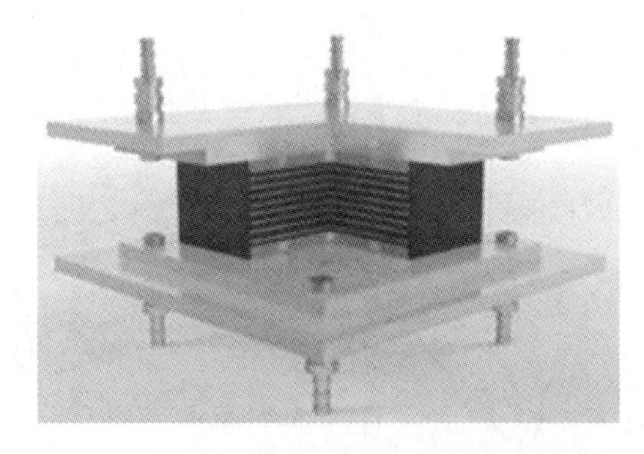

图 9-8　高阻尼橡胶隔震支座

3）铅芯橡胶隔震支座如图 9-9 和图 9-10 所示，由天然橡胶隔震支座中灌入铅棒而成，铅棒可提高支座大变形时的吸能效果，防止过大变形，且可增加支座的早期刚度。灌入铅棒的目的：一是提高支座的吸能效果，确保支座有适度的阻尼；二是增加支座的早期刚度，对控制风反应和抵抗地基的微振动有利。

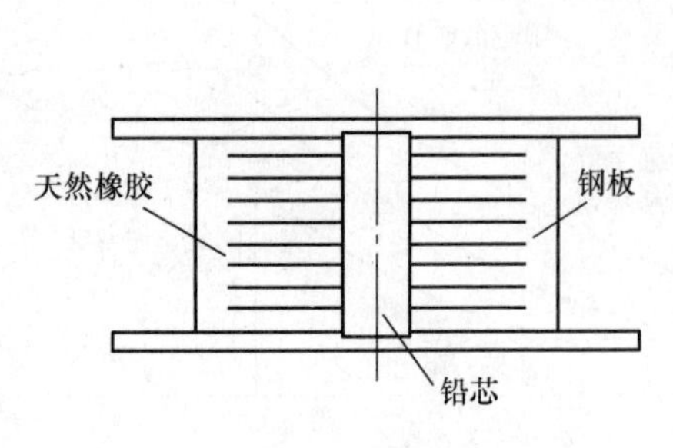

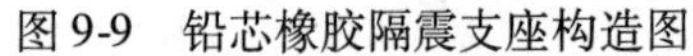
图 9-9　铅芯橡胶隔震支座构造图

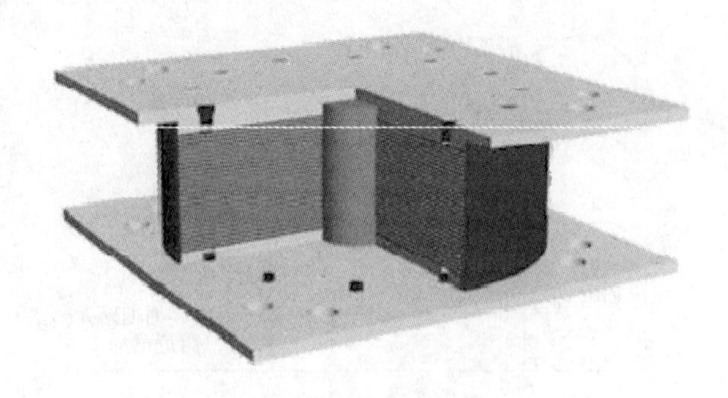
图 9-10　铅芯橡胶隔震支座

4）内包阻尼体橡胶隔震支座如图 9-11 所示，它是在橡胶隔震支座的中央部位设置柱形体的阻尼材料，周边仍由天然包围约束。

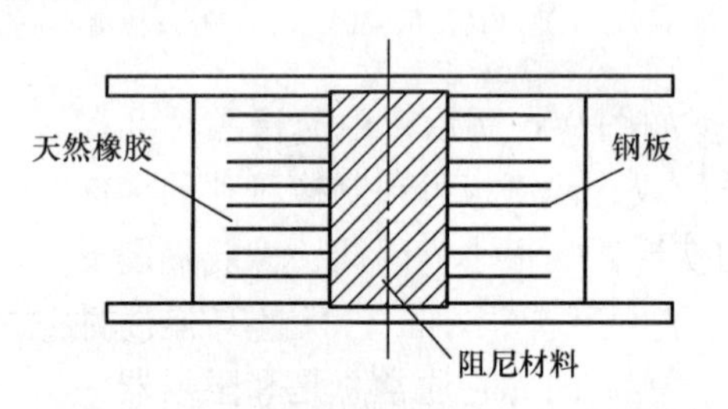

图 9-11　内包阻尼体橡胶隔震支座构造图

（2）滑移隔震

滑移隔震是把建筑物上部结构做成一个整体，在上部结构和建筑物基础之间设置一个滑移面，允许建筑物在发生地震时相对于基础作整体水平滑动，如图 9-12、图 9-13 所示。

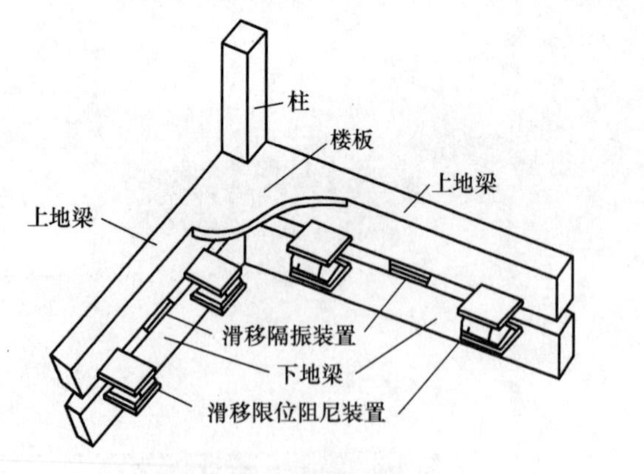

图 9-12　墙承重体系

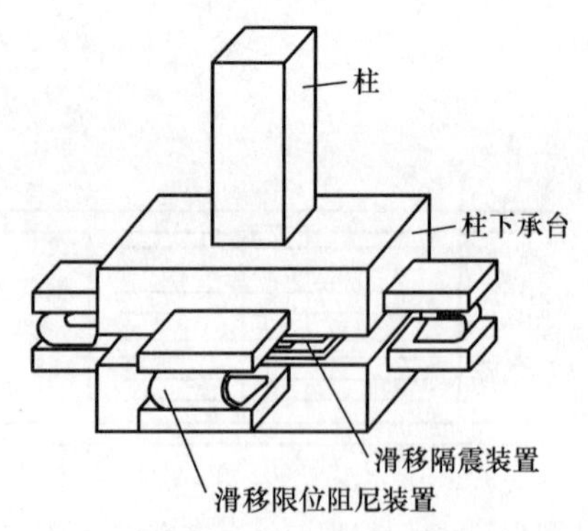

图 9-13·　柱承重体系

（3）滚动隔震

滚动隔震是在上部结构之间放置滚球或双层相互垂直的滚轴，能够有效地控制上部结构的地震反应，它主要利用了屏蔽地震能量的隔震方法，使地震能量反馈入土层，减小结构的地震反应。如图 9-14 所示为一滚动隔震装置。

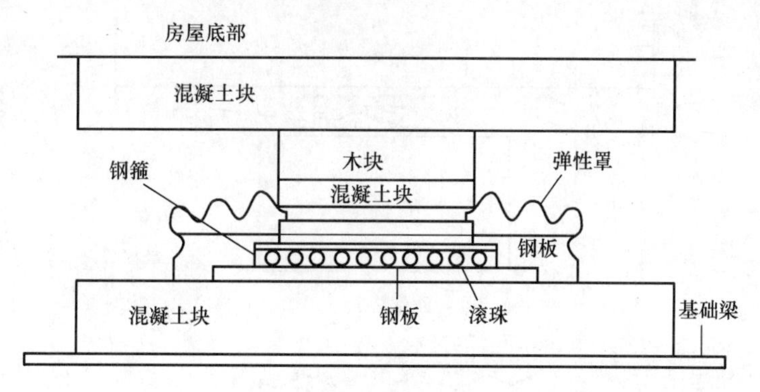

图 9-14　滚动隔震装置示意图

（4）钟摆式隔震支座

钟摆式摩擦阻尼支座通过具有高耐温、高摩擦系数、高耐磨特性的材料将地震能量转化为热能，同时通过钟摆式结构实现将地震能量转化为势能，进而实现阻尼功效。同时，钟摆式的结构可实现自恢复，避免震后调整工序。如图 9-15 所示是一种钟摆式隔震支座。图 9-16 所示为钟摆式摩擦阻尼支座工作原理；图 9-17 所示为钟摆式摩擦阻尼支座构造图；图 9-18 所示为钟摆式摩擦阻尼支座。

（5）短柱隔震

短柱隔震是由钢筋混凝土短柱、钢棒短柱或钢管混凝土短柱作为提供恢复力的构件。将这些短柱放入隔震支座下底和上盖中，在地震过程中，通过这些短柱来耗散输入的地震能量。

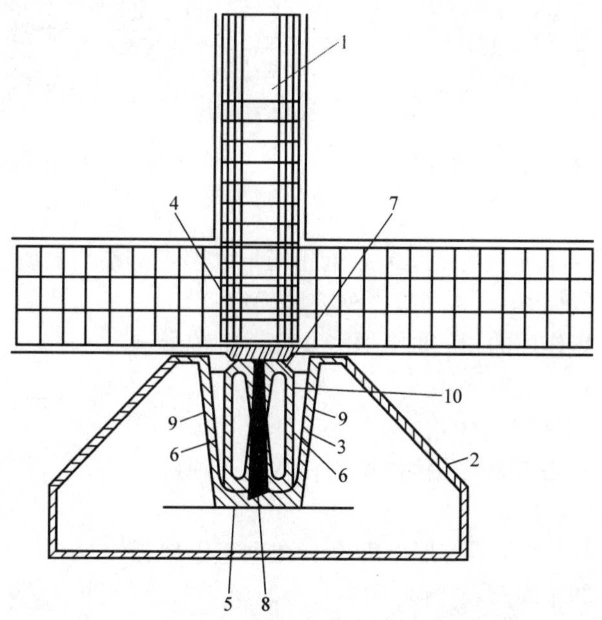

图 9-15　钟摆式隔震支座

1—柱子　2—杯形基础　3—隔震支座　4—上部承台　5—下部承台　6—摇摆倾动体
7—预应力钢丝束　8—锚具　9—基础壁体　10—粒状填充料

梁体
支座
桥墩
正常情况
地震时状态

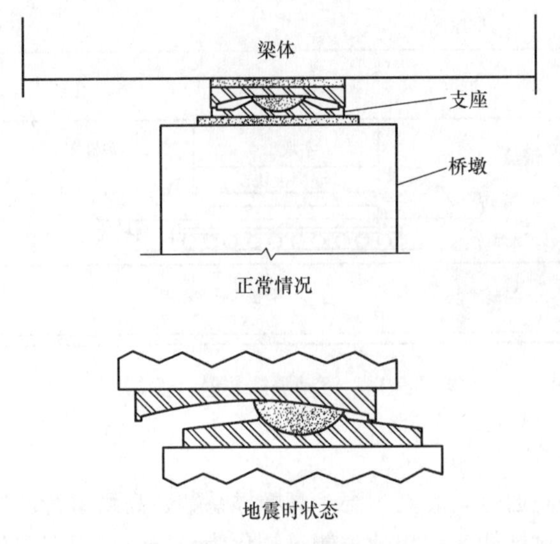

图 9-16　钟摆式摩擦阻尼支座工作原理

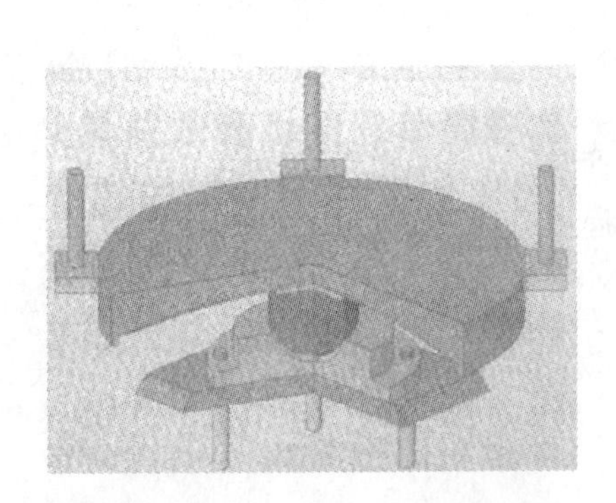

图 9-17　钟摆式摩擦阻尼支座构造图

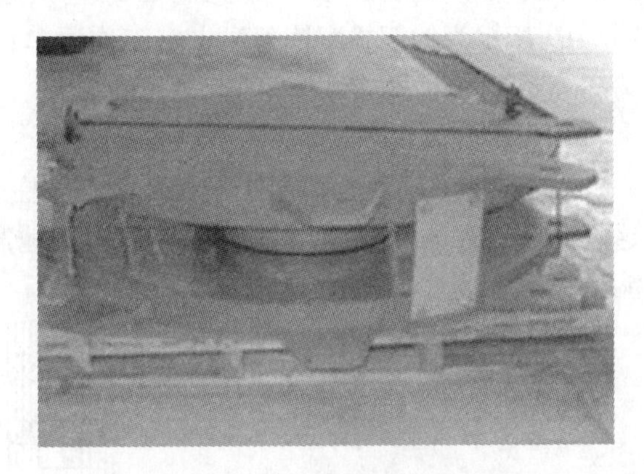

图 9-18　钟摆式摩擦阻尼支座

4. 隔震计算

1）当隔震支座的平面布置为矩形或接近于矩形，但上部结构的质心与隔震层刚度中心不重合时，隔震支座扭转影响系数可按下列方法确定：

① 仅考虑单向地震作用的扭转时（图 9-19），扭转影响系数可按下列公式估计：

$$\eta = 1 + 12es_i/(a^2 + b^2) \tag{9-1}$$

式中　e——上部结构质心与隔震层刚度中心在垂直于地震作用方向的偏心距；

s_i——第 i 个隔震支座与隔震层刚度中心在垂直于地震作用方向的距离；

a、b——隔震层平面的两个边长。

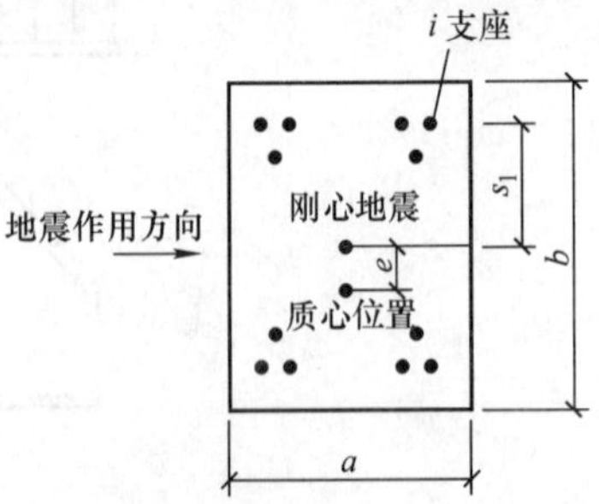

i 支座
地震作用方向
刚心地震
质心位置
s1
e
b
a

图 9-19　扭转计算示意图

对边支座，其扭转影响系数不宜小于 1. 15；当隔震层和上部结构采取有效的抗扭措施后或扭转周期小于平动周期的 70%，扭转影响系数可取 1. 15。

② 同时考虑双向地震作用的扭转时，扭转影响系数可仍按式（9-1）计算，但其中的偏心距值（e）应采用下列公式中的较大值替代：

$$e = \sqrt{e_x^2 + (0.85e_y)^2} \tag{9-2}$$

$$e = \sqrt{e_y^2 + (0.85e_x)^2} \tag{9-3}$$

式中 e_x——y 方向地震作用时的偏心距；

e_y——x 方向地震作用时的偏心距。

对边支座，其扭转影响系数不宜小于 1.2。

2）隔震层的橡胶隔震支座应符合下列要求：

① 隔震支座在表 9-2 所列的压应力下的极限水平变位，应大于其有效直径的 0.55 倍和支座内部橡胶总厚度 3 倍二者的较大值。

② 在经历相应设计基准期的耐久试验后，隔震支座刚度、阻尼特性变化不超过初期值的 ±20%；徐变量不超过支座内部橡胶总厚度的 5%。

③ 橡胶隔震支座在重力荷载代表值的竖向压应力不应超过表 9-2 的规定。

表 9-2 橡胶隔震支座压应力限值

建筑类别	甲类建筑	乙类建筑	丙类建筑
压应力限值/MPa	10	12	15

注：1. 压应力设计值应按永久荷载和可变荷载的组合计算；其中，楼面活荷载应按现行国家标准 GB 50009—2012《建筑结构荷载规范》的规定乘以折减系数。

2. 结构倾覆验算时应包括水平地震作用效应组合；对需进行竖向地震作用计算的结构，尚应包括竖向地震作用效应组合。

3. 当橡胶支座的第二形状系数（有效直径与橡胶层总厚度之比）小于 5.0 时应降低压应力限值：小于 5 不小于 4 时，降低 20%；小于 4 不小于 3 时，降低 40%。

4. 外径小于 300mm 的橡胶支座，丙类建筑的压应力限值为 10MPa。

3）隔震层以下的结构和基础应符合下列要求：

① 隔震层支墩、支柱及相连构件，应采用隔震结构罕遇地震下隔震支座底部的竖向力、水平力和力矩进行承载力验算。

② 隔震层以下的结构（包括地下室和隔震塔楼下的底盘）中直接支承隔震层以上结构的相关构件，应满足嵌固的刚度比和隔震后设防地震的抗震承载力要求，并按罕遇地震进行抗剪承载力验算。隔震层以下地面以上的结构在罕遇地震下的层间位移角限值应满足表 9-3 要求。

③ 隔震建筑地基基础的抗震验算和地基处理仍应按本地区抗震设防烈度进行，甲类、乙类建筑的抗液化措施应按提高一个液化等级确定，直至全部消除液化沉陷。

表 9-3 隔震层以下地面以上结构罕遇地震作用下层间弹塑性位移角限值

下部结构类型	$[\theta_p]$
钢筋混凝土框架结构和钢结构	1/100
钢筋混凝土框架-抗震墙	1/200
钢筋混凝土抗震墙	1/250

5. 砌体结构的隔震措施

隔震后砖房构造设置要求见表 9-4；混凝土小砌块房屋构造柱设置要求见表 9-5。

表 9-4　隔震后砖房构造柱设置要求

<table>
<tr><th colspan="3">房屋层数</th><th colspan="2" rowspan="2">设置部位</th></tr>
<tr><th>7度</th><th>8度</th><th>9度</th></tr>
<tr><td>三、四</td><td>二、三</td><td></td><td rowspan="4">楼梯、电梯间四角，楼梯斜段上下端对应的墙体处；外墙四角和对应转角；错层部位横墙与外纵墙交接处，较大洞口两侧，大房间内外墙交接处</td><td>每隔 12m 或单元横墙与外墙交接处</td></tr>
<tr><td>五</td><td>四</td><td>二</td><td>每隔三开间的横墙与外墙交接处</td></tr>
<tr><td>六</td><td>五</td><td>三、四</td><td>隔开间横墙（轴线）与外墙交接处，山墙与内纵墙交接处；9 度四层，外纵墙与内墙（轴线）交接处</td></tr>
<tr><td>七</td><td>七、六</td><td>五</td><td>内墙（轴线）与外墙交接处，内墙局部较小墙垛处；内纵墙与横墙（轴线）交接处</td></tr>
</table>

表 9-5　隔震后混凝土小砌块房屋构造柱设置要求

<table>
<tr><th colspan="3">房屋层数</th><th rowspan="2">设置部位</th><th rowspan="2">设置数量</th></tr>
<tr><th>7度</th><th>8度</th><th>9度</th></tr>
<tr><td>三、四</td><td>二、三</td><td></td><td>外墙转角，楼梯间四角，楼梯斜段上下端对应的墙体处；大房间内外墙交接处；每隔 12m 或单元横墙与外墙交接处</td><td rowspan="2">外墙转角，灌实 3 个孔
内外墙交接处，灌实 4 个孔</td></tr>
<tr><td>五</td><td>四</td><td>二</td><td>外墙转角，楼梯间四角，楼梯斜段上下端对应的墙体处；大房间内外墙交接处，山墙与内纵墙交接处，隔三开间横墙（轴线）与外纵墙交接处</td></tr>
<tr><td>六</td><td>五</td><td>三</td><td>外墙转角，楼梯间四角，楼梯斜段上下端对应的墙体处；大房间内外墙交接处，隔开间横墙（轴线）与外纵墙交接处，山墙与内纵墙交接处；8 度、9 度时，外纵墙与横墙（轴线）交接处，大洞口两侧</td><td>外墙转角，灌实 5 个孔
内外墙交接处，灌实 5 个孔
洞口两侧各灌实 1 个孔</td></tr>
<tr><td>七</td><td>六</td><td>四</td><td>外墙转角，楼梯间四角，楼梯斜段上下端对应的墙体处；各内外墙（轴线）与外墙交接处；内纵墙与横墙（轴线）交接处；洞口两侧</td><td>外墙转角，灌实 7 个孔
内外墙交接处，灌实 4 个孔
内墙交接处，灌实 4～5 个孔
洞口两侧各灌实 1 个孔</td></tr>
</table>

9.3　房屋消能减震设计

1. 消能减震原理

消能减震的原理可以从能量的角度来描述，如图 9-20 所示，结构在地震中任意时刻的能量方程为：

传统抗震结构

$$E_{in} = E_V + E_K + E_C + E_S \tag{9-4}$$

消能减震结构

$$E_{in} = E_V + E_K + E_C + E_S + E_D \tag{9-5}$$

式中 E_{in}——地震过程中输入结构体系的能量；

E_V——结构体系的动能；

E_K——结构体系的弹性应变能（势能）；

E_C——结构体系本身的阻尼耗能；

E_S——结构构件的弹塑性变形（或损坏）消耗的能量；

E_D——消能（阻尼）装置或耗能元件耗散或吸收的能量。

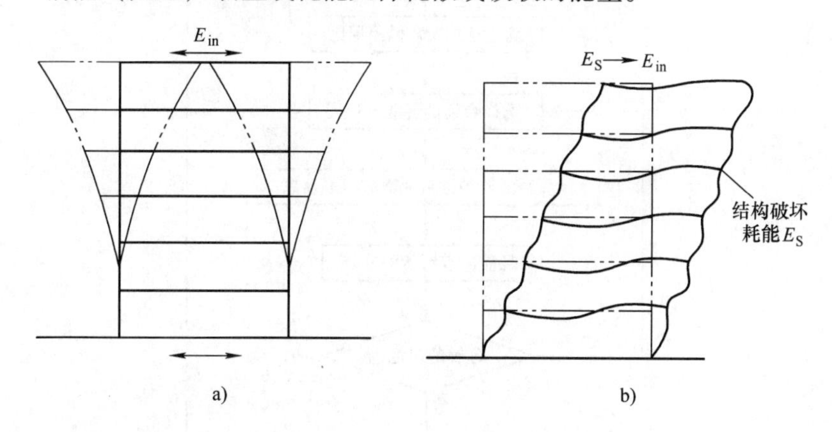

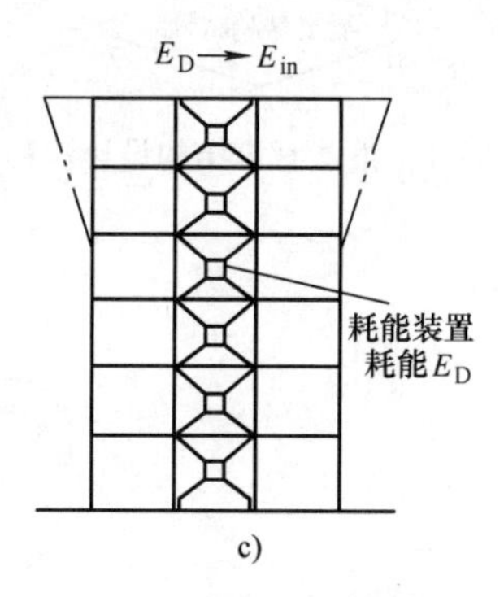

图 9-20 消能减震结构的减震原理示意图

a）地震能量输入 b）传统抗震结构 c）消能减震结构

2. 消能减震设计

消能减震结构的设计流程如图 9-21 所示。

3. 消能减震装置

消能减震体系按其消能装置的不同，可分为消能构件减震和阻尼器消能减震两类。

（1）消能构件减震

消能构件减震体系是利用结构的非承重构件作为消能装置的结构减震体系，常用的消能构件有消能支撑、消能节点和消能墙体等。

1）将消能部件用于支撑中可形成各种耗能支撑，如交叉支撑、斜撑支撑、K 形支撑等，如图 9-22 所示。

2）在交叉支撑处，将软钢做成钢框或钢环，形成耗能方框支撑或耗能圆框支撑，如图 9-23 所示。

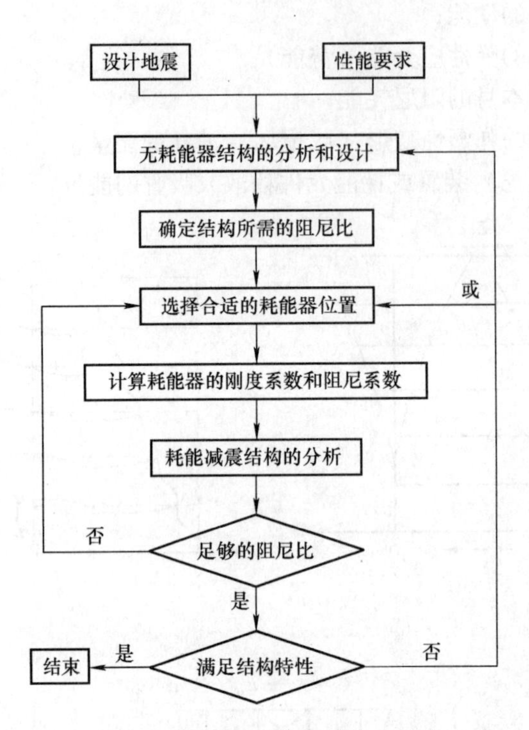

图 9-21　消能减震结构设计流程图

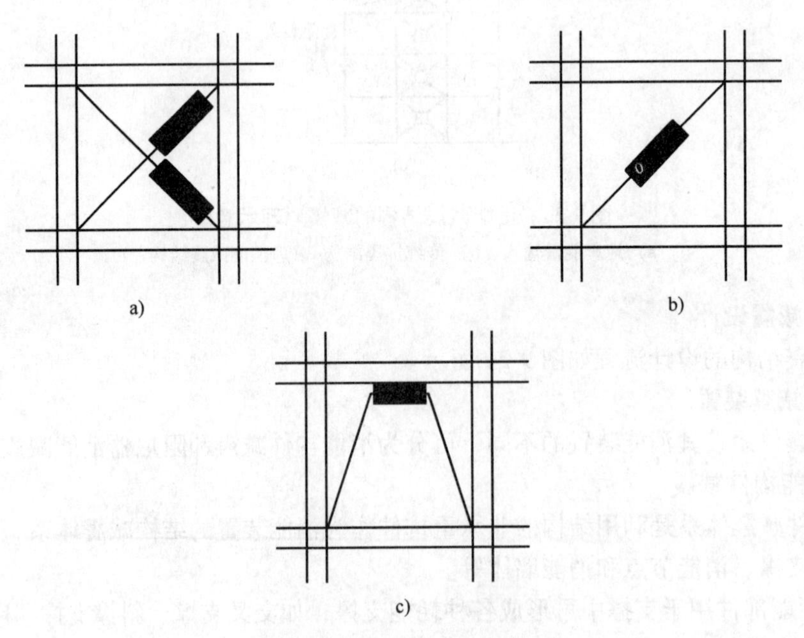

图 9-22　耗能支撑构造示意图

a）交叉支撑　b）斜撑支撑　c）K 形支撑

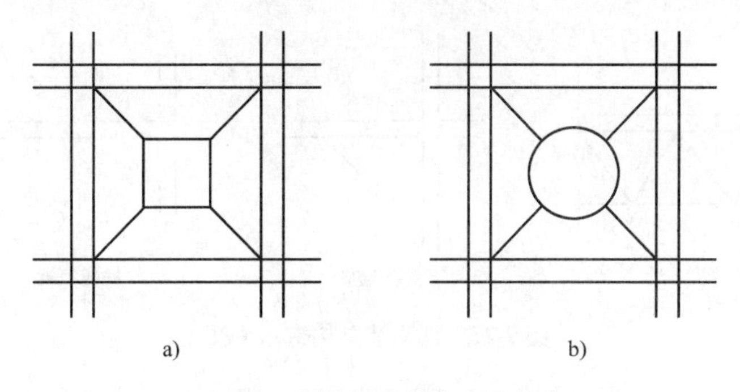

图 9-23　耗能框支撑构造示意图
a）耗能方框支撑　b）耗能圆框支撑

3）将高强螺栓-钢板摩擦阻尼器用于支撑构件，形成摩擦耗能支撑，如图 9-24 所示。

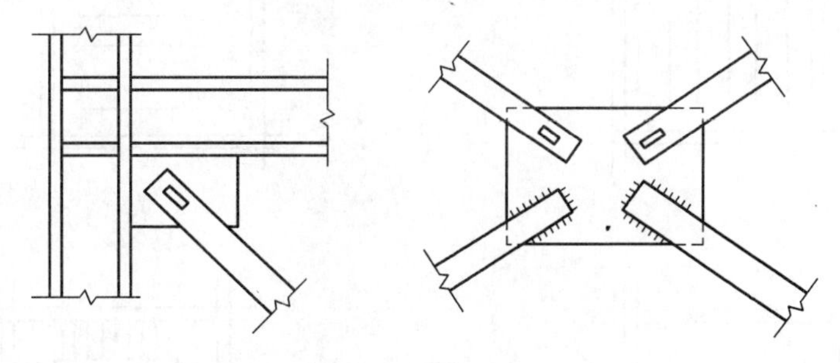

图 9-24　摩擦耗能支撑节点构造示意图

4）利用支撑与梁段的塑性变形消耗地震能量的耗能偏心支撑，如图 9-25 所示。

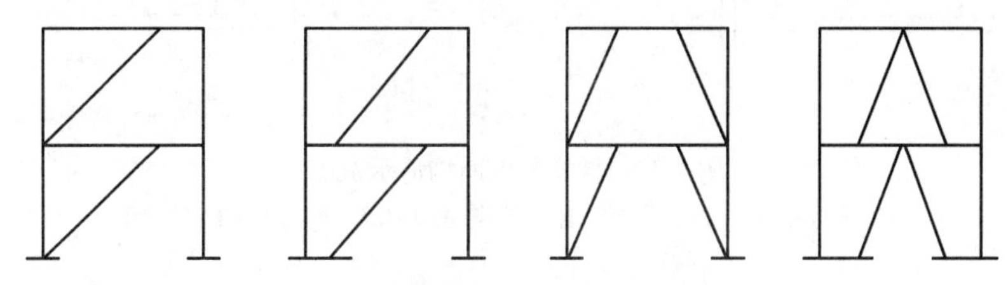

图 9-25　耗能偏心支撑构造示意图

5）在耗能偏心支撑基础上发展起来的耗能隅撑，如图 9-26 所示。

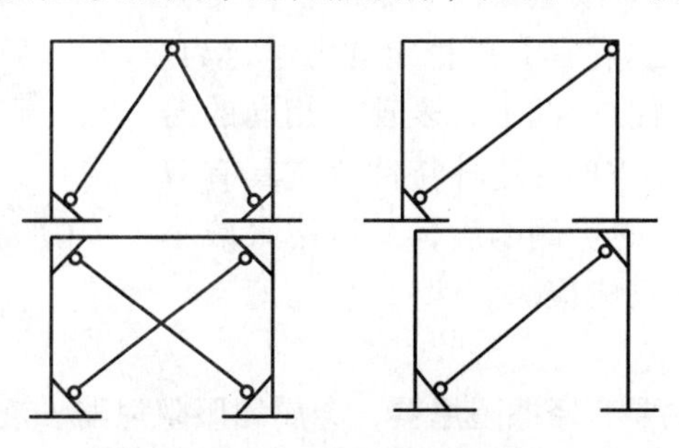

图 9-26　耗能隅撑构造示意图

6）在结构的梁柱节点或梁节点处设置耗能减震装置，形成耗能节点，如图 9-27 所示。

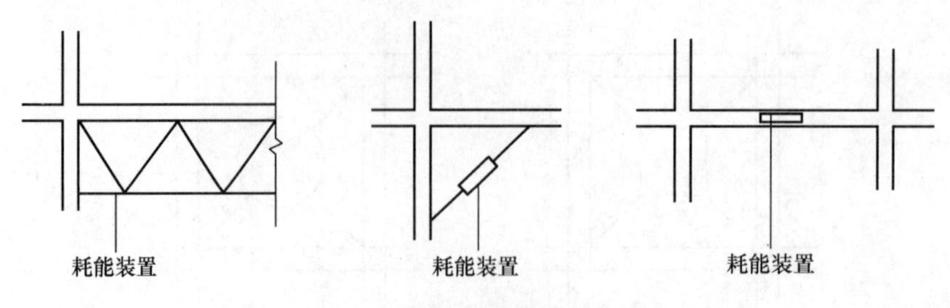

图 9-27　耗能节点构造示意图

7）通过在剪力墙中开缝，使用耗能材料等手段形成各种耗能剪力墙，如图 9-28 所示。

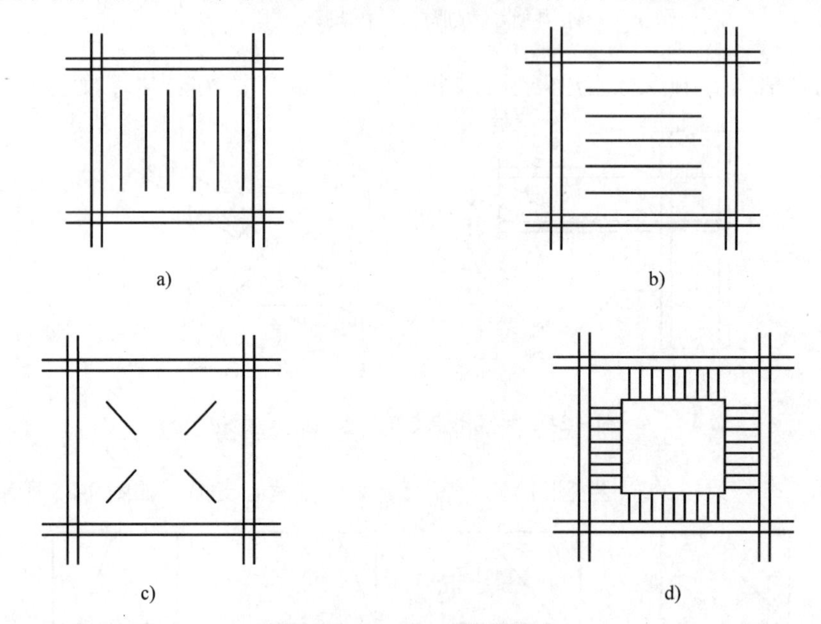

图 9-28　耗能剪力墙构造示意图

a）竖缝剪力墙　b）横缝剪力墙　c）斜缝剪力墙　d）周边耗能剪力墙

屈曲约束耗能支撑（BRB）如图 9-29 所示，是近年来逐渐得到应用的一种新的耗能减震构件。BRB 是一种无论受拉还是受压都能达到承载全截面屈服的轴向受力构件，较之传统的支撑构件，它具有更稳定的力学行为。BRB 在承受拉力和承受压力的情况下，表现出相同的滞回性能和优良的耗能能力。BRB 的这种特性使它具有双重结构功能，既能提供必要的抗侧刚度，又可用来减小结构在罕遇地震作用下的振动响应。

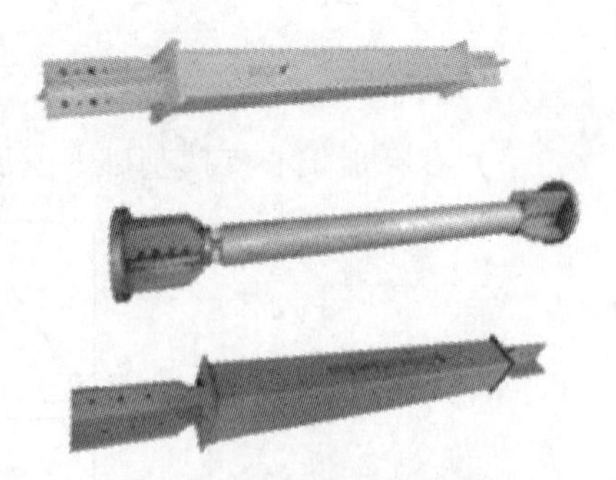

图 9-29　屈曲约束耗能支撑

（2）阻尼器消能减震

阻尼器消能减震装置主要有摩擦阻尼器、金属屈服阻尼器、液体粘滞阻尼器、粘弹性阻尼器、调谐质量阻尼器、调谐液体阻尼器和液压质量系统等。

1）摩擦阻尼器的基本组成是金属（或其他固体材料）元件，这些元件之间能够相互滑动并且产生摩擦力，利用摩擦力做功耗散能量。它对结构进行振动控制的机理是将结构振动的部分能量通过阻尼器中元件之间的摩擦耗散掉，从而达到减小结构反应的目的。图9-30所示为普通摩擦阻尼器的构造示意图，它是通过开有狭长槽孔的中间钢板相对于上下两块铜垫板的摩擦运动而耗能，调整螺栓的紧固力可改变滑动摩擦力的大小。

图9-31所示为Pall摩擦阻尼器构造示意图，该阻尼器中支撑的两根柔性交叉斜杆在中心节点处各自断开，并采用夹摩擦耗能材料的滑动连接的构造做法，同时交叉杆中心处又用四根连接杆连成一铰接方框。

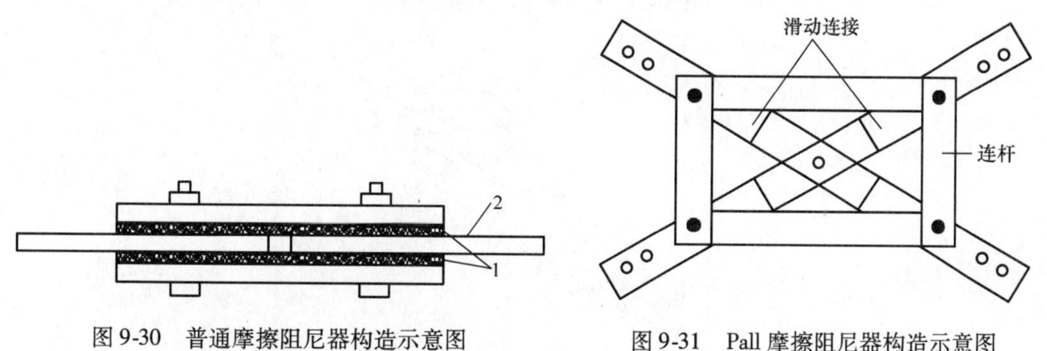

图9-30 普通摩擦阻尼器构造示意图
1—黄铜垫板 2—中间钢板

图9-31 Pall摩擦阻尼器构造示意图

2）金属屈服阻尼器是用软钢或其他软金属材料做成的各种形式的阻尼耗能器。金属屈服后具有良好的滞回性能，利用某些金属具有的弹塑性滞回变形耗能，包括软钢阻尼器（图9-32）、铅阻尼器（图9-33）和形状记忆合金（简称SMA）阻尼器（图9-34）等。

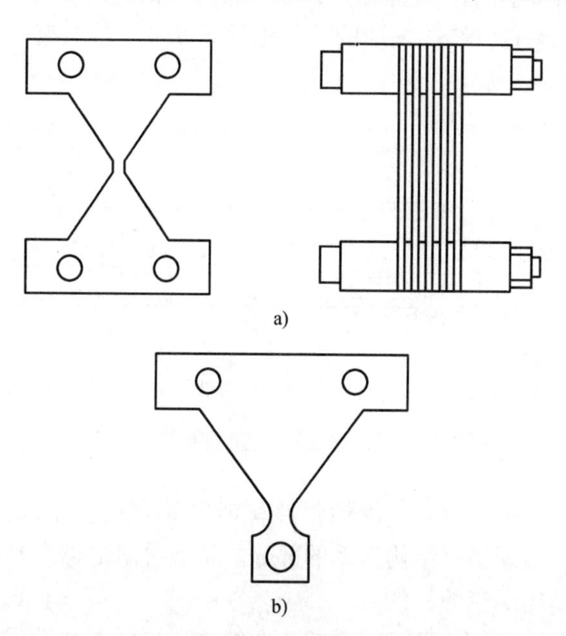

图9-32 X形和三角形板软钢阻尼器构造示意图
a）X形 b）三角形

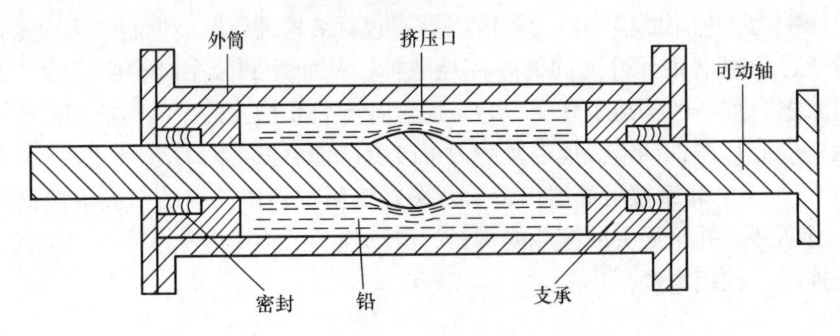

图 9-33　铅挤压阻尼器构造示意图

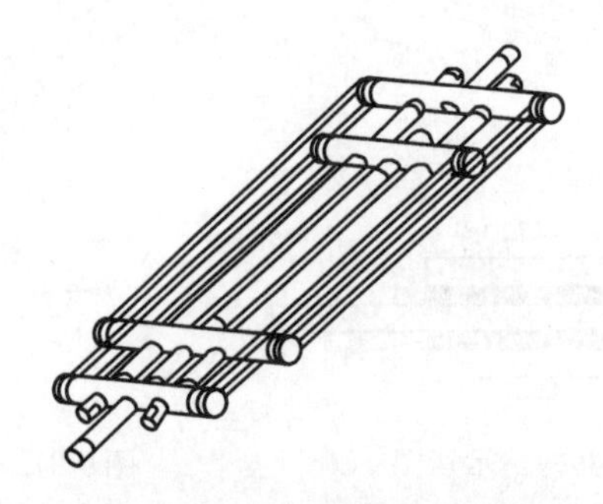

图 9-34　SMA 中心引线型阻尼器构造示意图

3）液体粘滞阻尼器（简称 VFD）如图 9-35 所示，一般由缸体、活塞和液体所组成。缸体筒内盛满液体，液体常为硅油或其他粘性流体，活塞上开有小孔，当活塞在缸体筒内作往复运动时，液体从活塞上的小孔通过，对活塞和缸体的相对运动产生阻尼。因此 VFD 对结构进行振动控制的机理是将结构振动的部分能量通过阻尼器中流体的粘滞耗能耗散掉，从而达到减小结构反应的目的。

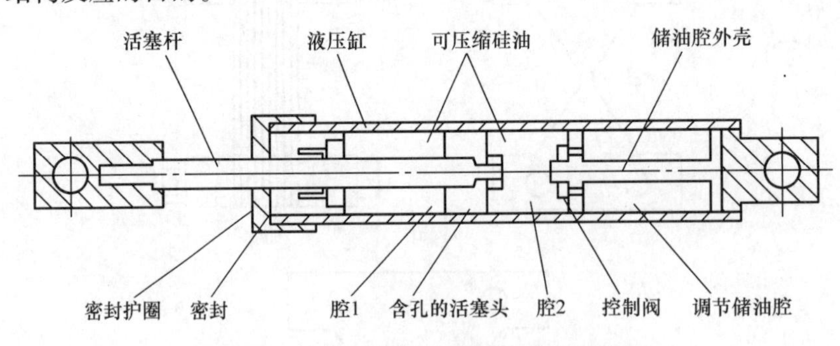

图 9-35　液体粘滞阻尼器 VFD 构造示意图

4）粘弹性阻尼器（简称 VED）由粘弹性材料和约束钢板组成，如图 9-36 所示。VED 对结构进行振动控制的机理是将结构振动的部分能量通过阻尼器中粘弹性材料的剪切变形耗散掉，从而达到减小结构反应的目的。

5）调谐质量阻尼器（简称 TMD）系统是在结构顶层加上惯性质量，并配以弹簧和阻尼器与主结构相连，应用共振原理，对结构的某一振型加以控制，如图 9-37 所示。它对结构进行振动控制的机理是：原结构体系由于加入 TMD，其动力特性发生变化，原结构承受动力作用而剧烈振动时，由于TMD质量块的惯性而向原结构施加反方向作用力，其阻尼也发挥耗能作用，从而达到使原结构的振动反应明显衰减的目的。

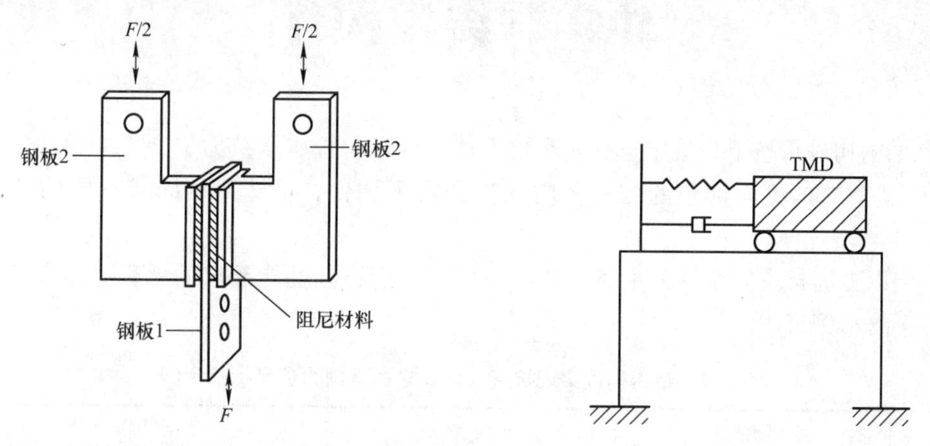

图9-36 粘弹性阻尼器VED构造示意图　　图9-37 TMD系统示意图

6）调谐液体阻尼器（简称TLD）是一种固定在结构上的具有一定形状的盛水容器，采用共振原理，依靠液体的振荡来吸收和消耗主结构的振动能量，减小结构的动力反应，如图9-38所示。在结构振动的过程中，容器中水的惯性力和波浪对容器壁产生的动压力构成为对结构的控制力，同时结构振动的部分能量也将由于水的粘性而耗散掉，从而达到减小结构反应的目的。

7）液压质量系统（简称HMS）由液压缸、活塞、管跨、液压油、支撑等组成，如图9-39所示。HMS对结构进行振动控制的机理是：在结构振动的过程中，活塞将推动管路中的液体，使液体和质量块随之振动，结构的一部分振动能量就传给了液体和质量块，从而达到减小结构振动的目的。

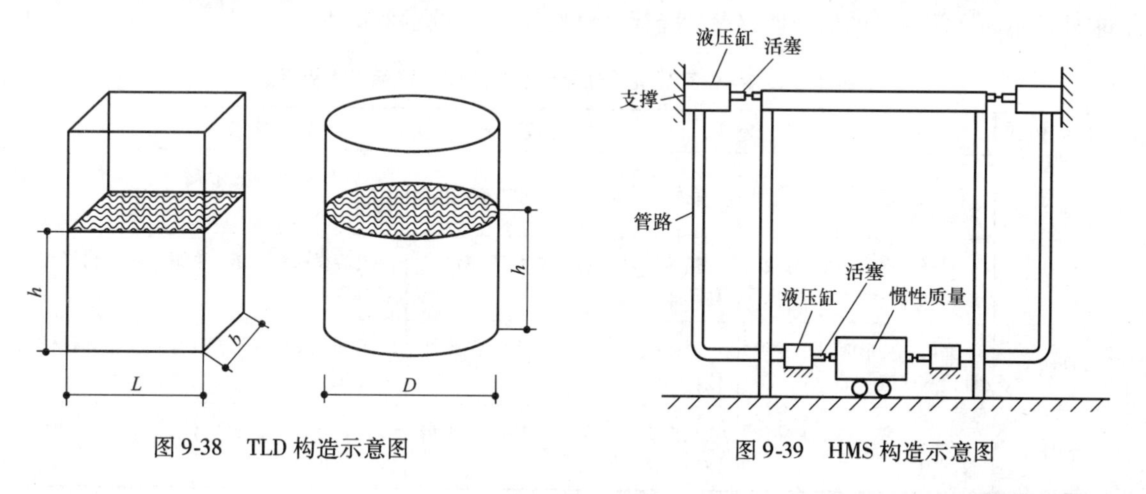

图9-38 TLD构造示意图　　图9-39 HMS构造示意图

10 非结构构件

1）结构构件可按下列规定选择实现抗震性能要求的抗震承载力、变形能力和构造的抗震等级；整个结构不同部位的构件竖向构件和水平构件，可选用相同或不同的抗震性能要求：

① 当以提高抗震安全性为主时，结构构件对应于不同性能要求的承载力参考指标，可按表 10-1 的示例选用。

表 10-1　结构构件实现抗震性能要求的承载力参考指标示例

性能要求	多遇地震	设防地震	罕遇地震
性能 1	完好，按常规设计	完好，承载力按抗震等级调整地震效应的设计值复核	基本完好，承载力按不计抗震等级调整地震效应的设计值复核
性能 2	完好，按常规设计	基本完好，承载力按不计抗震等级调整地震效应的设计值复核	轻至中等破坏，承载力按极限值复核
性能 3	完好，按常规设计	轻微损坏，承载力按标准值复核	中等破坏，承载力达到极限值后能维持稳定，降低少于 5%
性能 4	完好，按常规设计	轻至中等破坏，承载力按极限值复核	不严重破坏，承载力达到极限值后基本维持稳定，降低少于 10%

② 当需要按地震残余变形确定使用性能时，结构构件除满足提高抗震安全性的性能要求外，不同性能要求的层间位移参考指标，可按表 10-2 的示例选用。

表 10-2　结构构件实现抗震性能要求的层间位移参考指标示例

性能要求	多遇地震	设防地震	罕遇地震
性能 1	完好，变形远小于弹性位移限值	完好，变形小于弹性位移限值	基本完好，变形略大于弹性位移限值
性能 2	完好，变形远小于弹性位移限值	基本完好，变形略大于弹性位移限值	有轻微塑性变形，变形小于 2 倍弹性位移限值
性能 3	完好，变形明显小于弹性位移限值	轻微损坏，变形小于 2 倍弹性位移限值	有明显塑性变形，变形约 4 倍弹性位移限值
性能 4	完好，变形小于弹性位移限值	轻至中等破坏，变形小于 3 倍弹性位移限值	不严重破坏，变形不大于 0.9 倍塑性变形限值

注：设防烈度和罕遇地震下的变形计算，应考虑重力二阶效应，可扣除整体弯曲变形。

③ 结构构件细部构造对应于不同性能要求的抗震等级，可按表 10-3 的示例选用；结构中同一部位的不同构件，可区分竖向构件和水平构件，按各自最低的性能要求所对应的抗震构造等级选用。

表 10-3　结构构件对应于不同性能要求的构造抗震等级示例

性能要求	构造的抗震等级
性能 1	基本抗震构造。可按常规设计的有关规定降低二度采用，但不得低于 6 度，且不发生脆性破坏
性能 2	低延性构造。可按常规设计的有关规定降低一度采用，当构件的承载力高于多遇地震提高二度的要求时，可按降低二度采用；均不得低于 6 度，且不发生脆性破坏
性能 3	中等延性构造。当构件的承载力高于多遇地震提高一度的要求时，可按常规设计的有关规定降低一度且不低于 6 度采用，否则仍按常规设计的规定采用
性能 4	高延性构造。仍按常规设计的有关规定采用

2）当非结构的建筑构件和附属机电设备按使用功能的专门要求进行性能设计时，在遭遇设防烈度地震影响下的性能要求可按表 10-4 选用。

表 10-4　建筑构件和附属机电设备的参考性能水准

性能水准	功能描述	变形指标
性能 1	外观可能损坏，不影响使用和防火能力，安全玻璃开裂；使用系统、应急系统可照常运行	可经受相连结构构件出现 1.4 倍的建筑构件、设备支架设计挠度
性能 2	可基本正常使用或很快恢复，耐火时间减少 1/4，强化玻璃破碎；使用系统检修后运行，应急系统可照常运行	可经受相连结构构件出现 1.0 倍的建筑构件、设备支架设计挠度
性能 3	耐火时间明显减少，玻璃掉落，出口受碎片阻碍；使用系统明显损坏，需修理才能恢复功能，应急系统受损仍可基本运行	只能经受相连结构构件出现 0.6 倍的建筑构件、设备支架设计挠度

3）建筑围护墙、附属构件及固定储物柜等进行抗震性能设计时，其地震作用的构件类别系数和功能系数可参考表 10-5 确定。

表 10-5　建筑非结构构件的类别系数和功能系数

构件、部件名称	构件类别系数	功能系数	
		乙　类	丙　类
非承重外墙：			
围护墙	0.9	1.4	1.0
玻璃幕墙等	0.9	1.4	1.4
连接：			
墙体连接件	1.0	1.4	1.0
饰面连接件	1.0	1.0	0.6
防火顶棚连接件	0.9	1.0	1.0
非防火顶棚连接件	0.6	1.0	0.6
附属构件：			
标志或广告牌等	1.2	1.0	1.0
高于 2.4m 储物柜支架：			
货架（柜）文件柜	0.6	1.0	0.6
文物柜	1.0	1.4	1.0

4）建筑附属设备的支座及连接件进行抗震性能设计时，其地震作用的构件类别系数和功能系数可参考表 10-6 确定。

表 10-6　建筑附属设备构件的类别系数和功能系数

构件、部件所属系统	构件类别系数	功能系数	
		乙　类	丙　类
应急电源的主控系统、发电机、冷冻机等	1.0	1.4	1.4
电梯的支承结构、导轨、支架、轿箱导向构件等	1.0	1.0	1.0
悬挂式或摇摆式灯具	0.9	1.0	0.6
其他灯具	0.6	1.0	0.6
柜式设备支座	0.6	1.0	0.6
水箱、冷却塔支座	1.2	1.0	1.0
锅炉、压力容器支座	1.0	1.0	1.0
公用天线支座	1.2	1.0	1.0

5）北京长富宫为地上 25 层的钢结构，前六个自振周期为 3.45s、1.15s、0.66s、0.48s、0.46s、0.35s。采用随机振动法计算的顶层楼面反应谱如图 10-1 所示，说明非结构的支承条件不同时，与主体结构的某个振型发生共振的机会是较多的。

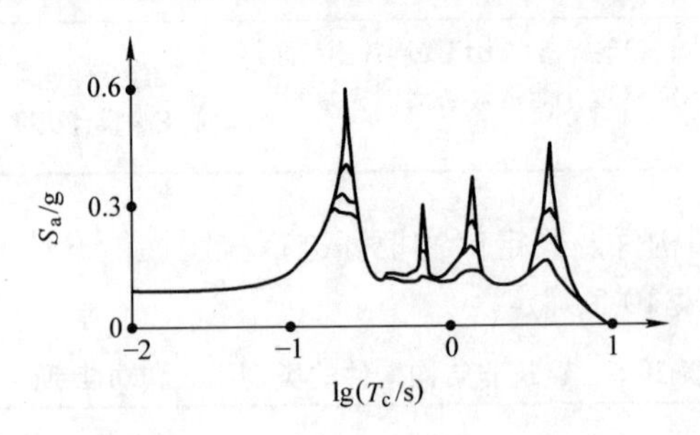

图 10-1　长富宫顶层的楼面反应谱

图 表 索 引

（续）

（续）

（续）

（续）

（续）

（续）

（续）

（续）

参 考 文 献

[1] 中华人民共和国住房和城乡建设部，中华人民共和国国家质量监督检验检疫总局. GB 50011—2010 建筑抗震设计规范 [S]. 北京：中国建筑工业出版社，2010.

[2] 中华人民共和国住房和城乡建设部. GB 50010—2010 混凝土结构设计规范 [S]. 北京：中国建筑工业出版社，2010.

[3] 中华人民共和国住房和城乡建设部，中华人民共和国国家质量监督检验检疫总局. GB 50023—2009 建筑抗震鉴定标准 [S]. 北京：中国建筑工业出版社，2009.

[4] 中华人民共和国住房和城乡建设部. GB 50223—2008 建筑工程抗震设防分类标准 [S]. 北京：中国建筑工业出版社，2008.

[5] 中华人民共和国建设部，国家质量监督检验检疫总局. GB 50068—2001 建筑结构可靠度设计统一标准 [S]. 北京：中国建筑工业出版社，2001.

[6] 中华人民共和国住房和城乡建设部，中华人民共和国国家质量监督检验检疫总局. GB 50487—2008 水利水电工程地质勘察规范 [S]. 北京：中国计划出版社，2008.

[7] 中华人民共和国住房和城乡建设部. JGJ 3—2010 高层建筑混凝土结构技术规程 [S]. 北京：中国建筑工业出版社，2010.

[8] 中华人民共和国国家经济贸易委员会. DL 5073—2000 水工建筑物抗震设计规范 [S]. 北京：中国电力出版社，2000.

[9] 王昌兴. 建筑结构抗震设计及工程应用 [M]. 北京：中国建筑工业出版社，2008.

[10] 尚守平. 结构抗震设计 [M]. 北京：高等教育出版社，2003.

[11] 柳炳康，沈小璞. 工程结构抗震设计 [M]. 武汉：武汉理工大学出版社，2005.

[12] 吕西林，蒋欢军. 结构地震作用和抗震概念设计 [M]. 武汉：武汉理工大学出版社，2004.